Jovana Kršikapa-Rašajski
Siniša Rankov

Analiza i badanie słabej wydajności formy

Jovana Kršikapa-Rašajski
Siniša Rankov

Analiza i badanie słabej wydajności formy

rynku serbskiego

Wydawnictwo Bezkresy Wiedzy

Imprint
Any brand names and product names mentioned in this book are subject to trademark, brand or patent protection and are trademarks or registered trademarks of their respective holders. The use of brand names, product names, common names, trade names, product descriptions etc. even without a particular marking in this work is in no way to be construed to mean that such names may be regarded as unrestricted in respect of trademark and brand protection legislation and could thus be used by anyone.

Cover image: www.ingimage.com

This book is a translation from the original published under ISBN 978-620-0-23576-3.

Publisher:
Wydawnictwo Bezkresy Wiedzy
is a trademark of
Dodo Books Indian Ocean Ltd., member of the OmniScriptum S.R.L Publishing group
str. A.Russo 15, of. 61, Chisinau-2068, Republic of Moldova Europe
Printed at: see last page
ISBN: 978-620-0-81515-6

ANALIZA I TESTOWANIE SŁABEJ FORMY EFEKTYWNOŚCI RYNKU SERBSKIEGO I WYBRANYCH RYNKÓW FINANSOWYCH

Monografia

ANALIZA I TESTOWANIE SŁABEJ FORMY EFEKTYWNOŚĆ RYNKU SERBSKIEGO I WYBRANYCH RYNKI FINANSOWE

Streszczenie

Efektywność rynku jest jednym z centralnych modeli wykorzystywanych do określenia możliwości osiągnięcia ponadprzeciętnych zwrotów (*anormalnych / nadmiernych*). W celu bardziej wiarygodnego przetestowania i porównania efektywności rynku serbskiego z innymi rynkami, w omawianym Monografie przeanalizowano i przetestowano następujące rynki finansowe: Serbia, Chorwacja, Węgry, Polska i Stany Zjednoczone poprzez swoje główne indeksy giełdowe **BELEX15, CROBEX, BUX, WIG20** i **DJIA**.

W celu określenia obecności słabej formy efektywności rynku, w okresie od 4 października 2005 r. do 30 września 2015 r. wykorzystano dzienne, tygodniowe i miesięczne dane indeksu na wyżej wymienionych rynkach finansowych. Ponadto, w celu przetestowania słabej formy efektywności rynku dla poszczególnych rynków, w niniejszym badaniu wykorzystano cztery statystyczne segmenty/testy zawierające **testy Normalności (współczynnik kurtosis, współczynnik pochylenia i test Jarque-Bera)**, **testy Runs**, testy **Unit root** (test *Augmented Dickey-Fuller, test Phillipsa-Perrona), test* **Kwiatkowskiego, Phillipsa Schmidta i Shina**) oraz **test Autokorelacji** poprzez korelogram. Jako formę analizy porównawczej przeprowadzono analizę techniczną, aby ocenić efektywność rynku i dostrzec możliwość prognozowania przyszłych ruchów cen indeksów FM **(Financial Market)**.

Dzięki porównawczemu przeglądowi wyników wydajności różnych rynków w przedmiotowym monografie wykazano, że rynek kapitałowy w Serbii jest co najmniej wydajny w swojej słabej formie. W związku z tym konieczne są dalsze reformy regulacyjne, jak również odpowiednie instrumenty wdrażania i kontroli danych regulacji. Dodatkowo potrzebny jest rozwój rozwiązań technologicznych, które pozwoliłyby na lepszą korespondencję pomiędzy uczestnikami rynku, przyspieszyłyby zrozumienie sytuacji na rynku finansowym oraz zwiększyły szybkość dostępu do informacji, co doprowadziłoby do zmniejszenia możliwości osiągnięcia ponadprzeciętnych zysków z powodu nieefektywności rynku. Obiektywne skutki przywróciłyby również zaufanie inwestorów, a tym samym zwiększyłyby efektywność rynku.

Słowa kluczowe: Słaba forma efektywności rynkowej, rynki finansowe, indeksy rynkowe, handel elektroniczny, testy normalności, testy rans, podstawowe testy jednostkowe, analiza techniczna

PRZEGLĄDY WSTĘPNE

Pojęcie efektywności rynkowej jest jednym z najważniejszych obszarów w finansach i jest uważane za jeden z fundamentów nowoczesnej teorii finansowej. Po pierwsze, pojęcie efektywności rynkowej służy do wyjaśnienia stopnia, w jakim odpowiednie informacje są uwzględniane w cenach instrumentów finansowych. W związku z tym podejmowane są te same próby odpowiedzi na pytanie, czy można przewidzieć rentowność papierów wartościowych, czy też nie (Fama i Francja 1988 [1] ; Lo i McKinlay 1988 [2]). Eugene Fama po raz pierwszy przedstawił teorię hipotezy efektywności rynkowej **(EMH)** w 1970 r. [3] i od tego czasu przeprowadzono liczne badania empiryczne na ten temat w celu określenia zasadności tego pojęcia. Według Famy teoria hipotezy o *efektywnym rynku opiera się na fakcie, że ceny papierów wartościowych na rynku kapitałowym rosną losowo wokół ich wartości i odzwierciedlają najnowsze dostępne informacje*. W związku z tym teoria przedmiotu stara się udowodnić, że na efektywnych rynkach strategie inwestycyjne oparte na informacjach historycznych, publicznie dostępnych i poufnych, nie mogą w dłuższej perspektywie czasowej osiągać dodatnich lub nadmiernych zysków.

Według badań Famy, hipotezę efektywności rynkowej można podzielić na trzy poziomy, w zależności od rodzaju informacji wykorzystanych do określenia ceny zabezpieczenia.

- **Słaba forma efektywności rynku** *sugeruje, że ceny instrumentów finansowych znajdujących się na rynku zostały już odzwierciedlone we wszystkich informacjach dotyczących poprzednich zmian cen. Forma ta sugeruje, że śledzenie cen i obserwowanie pewnych prawidłowości lub nieprawidłowości, na podstawie których można by przewidzieć zmiany cen w przyszłości, jest w rzeczywistości bezwartościowe, biorąc pod uwagę, że ceny zostały już ukształtowane na podstawie wcześniejszych zmian cen.*
- **Na wpół silna forma efektywności opiera się** *na założeniu, że ceny instrumentów finansowych na rynku odzwierciedlają wszystkie publicznie dostępne informacje. Dlatego też, mając dostęp do rynku, który odpowiada*

[1] Fama, E. и French, K. (1988). "Permanent and Temporary Components of Stock Prices", The Journal of Political Economy, 96(2), 246-273.

[2] Lo, A. и MacKinlay, C. (1988). Ceny giełdowe nie podążają za przypadkowymi spacerami: Dowody z prostego testu specyfikacji, Przegląd badań finansowych, 1(1), 41-66.

[3] Fama, E. (1970) "Efficient Capital Markets: A Review of Theory and Empirical Work", Journal of Finance, 25(2), 383-417.

średniej wielkości formie efektywności, powinniśmy zwrócić się do gromadzenia i analizowania informacji poufnych i wewnętrznych, ponieważ tylko na ich podstawie możemy osiągnąć nienormalne zyski, ponieważ wszystkie dostępne informacje są już uwzględnione w danych cenach rynkowych instrumentów finansowych. Należy również wziąć pod uwagę informacje, które są dostępne, ale różnią się od oczekiwań opinii publicznej i ekspertów. Należy zauważyć, że ten rodzaj efektywności rynkowej zawiera również słabą formę efektywności, to znaczy, że ceny na rynku zawierają wszystkie obecnie dostępne informacje, jak również wszystkie informacje związane ze zmianami z przeszłości.

- **Silna forma efektywności rynku finansowego opiera** *się na założeniu, że ceny instrumentów finansowych odzwierciedlają wszystkie dostępne informacje, publiczne i poufne, które mogą mieć wpływ na ich kształtowanie. Zbieranie informacji poufnych jest zatem bezcelowe, ponieważ są one już uwzględnione w cenach instrumentów finansowych.*

Należy zwrócić uwagę, że trzy poziomy efektywności rynku są wzajemnie od siebie zależne. Mówiąc dokładniej, silna forma efektywności rynku oznacza pół silną formę efektywności rynku, podczas gdy pół silna forma efektywności rynku oznacza, że obecna jest słaba forma efektywności rynku.

1. Należy podkreślić, że EMH zajmuje się **efektywnością przetwarzania informacji na** rynkach finansowych, a nie standardowymi pojęciami ekonomicznymi dotyczącymi efektywności *alokacyjnej* i *operacyjnej*.
2. **Rynek efektywny pod względem podziału** jest **rynkiem**, na którym ceny są ustalane w sposób zrównujący krańcowe stopy zwrotu (*skorygowane o ryzyko*) dla wszystkich producentów i oszczędzających. Na takim rynku niewielkie oszczędności są optymalnie alokowane na inwestycje produkcyjne w sposób przynoszący korzyści wszystkim.
3. **Efektywność operacyjna** zajmuje się kosztami transferu środków. W teoretycznym świecie doskonałych rynków kapitałowych przyjmuje się, że koszty transakcji są zerowe, a rynki są doskonale płynne, co oznacza doskonałą efektywność operacyjną.
4. **Efektywność rynku** jest mniej restrykcyjna niż pojęcie doskonałych rynków kapitałowych: *na wydajnym rynku ceny w pełni i natychmiastowo odzwierciedlają wszystkie dostępne istotne informacje*. Innymi słowy, na rynku efektywnym pod względem informacyjnym zmiany cen muszą być nieprzewidywalne, jeśli są właściwie przewidywane, tzn. jeśli w pełni uwzględniają oczekiwania i informacje wszystkich uczestników rynku[4].

1.1 Definicje problemów

Jeszcze kilkadziesiąt lat temu duża liczba badań naukowych i zawodowych wspierała teorię, że rynki kapitałowe na rozwiniętych rynkach, takich jak Stany

[4] Dr Andros Gregoriou Lecture 1, EMH, BS2551 Money Banking and Finance: "Efficient Markets Hypothesis: Teoria i dowody".

Zjednoczone, Wielka Brytania i Japonia, były bardzo skuteczne w słabej formie (Chen, Gup i Pan 1997 [5]). Potwierdzają to szeroko zakrojone badania prowadzone przez pracowników naukowych, takie jak badania przeprowadzone przez Dickinsona i Muragu w 1994 r. [6] i Stiglitza w 1981 r. [7] .
Jednak po zdefiniowaniu przez Lamę efektywności i po tym, jak teoria efektywności rynku stała się coraz bardziej reprezentowana w kręgach gospodarczych, badania na ten temat stały się bardziej intensywne, a wielu pracowników naukowych i uczestników rynku zaczęło kwestionować zasadność hipotezy efektywności rynku. Po globalnym kryzysie gospodarczym z 2007 r. wielu naukowców i uczestników rynku zaczęło mieć poważne wątpliwości co do trwałości modelu efektywności rynku. Mianowicie, jeden z szanowanych strategów rynkowych Jeremy Grentham stwierdził, że hipoteza efektywnego rynku jest "*mniej więcej bezpośrednio odpowiedzialna za obecny kryzys finansowy*" (Nocera, 2009 [8]). Laureat Nagrody Nobla i wybitny ekonomista Robert Schiller nazwał ją "*najbardziej znaczącym błędem w historii myśli ekonomicznej*" (Fox, 2013 [9]). Jednakże, pomimo punktów, które kwestionują hipotezę o efektywnym rynku, znany profesor Uniwersytetu w Chicago, Ray Ball, zauważył, że hipoteza o efektywnym rynku, jak również "Każda inna teoria ma swoje ograniczenia, niemniej jednak okazała się być trwała w czasie" (Ball, 2009 [10]). Biorąc pod uwagę dużą liczbę badań przeprowadzonych na ten temat, większość zgodziłaby się z Burtonem Malkielem we wniosku, że rynki rozwinięte, takie jak Stany Zjednoczone Ameryki, spełniają warunki efektywności rynku (Malkiel, 2014 [11]). Niektórzy naukowcy uważają jednak, że słabsze rynki rozwinięte nadal pozwalają inwestorom osiągać wyniki lepsze niż wyniki samego rynku. Najbardziej rozwinięte rynki charakteryzują się dużą liczbą uczestników rynku, którzy starają się wykorzystać wszelkie odchylenia cen rynkowych i w ten sposób przywrócić równowagę cen rynkowych. W związku z tym inwestorzy na rynkach rozwiniętych mają niewielkie szanse na osiągnięcie

[5] Chan, K.; Gup, B. и Pan, M. (1997). International Stock Market Efficiency and Integration: A Study of Eighteen Nations. Journal of Business Finance & Accounting. 24 (6), 803–813

[6] Dickinson J. и Muragu K. (2006). Market Efficiency in Developing Countries (Wydajność rynkowa w krajach rozwijających się): A Case Study of the Nairobi Stock Exchange. Journal of Business Finance & Accounting. 21(1), 133–150

[7] Stiglitz, J. (1981). The Allocation Role of the Stock Market: Pareto Optimality and Competition, The Journal of Finance, 36(2), 235-251.

[8] Nocera, J. (2009). "Poking Holes in a Theory on Markets", New York Times: http://www.nytimes.com/2009/06/06/business/06nocera.html?scp=1q=efficient%20markett=cse.

[9] Fox, J. (2013). Czego nauczyła nas Wielka Debata Fama-Shillera. Harvard Business Review: https://hbr.org/2013/10/what-the-great-fama-shiller-debate-has-taught-us/

[10] Ball, R. (2009). The Global Financial Crisis and the Efficient Market Hypothesis: What Have We Learned?, Journal of Applied Corporate Finance, 21(4),8-16

[11] Malkiel, B. (2014). "What Does The Efficient Market Hypothesis Have to Say About Asset Bubbles": www.forbes.com/sites/quora/2014/06/13/what-does-the-efficient-market-hypothesis-have-to-say-about-asset-bubbles

ponadprzeciętnych zwrotów (*anormalnych*) w dłuższym okresie czasu, biorąc pod uwagę fakt, że ceny papierów wartościowych wydają się przypadkowe. W związku z tym hipoteza o efektywnym rynku wiąże się z **przypadkowym marszem:**

Podstawowe założenia teorii wędrówek losowych[12]

1. Teoria Random Walk Theory zakłada, że cena każdego papieru wartościowego na giełdzie podąża za losowym spacerem.
2. Teoria Losowego Spaceru zakłada również, że ruch ceny jednego papieru wartościowego jest niezależny od ruchu ceny innego papieru wartościowego.

Wykres 1 - Ceny wyglądają raczej na przypadkowe spacery

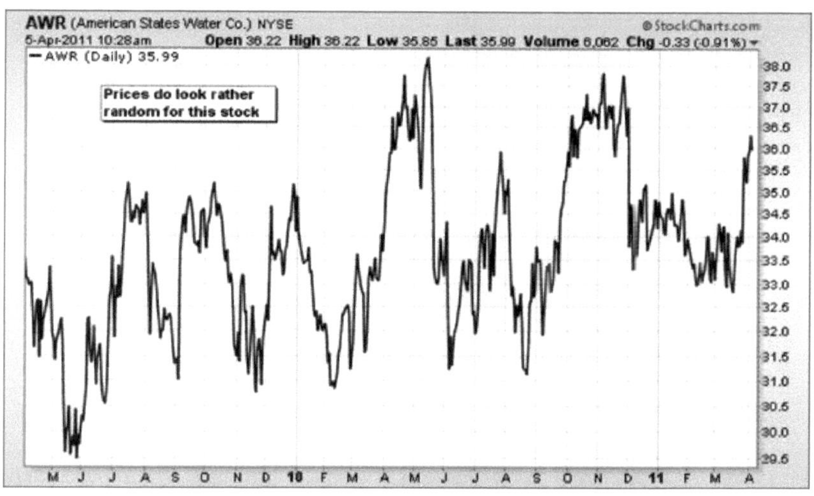

*hipotezę lub teorię, która sugeruje, że ceny poruszają się losowo (***wykres 1**[13]*) wokół swoich rzeczywistych wartości.*

Niemniej jednak opinie na temat stopnia efektywności rynku są podzielane w odniesieniu do rynków wschodzących. Chociaż w zasadzie hipoteza o efektywnej gospodarce jest mniej analizowana na rynku wschodzącym, w ostatnich latach rośnie liczba badań na ten temat, zważywszy, że w ostatnich latach rynki te stały się znaczącymi uczestnikami portfela globalnych instytucji finansowych. Niektóre badania naukowe wskazują na istnienie nieefektywności rynku w niektórych segmentach rynków finansowych, głównie z powodu anomalii

[12] https://corporatefinanceinstitute.com/resources/knowledge/trading-investing/what-is-the-random-walk-theory/
[13] Ibidem.

rynkowych, takich jak obrót niezsynchronizowany, niskie obroty i głębokość rynku finansowego.
To, czy rynek jest efektywny, czy też nie, stanowi ważny czynnik brany pod uwagę przy wyborze miejsca i rynków, na których należy wprowadzić wolne fundusze. Nieefektywne rynki mają mniejsze możliwości przyciągnięcia inwestorów instytucjonalnych, które są jednym z kluczowych czynników na każdym rynku, przede wszystkim ze względu na fakt, że zainteresowani inwestorzy lokują duże ilości funduszy w długim okresie. Problemy wynikające z nieefektywności rynku są liczne i zasadniczo negatywnie wpływają na rozwój gospodarczy kraju. W związku z tym, obecność nieefektywności rynku stanowi problem badawczy w niniejszej Monografii. Zdefiniowany problem niniejszej Monografii jest podstawą do postawienia hipotezy, która stanowi podstawę do eksperymentów naukowych i dowód postawionej hipotezy.
Ogólnie rzecz biorąc, rynki kapitałowe, które nie są efektywne, mają następujące cechy:

- Brak przepisów i mechanizmów egzekwowania prawa;
- Konkurencja nie jest reprezentowana na właściwych rynkach, biorąc pod uwagę, że
że istnieje niewielka liczba uczestników rynku;
- Na rynku tym występuje niska płynność i niskie obroty;
- Różnorodności i ilości instrumentów finansowych w ofercie brakuje w
odpowiednich rynków. Dokładniej mówiąc, oprócz niewystarczającej liczby
papiery wartościowe, fronty rynkowe nie posiadają szerokiej gamy instrumentów, które mogłyby
pozwalają inwestorom na zdywersyfikowanie portfela;
- Rynki przedmiotowe są niekonkurencyjne, ponieważ nie posiadają odpowiedniego
wdrożenie modelu e-biznesu;
- Przedmiotowe rynki mają wysokie bariery wejścia. Wysokie koszty transakcji, które są obecne na
odpowiednie rynki mogą stanowić pozycję potrącenia dla mniejszych inwestorów, a zatem
niekorzystnie wpływa na liczbę uczestników rynku;
- Słaba komunikacja i nierówny dostęp do informacji na tych rynkach umożliwiają
by niektórzy inwestorzy mieli pierwszeństwo przed innymi.

Należy zauważyć, że ze wszystkich powyższych powodów oraz z powodu niemożności uzyskania pożądanych informacji, badania w krajach rozwijających się są zazwyczaj ograniczone do słabej formy efektywności rynkowej. Z tych powodów uzyskane wyniki są nieco kontrowersyjne w porównaniu z wynikami uzyskanymi z analiz krajów rozwiniętych.

1.2 Przedmiot i cel badań

Przedmiotem niniejszej Monografii jest zastosowanie różnych modeli statystycznych, a także modelu biznesu elektronicznego w analizie i testowaniu słabej formy efektywności rynku na różnych rynkach finansowych. Przedmiot badań zostanie przedstawiony poprzez jakościowe i ilościowe przedstawienie efektywności rynku, a także zastosowanie wybranych modeli do wybranych wcześniej indeksów giełdowych na świecie. Badania, które są prowadzone w Monografie, dotyczą mechanizmów funkcjonowania efektywnego rynku oraz wpływu ich zastosowania na kształtowanie się cen na rynkach kapitałowych.

Zgodnie ze zdefiniowanym przedmiotem badań naukowych, głównym celem niniejszej Monografii jest zweryfikowanie zasadności hipotezy o słabej formie efektywności rynku finansowego Serbii poprzez podejście teoretyczno-metodologiczne oraz porównawcze przedstawienie innych wybranych rynków. W związku z tym, wykorzystując różne metody statystyczne, badania te przetestują główną hipotezę, że słaba forma efektywności rynku nie występuje na serbskim rynku kapitałowym.

W ramach tego badania i analizy porównamy efektywność serbskiego rynku kapitałowego z efektywnością rynkową innych rynków kapitałowych, np: Chorwacja, Węgry, Polska i Stany Zjednoczone (jako kluczowy punkt odniesienia dla analizy przedmiotu). Badanie ma dwojaki charakter: w jednej części przedstawiono sposób, w jaki rynek serbski radzi sobie ze słabą formą efektywności rynku, a w drugiej części przedstawiono rynek serbski w porównaniu z wybranymi rynkami.

Badanie to ma również na celu wykazanie, że zastosowanie różnych modeli e-biznesu różni się od wyniku analizy rynku finansowego. W związku z tym szybkość dostępu do informacji, głębokość rynku, dostępność istotnych informacji w przypadku korzystania z mediów elektronicznych ma wpływ na decyzję inwestycyjną, a w konsekwencji na wynik analizy i ostateczny zysk/zwrot. Ponadto zastosowanie technologii przyspiesza badanie sytuacji na rynkach finansowych i pomaga w rozwoju rynku w zakresie szacowania zdolności finansowej.

Celem tych badań jest wskazanie na różnicę między rynkiem a horyzontami czasowymi poprzez badania empiryczne zasadności hipotezy o gospodarce rynkowej. Dokładniej mówiąc, ceny zamknięcia będą analizowane codziennie, tygodniowo i miesięcznie.

Głównym celem niniejszej Monografii jest sprawdzenie hipotezy o obecności słabej formy efektywności rynku na serbskim rynku kapitałowym poprzez porównanie efektywności na rynkach Chorwacji, Polski, Węgier i Stanów Zjednoczonych za pomocą danych o różnych długościach czasowych.

W jednej części praca ta zostanie również zastosowana do analizy technicznej, tj. zasady, w której analizowany będzie jeden z kluczowych wskaźników analizy technicznej, takich jak wykresy cenowe, średnie kroczące, taśmy Bollingera, wskaźnik względnej siły i Williams% R, z potwierdzeniem celu danego celu.

Badania te mają również na celu przyczynienie się do badania i zrozumienia różnych metod w zakresie analizy i testowania efektywności rynku, w celu dalszego rozwoju rynku finansowego zgodnie ze zmianami systemowymi w planie społecznym, politycznym i gospodarczym, a ich realizacja doprowadziła do osiągnięcia najwyższej jakości usług na rynkach finansowych.
Naukowym celem badań jest naukowe wyjaśnienie czynników, które są uznawane za istotne przy testowaniu słabej formy hipotezy o efektywnym rynku na różnych rynkach kapitałowych. Wyniki badań powinny wskazywać czynniki, które wpływają na podejmowanie decyzji inwestycyjnych.
Z drugiej strony, cel społeczny badań przedmiotu polega na tym, że wyniki tych badań są stosowane w praktyce, aby pomóc uczestnikom rynku kapitałowego lepiej zrozumieć zachowania inwestorów, jak również samego rynku, poprzez zastosowanie teorii efektywności rynkowej na rynkach finansowych. Ponadto, cel społeczny powinien wskazywać na cechy rynków, które nie są efektywne w słabej formie. Wyniki badań zastosowane w niniejszym Monografie powinny pomóc organom regulacyjnym w Serbii w podjęciu niezbędnych środków, kroków i mechanizmów ich wdrażania, w celu poprawy efektywności serbskiego rynku kapitałowego.

1.3 Hipoteza zdefiniowana w celu zajęcia się problemami badawczymi

Na podstawie zdefiniowanych problemów i postawionych celów powstaje hipoteza, od której zaczyna się niniejszy Monograf:

Hipoteza ogólna:

Nie ma słabej formy efektywności rynku na serbskim rynku kapitałowym

Konkretne hipotezy tych badań są następujące:

Zastosowanie słabej efektywności rynku z różnymi przedziałami czasowymi, wskazuje na różny stopień
Efektywność □
nieefektywność rynku kapitałowego jest większa, jeśli stopień rozwoju rynku jest mniejszy
ostosowanie różnych testów efektywności rynkowej wskazuje na różną ważność efektywności rynkowej

Badania naukowe przeprowadzone w Monografie oraz wyniki tych badań powinny prowadzić do potwierdzenia, tj. potwierdzenia ustalonej hipotezy tych badań.

1.4 Metody badań

Istnieje szereg testów, które są wykorzystywane do określenia trwałości słabej formy efektywności rynkowej. W celu przetestowania słabej formy efektywności rynku dla rynków, o których mowa, w niniejszym badaniu zostaną wykorzystane cztery segmenty statystyczne, które zawierają testy Normalności (współczynnik kurtyzany, współczynnik pochylenia i test Jarque-Bera), testy Runs, testy Unit

root (*rozszerzony test Dickey-Fullera, test Phillipsa-Perona i test Kwiatkowskiego, Phillipsa Schmitta i Shina*) oraz testy Autokorelacji poprzez wyświetlanie korelacji. Jeśli chodzi o rodzaj analizy porównawczej, przeprowadzono analizę techniczną w celu oceny efektywności rynku i dostrzeżenia możliwości przewidywalności przyszłych ruchów cen wskaźników. Testy te zostaną wykorzystane, oprócz aspektu jakościowego, w szczególności empirycznie potwierdzą hipotezę zdefiniowaną w niniejszym opracowaniu.
W celu bardziej wiarygodnego przetestowania i porównania efektywności rynku serbskiego z innymi rynkami, w niniejszym Monografie zostaną przetestowane i przeanalizowane dane z następujących giełd: Belgrad, Nowy Jork, Budapeszt, Warszawa i Zagrzebska Giełda Papierów Wartościowych.
Rynki tematyczne zostały wybrane z zamiarem uwzględnienia w analizie tych samych badań spektrum rozwoju rynku od rynków najbardziej rozwiniętych do rozwijających się. Jako przedstawiciel najbardziej rozwiniętego rynku wykorzystane zostaną dane ze Stanów Zjednoczonych, natomiast rynek kapitałowy w Serbii będzie rynkiem najsłabiej rozwiniętym.
Duża liczba pracowników naukowych i inwestorów opowiada się za teorią, że korzystanie z dziennych lub wysokoczęstotliwościowych zestawów danych może powodować hałas w danych i dlatego trudno jest dostrzec dowody w porównaniu z hipotezą o efektywnym rynku pod względem prognozowania. Jednakże, wykorzystując dane dzienne/ceny zamknięcia możemy uniknąć problemu agregacji czasu, a tym samym uzyskać bardziej precyzyjne wyniki statystyczne dla ważności stosowanych modeli. Z drugiej strony, niektórzy naukowcy uważają, Īe istnieje wiĊksze prawdopodobieĔstwo nieefektywnoĞci w stosowaniu serii danych o dáuĪszym horyzoncie czasowym, takich jak dane miesięczne, biorąc pod uwagĊ, Īe liczba obserwacji jest niĪsza, jak równieĪ z uwagi na to, Īe rynek nie jest w stanie natychmiast zareagowaü. W każdym razie, aby uniknąć wszelkich pomyłek, w niniejszym badaniu zostaną wykorzystane szeregi danych o różnych przedziałach czasowych. W związku z tym w trakcie analizy i badania analizowano stosowane dzienne, tygodniowe i miesięczne ceny zamknięcia lub, dokładniej, dzienne, tygodniowe i miesięczne ceny zamknięcia dla danych wskaźników.
Podczas analizy i testowania notowań giełdowych były one zamknięte na kilka dni z powodu świąt, strajków, a także innych nieprzewidzianych okoliczności. Biorąc pod uwagę, że rynki w różnych obszarach geograficznych mają określoną liczbę dni, kiedy niektóre z rynków, które zostały wykorzystane w niniejszym badaniu, zostały otwarte, podczas gdy inne zostały zamknięte. Jednakże liczba dni, w których wystąpiły takie okoliczności, była minimalna i można uznać, że te różnice w liczbie dni między różnymi giełdami w żaden sposób nie mogą wpływać na wyniki odpowiednich serii uzyskanych w badaniach statystycznych. Ponadto, jeżeli ceny tygodniowe lub miesięczne spadały w dniu wolnym od pracy, stosowano ceny z poprzedniego dnia roboczego.

Słaba efektywność rynkowa oznacza, że ceny papierów wartościowych idą losowo i zakłada, że resztki są zwykle rozkładane. Ważność modelu, a tym samym jego efektywność, zależy od cen, które można opisać za pomocą modelu losowego marszu, jak również od założenia, że resztki są równe zwrotom. Podczas testowania efektywności rynkowej słabej formy w Serbii, testy standardowe stosowane do testowania hipotezy marszu losowego obejmują testy pierwiastków jednostkowych i autokorelacji, a także testy normalności (Working, 1934[14]).
Niektóre z testów normalności użytych w tym artykule obejmują pochylenie, kurtozę, Jarque-Bera oraz graficzne przedstawienie prawdopodobieństwa normalnego. S we wzorze 1.1. przedstawia miarę asymetrycznego rozkładu wokół wartości średniej. Jeśli współczynnik wynosi 0, to mamy do czynienia z rozkładem normalnym. Je±li jednak współczynnik krzywo¶ci jest dodatni, to mamy dodatni± asymetrię, tj. rozkład jest asymetryczny w prawo, a w przypadku asymetrii ujemnej układ jest asymetryczny w lewo. Skośność oblicza się w następujący sposób:

$$S = \frac{1}{N}\sum_{i=1}^{N}\left(\frac{y_i - \bar{y}}{\hat{\sigma}}\right)^3 \qquad (1.1)$$

Testem uzupełniającym wykorzystywanym do określenia rozkładu normalnego jest kurtoza. Kurtoza jest parametrem liczbowym, który opisuje stopień spłaszczenia rozkładu w porównaniu z rozkładem normalnym. Kurtoza ma wartość 3 w przypadku rozkładu normalnego. W konsekwencji, jeśli współczynnik kurtozy jest większy niż 3, rozkład jest leptokurtozowy (bardziej wydłużony w porównaniu z rozkładem normalnym), natomiast platykurtowy, jeśli współczynnik kurtozy jest mniejszy niż 3 (bardziej spłaszczony w porównaniu z rozkładem normalnym). Wzór stosowany do obliczania współczynnika kurtozy jest zgodny z poniższym:

$$K = \frac{1}{N}\sum_{i=1}^{N}\left(\frac{y_i - \bar{y}}{\hat{\sigma}}\right)^4 \qquad (1.2)$$

Test Jarque-Bera lub test JB jest używany do określenia rozkładu normalnego w poszczególnych seriach. Mierzy on różnicę między pochyleniem i kurtozą niektórych serii a tymi wynikającymi z rozkładu normalnego. Można powiedzieć, że znacząca wartość testu JB wskazuje na niestabilną zmienność zwrotów indeksów. Wzór stosowany do obliczania testu JB jest następujący:

$$\mathrm{JB} = (= \frac{N}{6}\left(S^2 + \frac{(K-3)^2}{4}\right) \quad 1 \qquad .3)$$

[14] Working, H. (1934), "*A Random Difference Series for Use in the Analysis of Time Series*", Journal of the American Statistical Association, 29(185), 11-24.2.

Hipoteza "random walk" jest zgodna z efektywną hipotezą rynkową i odzwierciedla teorię finansową, która przyczynia się do tego, że ceny akcji zmieniają się zgodnie z "random walk", a zatem nie można z góry przewidzieć cen. Hipoteza "losowego marszu" zakłada, że kolejnego kroku lub kierunku nie można założyć na podstawie wcześniejszych działań (Malkiel 1973[15]). Kiedy na przykładzie rynków finansowych używa się terminu "chód losowy", oznacza on niemożność przewidzenia krótkoterminowych zmian cen akcji na podstawie wcześniejszych zmian cen (*teoria Dow,* **wykres 2**)[16], biorąc pod uwagę, że kolejne ceny

Wykres 2 - Teoria Dow

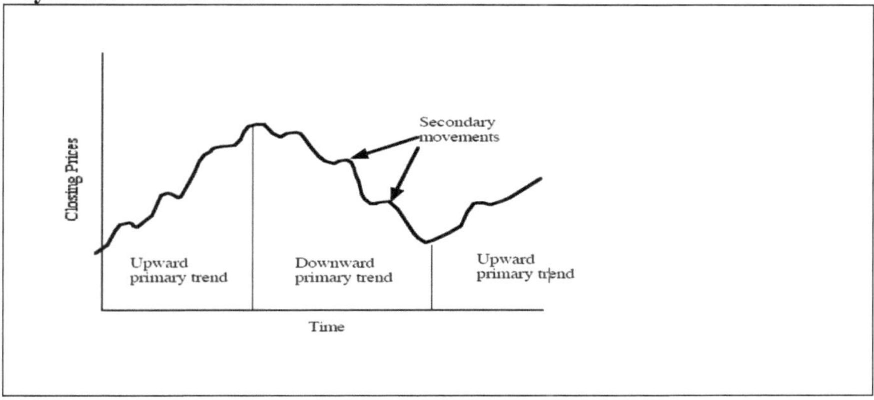

zmiany w papierach wartościowych są niezależne od siebie.

The **Dow Theory**:" Uważa się, że rynek zawsze ma trzy ruchy, wszystkie idące w tym samym czasie. Pierwszy z nich to wąski ruch (dzienne wahania) z dnia na dzień. Drugi to ruch krótkotrwały (*ruchy wtórne*) trwający od dwóch tygodni do miesiąca, a trzeci to ruch główny (ruchy *pierwotne*) obejmujący co najmniej cztery lata jego trwania".

W związku z tym teoria random walk zakłada, że rynek jest efektywny, jeżeli obecna cena papierów wartościowych zawiera wszystkie dostępne informacje (**wykres 3**[17]), a zatem zmiana cen nastąpi w przypadku pojawienia się nowych informacji.

Wykres 3 - Słaba forma efektywności rynku: wszystkie dostępne informacje

---

[15] Malkiel, B. (1973), "*A Random Walk Down Wall Street*", Nowy Jork, NY: W. W. Norton & Company.

[16] Aswath Damodaran, Smoke and Mirrors: Wzorce cenowe, wykresy i analizy techniczne

[17] Hipoteza efektywnego rynku, Can you beat the market?, Financial Risk MVE220. Artin Esmailzadeh 941101 Jonathan Bergqvist 960112, str. 4.

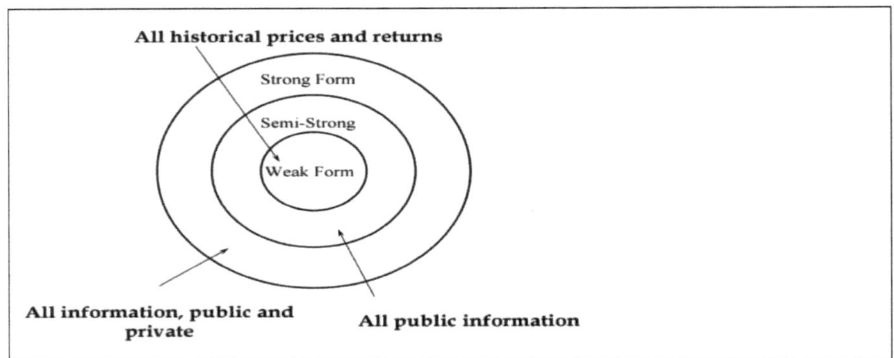

Jeżeli jednak weźmie się pod uwagę, że informacje te są wzajemnie niepowiązane i niezależne, wówczas można stwierdzić, że ta sama zasada dotyczy zmian cen papierów wartościowych, tzn. że przyszłe zmiany cen papierów wartościowych są całkowicie nieprzewidywalne i niepowiązane ze sobą.

Unit root test and process (Shock to a Unit root process - Proces stacjonarności - **Wykres 4**)[18] jest testem służącym do określenia stacjonarności (Wykres 4) lub niestacjonarności serii. Szeregi czasowe są uważane za słabo stacjonarne, gdy wartość średnia, wariancja i kowariancja są niezależne od czasu. W związku z tym niestacjonarność wskazuje, że szeregi czasowe wyglądają jak chód losowy i dlatego efektywna hipoteza rynkowa może być uznana za ważną w przypadku niestacjonarności.

Wykres 4 - Wstrząsy na proces pierwiastkowy jednostki - Proces stacjonarności

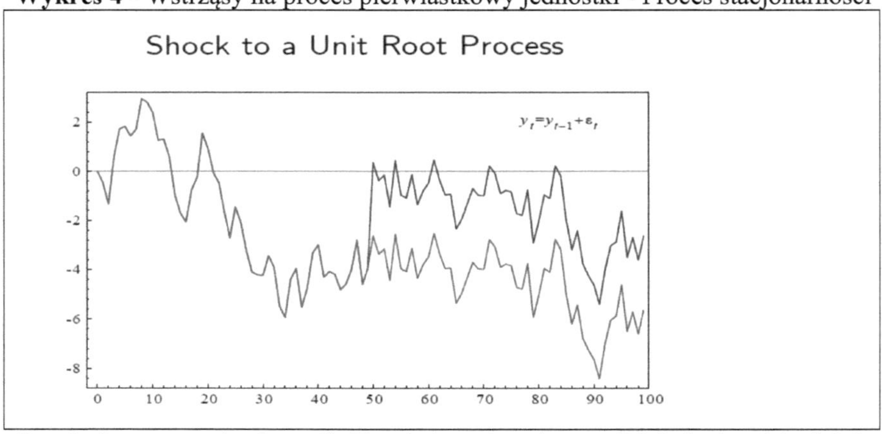

Oryginalny proces (**wykres 5**), Yt, nie jest nieruchomy. Odchylenie od średniej,

[18] Ekonometria 2 - Jesień 2005 r., niestacjonarne szeregi czasowe i podstawowe testy jednostkowe Heino Bohn Nielsen

yt = Yt - E[Yt] = Yt - μ - μ1t, jest procesem stacjonarnym. Proces Yt jest nazywany **trend-stationary.**

Wykres 5 - Szokujący trend - Proces stacjonarności

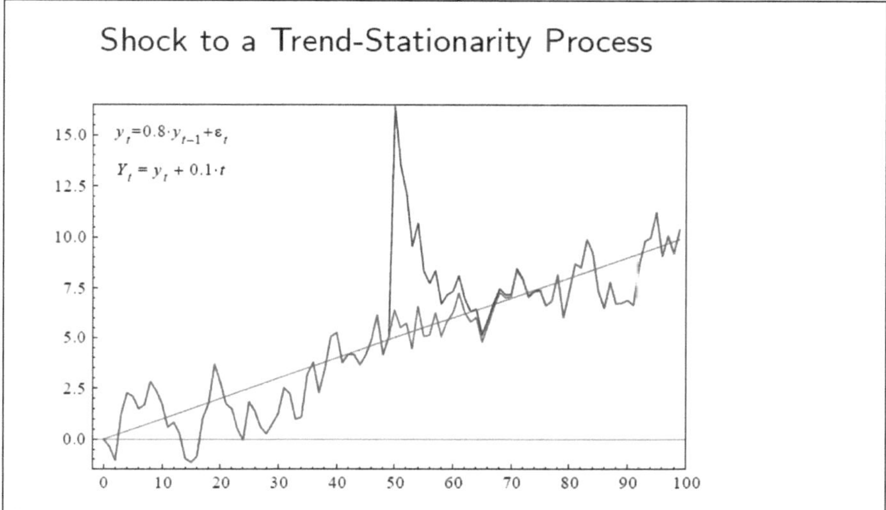

Standardową praktyką w określaniu istnienia pierwiastka jednostkowego jest test Dickey'a-Fullera lub alternatywnie rozszerzony test Dickey'a-Fullera, w którym regresja DF jest rozszerzona tak, aby obejmowała opóźnienia zmiennych zależnych w celu kontroli ewentualnej autokorelacji danych. Dodatkowo, rozważając zastosowanie stationaryzacji, zastosowano test Phillipsa-Perrona, ponieważ test ten stanowi alternatywną metodę kontroli korelacji szeregowej w testach z pierwiastkami jednostkowymi.

Test przebiegów, znany również jako test przebiegów Wald-Wolfowitza, jest również innym testem używanym do badania losowości. Jednakże, jako jedna z najwcześniejszych metod stosowanych przez naukowców, test na przebiegi został uznany za "najmniej *restrykcyjną metodę badania losowego chodu i efektywności rynkowej*" (Khandoker, Siddik i Azam, 2011[19]). W związku z tym test ten został pominięty w niniejszym opracowaniu, ponieważ poziom zastosowanych w nim testów stanowi odpowiednią miarę efektywności rynku finansowego Serbii.

Należy podkreślić, że istnienie korelacji szeregowej oznacza, że zwroty są pozytywnie skorelowane ze zwrotami, które następują, co jest sprzeczne z hipotezą o słabej efektywności rynkowej. W celu określenia istnienia korelacji zostanie przeprowadzona korelacja reszt, która będzie wykazywać autokorelację i autokorelację częściową, a także statystyki Lung-Boxa Q dla pierwszych 30 lagów.

[19] Khandoker, S. Siddik, N., & Azam. (2011). Testy słabej efektywności rynkowej formy Dhaka Stock Exchange: Dowody z sektora bankowego w Bangladeszu. Interdyscyplinarny Dziennik Badań w Biznesie, 47-60

Istnieją liczne testy stosowane w celu określenia obecności słabej efektywności formy na rynkach. W celu przetestowania proponowanej hipotezy oraz sprawności rynkowej słabej formy dla wskaźników stosowanych w niniejszym badaniu, stosuje się testowanie w czterech testach statystycznych/segmentach, które obejmują testy normalności (pochylenie, kurtozę, test Jarque'a Bera), testy typu Run, testy jednostkowe na korzeniach (*test rozszerzony Dickey-Fullera, test Phillipsa-Perrona oraz test Kwiatkowskiego, Phillipsa, Schmidta i Shina*) oraz test autokorelacji z wykorzystaniem Lung-Box Q-statistic.
Jak wspomniano wcześniej, słaba forma efektywności rynku zakłada, że ceny indeksów poruszają się w sposób losowy, a więc idą w ślad za losowym marszem. Również zasadność modelu, a w konsekwencji jego efektywność, zależy od założenia, że resztki są normalnie rozkładane.
Zastosowane i analizowane w tym badaniu testy normalności to m.in. pochylenie, kurtoza i test Jarque-Bera. Współczynnik pochylenia został po raz pierwszy wprowadzony przez Karla Pearsona (1895) i stanowi miarę asymetrycznego rozkładu wokół wartości średniej. Jeśli współczynnik wynosi 0, to mówi się, że ma on rozkład normalny. Jeżeli jednak współczynnik pochylenia jest dodatni, to istnieje dodatnia asymetria (rozkład jest po *prawej stronie*), a jeżeli współczynnik jest ujemny, to istnieje ujemna asymetria (*rozkład jest po lewej stronie*). Współczynnik kurtozy, również określony przez Pearsona (Pearson, 1905), jest kolejną miarą rozkładu. Jeżeli współczynnik ma wartość 3, to mówi się, że dane mają być normalnie rozłożone. Jeśli jednak współczynnik kurtozy jest wyższy od wartości 3, to rozkład jest leptokurtowy (*wydłużony*), a jeśli współczynnik jest mniejszy od 3, to nazywa się go platykurtowym (*spłaszczonym*). Test Jarque-Bera opiera się na porównaniu, jak dalece asymetria i miary kurtozy różnią się od wartości charakterystycznych dla rozkładu normalnego (*Jarque-Bera, 1987*). Test ten jest zatem wykorzystywany do określenia rozkładu normalnego w poszczególnych seriach, ponieważ mierzy różnicę między pochyleniem i kurtozą niektórych serii a wartościami wynikającymi z rozkładu normalnego. Można bezpiecznie stwierdzić, że znacząca wartość testu Jarque-Bera wskazuje na niestabilną zmienność zwrotów indeksów. Przy obliczaniu testów normalności wykorzystano dzienne ceny zamknięcia indeksów.
Innym testem stosowanym w tym badaniu jest test Runs, znany również jako test Walda-Wolfowitza. Test ten został po raz pierwszy wprowadzony przez Abrahama Walda i Jacoba Wolfowitzów i stanowi test nieparametryczny, który nie wymaga normalnego rozprowadzania zwrotów (Wald i Wolfowitz, 1940). Test "Runs" określa, czy kolejne zmiany cen są niezależne i obserwuje sekwencję kolejnych zmian cen za pomocą tego samego znaku (Gupta i Basu, 2011). Hipoteza zerowej losowości jest określana przez ten sam znak zmian cen. Jedną z głównych słabości testu jest fakt, że analizuje on tylko liczbę pozytywnych lub negatywnych zmian i ignoruje wielkość zmiany od średniej (Venkatesan, 2010). Niemniej jednak, test ten jest często stosowany w celu sprawdzenia efektywności rynku, ponieważ pozwala nam zrozumieć losowość serii danych. Ciągła składana

roczna stopa zwrotu została użyta do pomiaru zwrotów stosowanych w testach przebiegów. W rzeczywistości, wzór stosowany do obliczania zwrotów jest następujący:

Rt= ln(Pt/Pt-1) (1)

Rt jest zwrotem, ln jest logiem naturalnym, **Pt** jest bieżącą ceną zamknięcia indeksu, **Pt-1** jest poprzednią ceną zamknięcia indeksu.

Innym sposobem na wykrycie obecności słabej wydajności formy są jednostkowe testy na korzeniach. Augmented Dickey Fuller test (**wykres 6**)[20] (test ADF),

Wykres 6 - Rozkłady DF

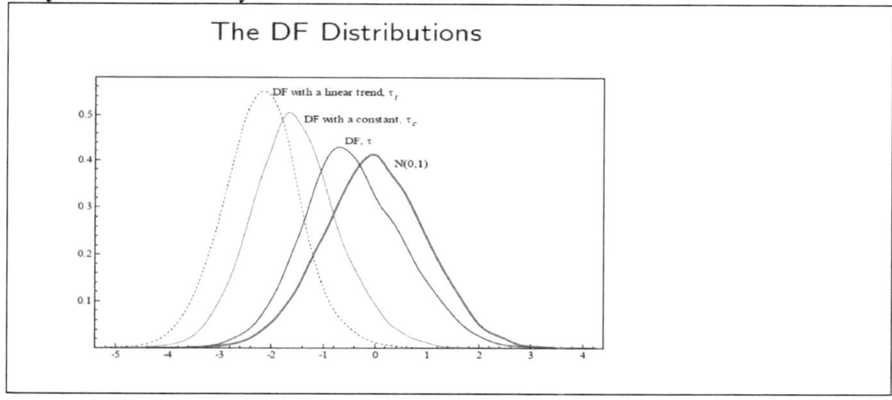

W badaniu tym zastosowano test Phillipsa-Perrona (test PP) i test Kwiatkowskiego-Phillipsa-Schmidta-Shin (test KSSP).

Augmented Dickey-Fuller test (**ADF**) jest testem używanym do określenia obecności pierwiastka jednostkowego w próbce szeregu czasowego. Jest to rozszerzona wersja testu Dickey-Fuller'a dla większego i bardziej skomplikowanego zestawu modeli szeregów czasowych (Singhal i Ashra, 2015). Test PP został wprowadzony przez Petera Phillipsa i Pierre'a Perrona jako rozszerzenie testu ADF przy jednoczesnej nieparametrycznej korekcie statystyki t-testu (Phillips i Perron, 1988). Hipoteza zerowa zarówno dla testów DF, jak i PP zakłada, że serie danych mają korzenie jednostkowe i dlatego przyjęcie hipotezy zerowej oznacza, że serie danych są niestacjonarne i że są wydajne. Test KPSS jest stosowany jako test uzupełniający do testów z pierwiastkami jednostkowymi i został zaproponowany przez Kwiatkowskiego, Phillipsa, Schmidta i Shina i dlatego nazywany jest testem KPSS. Test ten różni się od wszystkich innych testów na pierwiastki jednostkowe, ponieważ zakłada, że seria jest stacjonarna pod hipotezą zerową (Kwiatkowski, Phillips, Schmidt i Shin, 1992). Dlatego też przyjęcie hipotezy zerowej w testach KPSS oznacza, że serie danych są wydajne.

---

[20] Ekonometria 2 - Jesień 2005 r., niestacjonarne szeregi czasowe i podstawowe testy jednostkowe Heino Bohn Nielsen

Z drugiej strony, testy Lung-Box zostały wykorzystane do określenia stopnia korelacji, w celu określenia obecności słabych punktów efektywności rynkowej (Lung and Box, 1978).
Badanie to zostało przedstawione w formacie empirycznym z wykorzystaniem danych zebranych z oficjalnych stron giełd papierów wartościowych notowanych na giełdzie, jak również danych uzyskanych za pośrednictwem Bloomberga w okresie od 4 października 2005 r. do 30 października 2015 r.
Testy i analizę danych przeprowadzono przy użyciu oprogramowania **EVIEWS 8.0**, natomiast na karcie danych wykorzystanej do analizy technicznej wykorzystano **publiczną stację sieciową TeleTrader.**
W trakcie badań empirycznych, formułowania i prezentacji wyników zastosowano inną kombinację metod naukowych, dużą liczbę z dziedziny nauk przyrodniczych. W związku z tym, zgodnie z określonym problemem badań, przedstawionym przedmiotem i celami oraz hipotezą, w metodach badawczych w niniejszej Monografii zastosowano podstawowe metody analityczne i syntetyczne, z ogólnej metody naukowo-hipotetyczno-dedukcyjnej, statystycznej i porównawczej, a z metod zbierania danych zastosowano analizę treści ze źródeł wtórnych.

1.5 Wkład tych badań

Biorąc pod uwagę niewielką ilość literatury fachowej analizującej efektywność krajowego rynku kapitałowego, realistyczne jest oczekiwanie, że Monografia ta będzie miała znaczący wpływ na zrozumienie efektywności krajowego rynku kapitałowego, zarówno poprzez jedyne badania empiryczne rynku serbskiego, jak i poprzez analizę porównawczą rynku krajowego z innymi wybranymi rynkami kapitałowymi. Ponadto, badanie to będzie miało na celu umożliwienie uczestnikom krajowego rynku kapitałowego dostosowanie ich strategii inwestycyjnych do przedstawionych wyników. Wkład Monografii w sensie naukowym przejawia się w tym, że uczestnicy rynków finansowych będą lepiej zaznajomieni ze wszystkimi zaletami i wadami stosowania różnych modeli statystycznych w analizie i badaniu efektywności rynku. W związku z tym wkład naukowy polega na podniesieniu poziomu wiedzy i literatury zarówno krajowej, jak i zagranicznej w zakresie analizy, identyfikacji i testowania słabej formy efektywności rynku poprzez przegląd porównawczy na różnych rynkach.
Zgodnie z wyznaczonymi celami, nakreślając założenia i metody badań wykorzystane w niniejszym badaniu, oczekuje się, że wyniki tych badań naukowych przyczynią się do wyjaśnienia stopnia efektywności rynku krajowego w stosunku do innych rynków, a także wyjaśnienia zastosowania różnych testów statystycznych oraz modelu modelu e-biznesu w analizie i testowaniu słabej formy efektywności rynku, a w konsekwencji umożliwią uczestnikom rynku modyfikację strategii inwestycyjnych zgodnie z wynikami przedstawionymi w niniejszym badaniu.

Jedną z głównych wad właściwego pomiaru efektywności rynku, zarówno w rozwoju, jak i na serbskim rynku kapitałowym, było niewłaściwe zastosowanie modelu e-biznesu w analizie i testowaniu efektywności rynku. W tym sensie, poprzez analizę i ocenę sukcesu wdrożonych modeli na różnych rynkach kapitałowych, wyniki badań będą miały bezpośrednią wartość praktyczną, zarówno dla inwestorów na giełdach, jak i dla wszystkich innych uczestników rynku/rynków finansowych, a tym samym istotny wkład społeczny w gospodarkę. Wyniki badań będą miały bezpośrednie zastosowanie w działalności instytucji finansowych w Serbii, a także u inwestorów indywidualnych przy inwestowaniu na rynkach kapitałowych. Wyniki badań naukowych, które zostaną przedstawione w Monografie, powinny stanowić wkład naukowy do teorii ekonomii w sensie teoretycznym i praktycznym. W sensie praktycznym oczekiwany wkład w naukę ekonomiczną można by wyrazić w skutkach ekonomicznych zastosowania odpowiednich metod ilościowych w pomiarze efektywności rynku.
Wyniki analiz i testów przeprowadzonych w niniejszym Monografie powinny pomóc organom regulacyjnym na serbskim rynku kapitałowym w przeglądzie aktualnych zagadnień polityki regulacyjnej i dokonaniu niezbędnych korekt. Dokładniej rzecz ujmując, wyniki wskażą na konieczność zmiany istniejących regulacji i mechanizmów wykorzystywanych w realizacji tych, w ramach których działają inwestorzy na rynku kapitałowym. Wyniki wskażą również na konieczność modernizacji modelu/ów e-biznesu wykorzystywanego/ych na serbskim rynku kapitałowym.
W praktyce Monografia wniesie znaczący wkład w obszarze modeli i strategii inwestycyjnych stosowanych na rynkach finansowych, to znaczy da odpowiedź, czy w ogóle możliwe jest osiągnięcie ponadprzeciętnych zysków/zwrotów przy obecnym zastosowaniu przedstawionych modeli, w jaki sposób i na jakich rynkach. Monograf, zweryfikowany przez odpowiednie badania naukowe i wdrożenie różnych metod statystycznych, będzie podkreślał znaczenie stopnia efektywności rynku przy podejmowaniu decyzji inwestycyjnych. Porównawcza prezentacja wyników efektywności rynku w różnych krajach może dać wgląd w różne stopnie rozwoju różnych krajów. Systematyzacja i klasyfikacja wyników wskaże zasadność modelu efektywności rynkowej wykorzystującego różne metody statystyczne. Analiza badań naukowych będzie próbą wyjaśnienia pojęcia efektywności rynku i zmiany sposobu postrzegania efektywności rynku na przestrzeni historii. Monografia ta może również służyć jako punkt wyjścia dla niektórych przyszłych badań.

1.6 Struktura badania

Zgodnie z ustalonym zestawem hipotez oraz zgodnie z w/w założeniami praca jest podzielona na kilka sekcji. Dokładniej mówiąc, praca składa się z dziewięć części:

1. *Wyjaśnienie modelu e-biznesu do analizy i optymalizacji rynków finansowych*

2. Rozważania teoretyczne, w których wyjaśnienie pojęcia efektywności rynkowej oraz
Przedstawione zostaną dotychczasowe badania na temat efektywności rynku;
3. Metodologia badawcza określająca główne i drugorzędne cechy różnych
metody stosowane w identyfikacji słabej formy efektywności rynku;
4. Opis próbki/materiału i wybór danych;
5. Badania empiryczne, które czerpią podstawowe informacje z wyników badań. Ich wyniki to
prezentowane z danymi statystycznymi (tabele łączone i reprezentacje graficzne);
6. Osiągnięte wyniki, które wyjaśnią wpływ uzyskanych wyników na rynek
sprawność;
7. Ocena wyników, w których zdefiniowana hipoteza zostanie odrzucona lub potwierdzona;
8. Przyszłe badania, których podstawę i kierunek można wskazać w badaniu przedmiotowym
9. Końcowa część lub synteza badań, łącząca teoretyczną i empiryczną
Wnioski, oparte na ustaleniach w celu pozytywnej weryfikacji hipotezy.

Struktura monografu:

"Analiza i testowanie słabej formy efektywności rynku serbskiego i wybranych rynków finansowych",

wsparty elektronicznymi modelami biznesowymi w analizie i optymalizacji operacji biznesowych rynków finansowych został zaprojektowany w celu odpowiedzi na podstawowe pytanie badawcze dotyczące spełnienia słabej formy efektywności rynkowej na różnych rynkach finansowych. W związku z tym Monografia została skonstruowana w taki sposób, aby oprócz rozważań wstępnych, w których zdefiniowano problem, przedmiot, cel i hipotezę badania, zawierała jeszcze dziewięć części, które mają na celu lepsze zrozumienie i zwinięcie pomysłów autorów oraz prezentację wyników.

Najpierw uwagi wstępne, a następnie część zatytułowaną *"Modele handlu elektronicznego w analizie i optymalizacji rynków finansowych"*, w której przedstawiamy podstawowe modele elektroniczne wykorzystywane do analizy i optymalizacji rynków finansowych.

W części zatytułowanej *"Przegląd literatury" przedstawiono* pokrótce historię pojęcia efektywności rynku w naukach ekonomicznych, a następnie zdefiniowano pojęcia hipotezy efektywności rynku oraz podano szczegółowe wyjaśnienie różnych pojęć niezbędnych do zrozumienia efektywności rynku. Następnie przyglądamy się przeglądom modeli efektywności rynku.

Poniżej, w czwartej części zatytułowanej *"Opis modelu wykorzystywanego w analizie i testowanie efektywności rynków finansowych"* przedstawił krótki przegląd różnych modeli wykorzystywanych do stwierdzenia istnienia słabej formy efektywności rynku.

W tym rozdziale wyjaśniono również przyczyny wyboru podstawowych modeli wykorzystywanych do określania stabilności słabej formy efektywności rynku, w celu analizy i testowania efektywności rynków finansowych.

W celu opracowania i określenia odpowiedniego modelu analizy i badania efektywności rynku, konieczne jest właściwe dobranie odpowiednich próbek i danych, które będą wykorzystywane do celów badawczych

W związku z tym w piątej części zatytułowanej *"Opis próby i dobór danych" położono nacisk* na opis danych wykorzystywanych w badaniach oraz przyczyny ich doboru.

W tej części opracowania przedstawiono wyjaśnienie i specyfikację danych, które zostały wykorzystane do przygotowania tych badań. W tej części określono również przyczyny ich wyboru jako parametrów wykorzystywanych do doboru danych.

W szóstej części opracowania pt. *"Badania statystyczne i wyniki empiryczne dla wybranych rynków" przeprowadzono* badania empiryczne, w których testowano słabą formę rynku serbskiego oraz rynków kapitałowych w Chorwacji, na

Węgrzech, w Polsce i Stanach Zjednoczonych. Rynki te są specjalnie dobierane w celu uzyskania wglądu i porównania poziomu efektywności rynku z różnymi poziomami rozwoju.

Aby zapewnić znaczenie i wkład badań jako formy analizy porównawczej i technicznej w celu oceny efektywności rynku i uświadomienia sobie możliwości osiągnięcia pozytywnych zysków przez uczestników danych rynków.

W siódmej części *"Analizy wyników osiągniętych na rynku serbskim"* wyjaśniono uzyskane wyniki z naciskiem na serbski rynek kapitałowy.

To właśnie w tej badawczej części pracy tkwi główna siła tego opracowania, biorąc pod uwagę fakt, że poprzez analizę i ocenę sukcesu wdrożonych modeli na rynku serbskim, w celu określenia efektywności rynku, niniejsze opracowanie i badania mają na celu uzyskanie bezpośredniej wartości praktycznej w praktyce, a także w kręgach akademickich, a tym samym znaczący wkład społeczny i naukowy.

W tej ósmej części *"Analizy osiągniętych wyników dla wybranych rynków Giełdy Papierów Wartościowych" pokazano* słuszność hipotezy przytoczonej w części teoretycznej pracy. Na podstawie wyników badań ustalona hipoteza zostanie potwierdzona lub odrzucona.

W dziewiątej części *"przyszłych badań"* podano wymowne wnioski i kierunki przyszłych badań w tym zakresie.

W *"Wnioskach" widoczne są* wszystkie fakty, które zostały omówione podczas pracy oraz podany końcowy wynik wszystkich wyjaśnionych w tych badaniach. W tej części Monografii omówiono wyniki i położono nacisk na wyraźne porównanie efektywności rynku kapitałowego w Serbii z innymi wybranymi rynkami.

Ma ona również na celu odłożenie na bok wszystkiego, co jest niezbędne do właściwego określenia słabej formy efektywności rynku, zwłaszcza jeśli chodzi o rynek finansowy w rozwoju, oraz przedstawienie końcowej oceny możliwości zastosowania i wydajności modeli statystycznych do analizy i testowania słabej formy efektywności rynku na różnych rynkach.

ELEKTRONICZNE MODELE BIZNESOWE W ANALIZIE I OPTYMALIZACJI DZIAŁALNOŚCI BIZNESOWEJ RYNKÓW FINANSOWYCH

Modele e-biznesowo-handlowe do analizy i optymalizacji rynków finansowych nie są klasyczne i strukturalnie identyczne z modelami stosowanymi w działalności firm rynkowych i instytucji finansowych. Pierwsza różnica strukturalna związana jest z poziomami zróżnicowania w stosunku do modeli biznesowych, które są w zasadzie podstawą projektowania i programowania systemów i aplikacji informatycznych.

Wykres 7. - Organizacja operacji na papierach wartościowych w systemie finansowym Serbii [21]

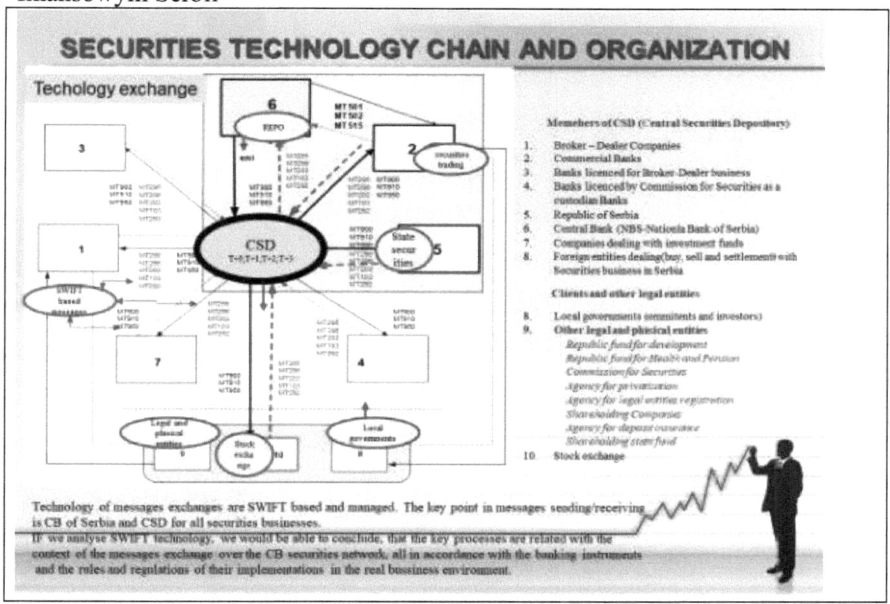

Technologia wymiany wiadomości jest oparta **na SWIFT** i zarządzana. Kluczowym punktem wysyłania/odbierania wiadomości jest CB Serbii i CSD dla wszystkich podmiotów działających na rynku papierów wartościowych.

[21] Rankov, S. (2015). Prezentacja z wykładów na temat studiów magisterskich i doktoranckich FPS, 2015 r., temat: Zarządzanie ryzykiem finansowym

Gdybyśmy przeanalizowali technologię SWIFT[22] stosowaną w transakcjach papierami wartościowymi, bylibyśmy w stanie stwierdzić, że kluczowe procesy są związane z kontekstem wymiany komunikatów poprzez sieć papierów wartościowych CB (**Banku Centralnego**), a wszystko to zgodnie z instrumentami bankowymi oraz zasadami i regulacjami ich wdrażania w realnym środowisku biznesowym.

Aplikacje przeznaczone do analizy, funkcji operacyjnych i optymalizacji rynku finansowego są specyficzne i są związane z łańcuchem podmiotów (wykres **7**), jako uczestnicy ogólnego biznesu FM (*rynków finansowych*) i ich funkcjonalnymi potrzebami w codziennej działalności, jak np. duży *wolumen (którego nie można by przetworzyć bez poważnego wsparcia technologii IT) transakcji giełdowych* **FE-Forex-Foreign** (wykres **8**[23]), wymagania czasowe i dynamika działań na lokalnych, regionalnych i globalnych rynkach finansowych.

Wykres 8 - Transakcje na rynku Forex: Kursy walutowe

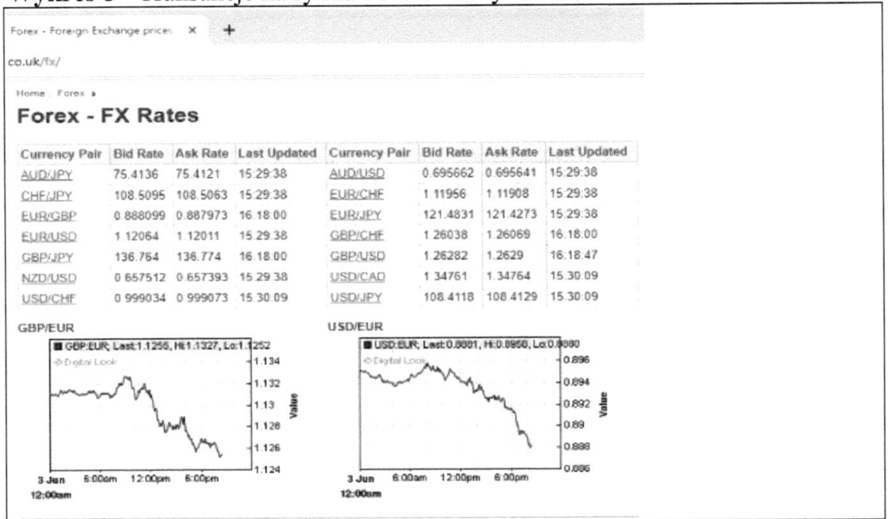

Forex - FX Rates

Currency Pair	Bid Rate	Ask Rate	Last Updated	Currency Pair	Bid Rate	Ask Rate	Last Updated
AUD/JPY	75.4136	75.4121	15:29:38	AUD/USD	0.695662	0.695641	15:29:38
CHF/JPY	108.5095	108.5063	15:29:38	EUR/CHF	1.11956	1.11908	15:29:38
EUR/GBP	0.888099	0.887973	16:18:00	EUR/JPY	121.4831	121.4273	15:29:38
EUR/USD	1.12064	1.12011	15:29:38	GBP/CHF	1.26038	1.26069	16:18:00
GBP/JPY	136.764	136.774	16:18:00	GBP/USD	1.26282	1.2629	16:18:47
NZD/USD	0.657512	0.657393	15:29:38	USD/CAD	1.34761	1.34764	15:30:09
USD/CHF	0.999034	0.999073	15:30:09	USD/JPY	108.4118	108.4129	15:30:09

E-biznes / handel, oprócz wysoko wyspecjalizowanych aplikacji, wykonuje pewną integrację różnych modeli w celu objęcia całości i złożonych technologii biznesowych i FM (*wykorzystanie modelu e-biznesu w przygotowaniu danych do analiz, szacunków, zarządzania ryzykiem i zarządzania bazami danych lub prognoz zachowań rynkowych, wzrost lub spadek rentowności, pomiar efektywności rynku).*

[22] Rankov S., Kotlica S. (2014): "*Primena elektronskog poslovanja u finansijama i bankarstvu u globalnoj ekonomiji*", Megatrend univerzitet, ISBN978-86-7747-514-7, COBISS.SR-ID207303180, 40, Beograd".

[23] http://www.lse.co.uk/fx/

Firmy, które zajmują się przede wszystkim mediacją, zarządzaniem, aktywnym uczestnictwem w obrocie FM i organizacją niektórych działań rynkowych, odgrywają szczególną rolę w tworzeniu aplikacji i definiowaniu/konfigurowaniu infrastruktury dla funkcjonowania podmiotów i procesów w FM. Reuters, Bloomberg, a w szczególności FM i *giełdy (NYSE, LSE, FSE, ZSE, Nasdaq SE oraz pozostałe FM, bez względu na poziom rozwoju i możliwości technologiczne, które są niezbędne do rozwoju i funkcjonowania FM),* które są bardzo wymagające w projektowaniu aplikacji, infrastruktury i komunikacji mających na celu zadowolenie uczestników, firm inwestycyjnych, innych podmiotów, które aktywnie uczestniczą w łańcuchu działalności biznesowej na FM.
Wykres 7 przedstawia infrastrukturę, organizację, relacje i podmioty, które są uczestnikami, użytkownikami, organizatorami i generatorami usług informacyjnych dla potrzeb działalności FM. Wszystkie przedstawione relacje są podstawową domeną działalności na rynku FM i infrastruktury, która zapewnia całkowitą wymianę komunikatów jako podstawę do realizacji wszystkich zadań operacyjnych i rozwojowych oraz funkcji FM.
Stopień rozwoju FM jest podstawą do realizacji wszystkich funkcji operacyjnych, podstawą do wymiany informacji finansowych, biznesowych i niefinansowych oraz danych niezbędnych do obsługi podstawowej działalności FM. Kompletność FM, od infrastruktury, poprzez aplikacje, ramy prawne działalności, organizację podmiotów i ich udział w procesach obrotu i realizacji zadań, są ważnym czynnikiem w ocenie efektywności rynków finansowych. Efektywność FM jest mierzona na dwóch kluczowych poziomach: *pierwszy z nich* to infrastruktura, organizacja, działalność podmiotów, zdolności informacyjne i aplikacje, ustawodawstwo, a *drugi* to modele matematyczno-statystyczne, które są wykorzystywane jako miara efektywności FM i stanowią podstawę do szacowania jakości FM, głębokości FM i pomiaru wydajności w FM.
Zastosowanie modelu E-biznesu (*zarówno bezpośrednio, jak i w powiązaniu z określonymi układami oprogramowania są stosowane modele: CRM, ERP, SCM,* itp.), ostatnio stosowane *sztuczna inteligencja, sieci neuronowe*, ale także modele funkcjonalne i aplikacje, które są związane z pewnymi wyspecjalizowanymi funkcjami i operacjami na FM, zwłaszcza do identyfikacji i pomiaru, lub środków w celu wyeliminowania ryzyka finansowego, które występują w FM operacji lub (*warunkowo określone*) model Random Walk, lub zgodnie z pewnymi przepisami dotyczącymi przydziału funkcji i rozkładów statystycznych.
FM są systemami transakcyjnymi i wymieniają niezwykle wrażliwe informacje rynkowe *(ważne, aby poradzić sobie z nowymi informacjami o cenach akcji,* **wykresem 9**[24]*, lub danymi o transakcjach FX, poszukiwaniem przez inwestora nowych informacji finansowych itp.*

[24] Admin Starcevic, dr Timothy Rodgers:" Efektywność rynkowa w ramach niemieckiego rynku giełdowego: A Comparative Study of the Relative Efficiencies of the DAX, MDAX, SDAX and ASE Indices", *International Econometric Review (IER)*

, mechanizmów handlu i kontroli, a w szczególności zgodności z niektórymi zasadami prowadzenia działalności, które regulują określone postępowanie podmiotów, ich aktywne uczestnictwo i zgodność z ramami prawnymi. Rozpatrując zastosowanie modelu e-biznesu w organizacji i funkcjonowaniu FM podstawy organizacji i wymiany komunikatów oraz innych kanałów komunikacji, infrastruktura obsługuje potrzeby FM.

W przypadku infrastruktury, która ilustruje złożony system prowadzenia działalności z Rynkiem Papierów Wartościowych w Serbii, można stwierdzić, że infrastruktura jest stosunkowo kompletna, że wszystkie funkcje i relacje dla potrzeb handlowych Rynku Papierów Wartościowych na FM (**Rynek Kapitałowy**), bez względu na niewielki zakres działalności rynkowej i materiałów handlowych, a ogólnie działalność na rynku akcji, są zabezpieczone, ale sprowadzone do rynku lokalnego, bez powiązań strukturalnych i finansowych z regionalnymi, a tym bardziej z globalnymi FM.

Wykres 9 - Wpływ nowych informacji na ceny akcji

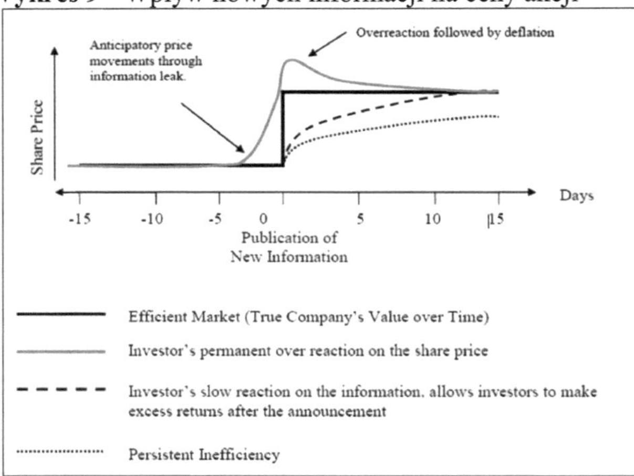

Działalność giełdy prowadzona jest w sposób nieformalny, opracowano różne usługi na potrzeby klientów i ich codzienną sprawozdawczość operacyjną, z czego wynika, że wdrożenie modelu e-biznesu jest obecne poprzez transakcje giełdowe (procesy handlowe i organizacja działalności, uwzględniono wszystkie funkcje biznesowe i relacje pomiędzy podmiotami, opracowano systemy i podmioty informatyczne w celu całościowego wsparcia działalności z rynkiem papierów wartościowych (Centralny Bank Serbii, Centralny Depozyt Papierów Wartościowych, FM, Banki Handlowe, Brokerzy-Detalerzy Uczestnicy Obrotu oraz inne podmioty w sieci obrotu FM). Infrastruktura ta jest częścią usług technologicznych oraz, podobnie jak proces biznesowy, całego biznesu związanego z papierami wartościowymi: od

Centralny Bank SerbiiCentralny Depozyt Papierów Wartościowych -
Użytkownicy banków komercyjnych

tj. relacja pomiędzy **użytkownikami FM Brokers** / Dealerów a uczestnikami obrotu papierami wartościowymi, a w sensie aplikacyjnym reprezentuje wymianę komunikatów według modelu technologii SWIFT oraz rodzaju komunikatów **(MT 501, MT502, MT515,** *które na giełdach posiadają ważne informacje o handlowych papierach wartościowych*) i stanowi podstawową funkcjonalność w zakresie pracy transakcyjnej, transakcji realizowanych na rachunkach transakcyjnych oraz rachunkach własnych uczestników obrotu i instytucji finansowych: Central Bank of Serbia, banki komercyjne, Centralny Depozyt Papierów Wartościowych (*gdzie znajduje się baza danych wszystkich papierów wartościowych, które są lub mogą być przedmiotem obrotu na rynku FM*).
Charakter działalności FM jest określony przez możliwości FM, ramy prawne (w *szczególności rolę Centralnego Banku Serbii, Komisji Papierów Wartościowych i Centralnego Depozytu Papierów Wartościowych*) oraz technologię, która zapewnia całkowite funkcjonowanie FM w Serbii ze wszystkimi niezbędnymi funkcjami. Sam proces obrotu akcjami jest pośrednio i bezpośrednio powiązany z podstawowymi warunkami biznesowymi FM (*infrastruktura, aplikacje, środowisko sieciowe i zasady FM*), a z drugiej strony, wyniki osiągnięte w procesach handlowych i ogólnej działalności FM są przedmiotem i wynikiem zastosowania innej grupy ważnych czynników: zastosowanie modeli matematyczno-statystycznych do oceny wpływu, zróżnicowana analiza zachowań uczestników, prognozy ruchów indeksów giełdowych i innych ważnych parametrów do pomiaru efektywności FM (Hipoteza **efektywnego** rynku **EMH**, Efektywność Słabej Formy Rynku Kapitałowego). W szczególności testowanie słabej formy efektywności rynku jako kluczowej dla analizy FM (*Rynków Kapitałowych*) Serbii oraz porównania z regionalnymi i globalnymi FM (*najbardziej rozwinięte FM*, patrząc lokalnie, regionalnie i globalnie) w celu potwierdzenia ustalonej hipotezy badania i dowodów na brak słabej formy efektywności rynku na serbskim rynku kapitałowym.
Pojęcie efektywności rynkowej jest jednym z najważniejszych obszarów finansów i uważane jest za jeden z fundamentów nowoczesnej teorii finansowej. Po pierwsze, pojęcie efektywności rynku jest używane do wyjaśnienia stopnia udziału istotnych informacji w cenie instrumentu finansowego.
Pomiar efektywności rynku, oprócz stosowania modeli i badań matematyczno-statystycznych, ma kluczowe znaczenie w odniesieniu do informacji wykorzystywanych do określania, kontroli, szacowania zmian cen papierów wartościowych (*instrumentów finansowych*) na rynku lub prognoz rentowności jako ostatecznych mierników użyteczności dla inwestorów i innych uczestników obrotu na rynkach kapitałowych. Oznacza to, że wdrożenie modelu e-biznesu, począwszy od infrastruktury, a skończywszy na aplikacjach i programach analitycznych, dostarcza niezbędnych informacji do obrotu, przyczynia się do

pewnej rynkowej efektywności i kontroli szybkiego i skutecznego wglądu w zmiany cen i wolumenu obrotów uczestników FM (*obserwowane i węższe i szersze w kontekście osiąganych wyników rynkowych oraz poziomu zadowolenia wszystkich podmiotów z działalności FM*). Prezentowana infrastruktura i organizacja FM, a w szczególności rynki kapitałowe w Serbii, jest dowodem na to, że całkowite funkcjonowanie FM jest również związane z grupą podstawowych warunków biznesowych, w szczególności z zastosowaniem modeli e-biznesu wykorzystywanych do zarządzania, analizy i optymalizacji procesu i warunków handlowych, pomiaru osiąganych wyników handlowych oraz analiz post factum, które przyczyniają się do przyszłych szacunków efektywności rynku. Podstawowe warunki biznesowe w FM są dodatkowo zintegrowane z zastosowaniem modeli matematyczno-statystycznych wykorzystywanych do certyfikacji i dowodów efektywności rynkowej, świadczących o ich nieefektywności.

The Effective Market Efficiency seeks to answer the question whether it is possible to predict the yield of securities or not (Fama and Franz 1988 [25] Lo and McKinley 1988 [26]). Eugene Fama po raz pierwszy przedstawił teorię hipotezy rynkowej w 1970 r. [27] i od tego czasu przeprowadzono liczne badania empiryczne na ten temat w celu ustalenia zasadności tej koncepcji. Według Famy teoria hipotezy o efektywnym rynku opiera się na fakcie, że ceny papierów wartościowych na rynku kapitałowym rosną losowo wokół ich wartości i odzwierciedlają najnowsze dostępne informacje.

Istota efektywności rynku związana jest z zasadą pracy nad nimi. Efektywność stosowania różnych technologii skutkuje lepszą korespondencją z samym rynkiem poprzez szybszy dostęp do informacji, łatwiejszy podgląd danych oraz większą szybkość przetwarzania niektórych transakcji. Zastosowanie modelu e-commerce jest charakterystyczne zwłaszcza dla działalności kluczowych podmiotów w branży FM, Banku Centralnego Serbii (*innych CB-Banków Centralnych macierzystego FM*), Centralnego Depozytu Papierów Wartościowych jako infrastruktury, która ma największe znaczenie dla całościowego funkcjonowania Rynku Papierów Wartościowych na FM oraz zgodnie z możliwościami aplikacyjnymi wszystkich pozostałych uczestników w całościowej części rynkowej transakcji dotyczącej papierów wartościowych i procesów handlowych.

W organizacji systemu informatycznego i zastosowaniu modelu biznesu elektronicznego w analizie i pomiarze efektywności FM, giełdy (*LSE-Londyn Stock Exchange, NYSE-New York Stock Exchange, FSE-Frankfurt Stock*

[25] Fama, E. и French, K. (1988). "Permanent and Temporary Components of Stock Prices", The Journal of Political Economy, 96(2), 246-273.

[26] Lo, A. и MacKinlay, C. (1988). Ceny giełdowe nie podążają za przypadkowymi spacerami: Dowody z prostego testu specyfikacji, Przegląd badań finansowych, 1(1), 41-66.

[27] Fama, E. (1970) "Efficient Capital Markets: A Review of Theory and Empirical Work", Journal of Finance, 25(2),383-417.

Exchange, itp.) oraz firmy znajdujące się bezpośrednio w głównym obiegu biznesowym, same rynki (*interfejsy klienta, jak system LSE Trading (***wykres 10**[28]), które wdrażają aplikacje domu oprogramowania lub same projektują ich program na potrzeby operacyjne, analizę zachowań uczestników rynku, pomiar efektywności samych rynków i ich wkładu w ogólną gospodarkę.

Wykres 10 - Interfejsy klienta (system transakcyjny LSE)

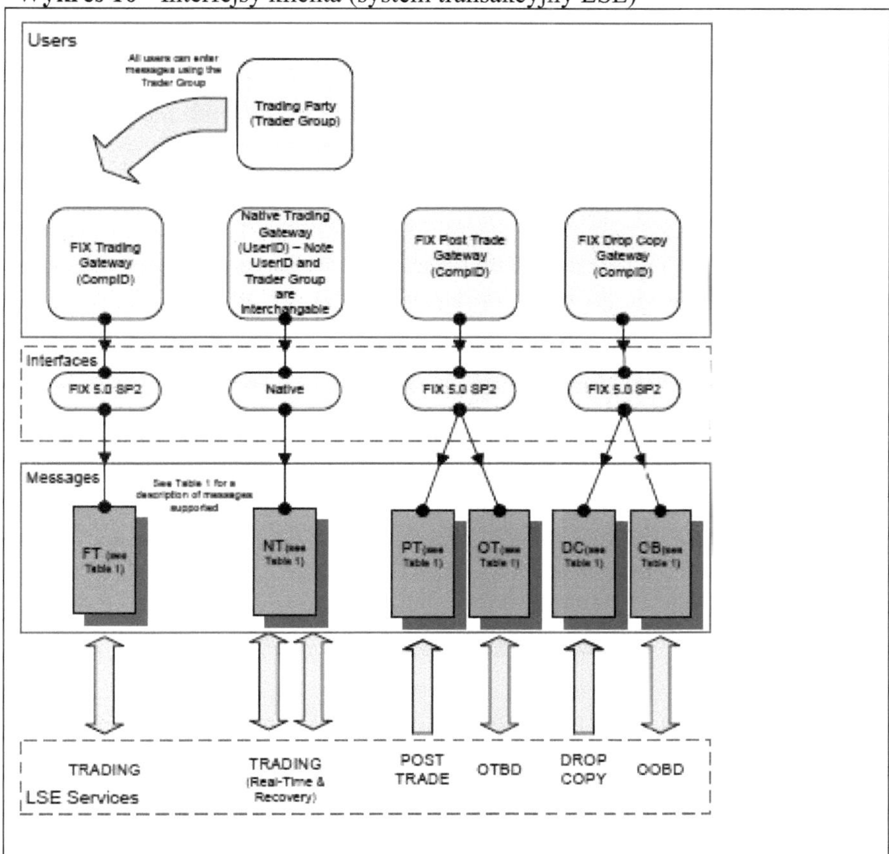

Przykłady opracowanych modeli e-biznesu wdrożonych w różnych segmentach biznesu FM pokazują, że **NYSE** i Thomson Reuters wykorzystują (*samodzielnie opracowane modele i aplikacje*) lub we współpracy z firmami programistycznymi, czyli jako specjalnie zakupione rozwiązanie aplikacyjne, do

[28] London Stock Exchange, MIT 201- Guide to trading system, wydanie 14, marzec 2016 r., www.lseg.com/tradingservices.

prowadzenia efektywnej działalności biznesowej w obszarze technologii i handlu na rynku finansowym. Aby zilustrować zastosowanie tego modelu, przedstawione zostaną niektóre z modeli wykorzystywanych przez NYSE i Thomson Reuters w operacjach operacyjnych. Na potrzeby zarządzania ryzykiem (w *szczególności walki z oszustwami i praniem brudnych pieniędzy w celu ochrony aktywów*) Thomson Reuters jest narażony na zwiększone ryzyko wystąpienia nowych zagrożeń (zagrożeń pojawiających *się w trakcie prowadzenia działalności gospodarczej z pojedynczym uczestnikiem lub instytucją*), [29] Application Identification, Knowledge of Your Customer (**KYC**) [30] , Foreign Corrupt Practices Act (**FCPA**). Zastosowanie modelu handlu elektronicznego ma w tym przypadku charakter prewencyjny i zabezpieczający aktywa, ale również pełni niezwykle operacyjną funkcję w zakresie identyfikacji rodzajów ryzyka i środków służących jego zapobieganiu i ograniczaniu.

Dla celów obrotu papierami wartościowymi lub instrumentami pochodnymi z opcjami na papiery wartościowe, NYSE opracowała platformę technologiczną dla opcji dwurynkowych, która umożliwia obrót opcjami i kontrolę w praktyce. Oprócz wyżej wymienionego modelu aplikacji i opcji na opcje handlowe, NYSE opracowała model, który oferuje inwestorom i animatorom rynku najbardziej korzystną opcję w zakresie opcji handlowych *(NYSE Arca Opcje cena-czas model priorytetowy, aplikacja do pełnych elektronicznych opcji handlowych)*, zapewnić e-handel i otwarte połączenia w zakresie potrzeby udziału w opcji handlowych (Opcje na akcje, *opcje na indeks*). NYSE Alerts dostarcza wiadomości w czasie rzeczywistym związane z niektórymi warunkami dotyczącymi obrotu papierami wartościowymi na *NYSE (NYSE Market data, 2016 r.* [31]). NYSE Alerts to specjalne oprogramowanie do przesyłania komunikatów internetowych o obrocie papierami wartościowymi *(akcje*[32]*, udziały, obligacje, instrumenty pochodne, indeksy, akcje, giełdy zagraniczne itp.* **Wykres 11***)*

Wykre s 11- Wykres stanu zapasów Spółki

[29] Thomson Reuters (2016). Pobrano z: http://thomsonreuters.com/en.html

[30] Ibid

[31]Dane rynkowe NYSE (2016). http://www.nyxdata.com/Data-Products/NYSE-Alerts

[32] www.stockchart.com

obejmujące wszystkie funkcje operacyjne w handlu.

Prezentowane modele e-biznesów/handlowe wykazują, że realizują optymalizację wszystkich działań handlowych Rynku Papierów Wartościowych, racjonalizując podstawowe i operacyjne funkcje działalności FM, służą do szacowania i prognozowania zmian cen Papierów Wartościowych, rentowności obrotu bezpośredniego na giełdach, a funkcjonalna całość działalności handlowej Giełdy Papierów Wartościowych nie może być realizowana bez zastosowania modeli i rozwiązań aplikacyjnych dla e-biznesu i wsparcia informatycznego.

PRZEGLĄD LITERATURY

3.1 Badania tematyczne i tło teoretyczne

Jeżeli rynki kapitałowe są wystarczająco konkurencyjne lub wydajne, wskaźniki mikroekonomiczne wskazują na to, że inwestorzy nie mogą oczekiwać wyższych/wyższych od przeciętnych zysków ze strategii inwestycyjnych w dłuższym okresie czasu. Mówiąc dokładniej, efektywny rynek oznacza, że ani analiza techniczna, ani podstawowa nie może pomóc inwestorom w osiągnięciu wyższych zysków niż w przypadku inwestowania w portfel losowo wybranych papierów wartościowych o tym samym poziomie ryzyka (Suri, 2015 r. [33]). Pojęcie efektywności było dalekie od oczywistego jeszcze kilkadziesiąt lat temu. Co więcej, pod koniec lat pięćdziesiątych ubiegłego wieku przeprowadzono tylko kilka teoretycznych i empirycznych studiów rynku kapitałowego na ten temat.
Koncepcja efektywności rynku kapitałowego po raz pierwszy została zaobserwowana na początku ubiegłego wieku w tezie Bacheliera "*Theorie de la speculation*" z 1900 roku, kiedy to stwierdzono, że ceny produktów ulegały przypadkowym wahaniom. Dokładniej, we wstępnym zdaniu rozprawy doktorskiej **Bachelier** stwierdził, że "*przeszłe, obecne, a nawet oczekiwane wydarzenia często nie wykazują oczywistego związku ze zmianą cen, ale mają konsekwencje dla jej ruchu*" (Bachelier, 1900 r. [34]). Jednak dopiero pod koniec lat pięćdziesiątych dwudziestego wieku Savage odkrył tę tematykę (Lim, 2012 [35]). Następnie Savage wysłał pocztówki do kilku ekonomistów, wśród których był Paul Samuelson i w tym samym czasie stwierdził, że trzeba było przeczytać Monografię Bacheliera. Po przeczytaniu tego samego, amerykański ekonomista Paul Samuelson odkrył zapomniane dekady Bacheliera dla rynku i w ten sposób dał społeczności ekonomicznej inspirację do *inżynierii finansowej*, czyli wykorzystania złożonych modeli matematycznych do dokonywania ryzykownych inwestycji (Bernstein, 1992 [[36]. Ponadto udoskonalił on formuły matematyczne Bacheliera i wykorzystał je do badania cen gwarancji (Bernstein, 2010 r. [37]).

---

[33] Suri, D. (2015). Indian Stock Market - czy to Random Walk? International Journal of Economic and Business Management. 3(2). 6-12. DOI: 10.14662/IJEBM2015.002

[34] Bachelier, J. (1900). Theory of Speculation - May, D. (2011) Downloaded from: http://www.radio.goldseek.com/bachelier-thesis-theory-of-speculation-en.pdf.

[35] Lim, R. (2012). History of Efficient Market Hypothesis. International Journal of Management Sciences and Business Research, 1(11). ISSN: 2226-8235

[36] Bernstein, P. (1992). Capital Ideas: The Improbable Origins of Modern Wall Street, New York, NY: Wolna prasa.

[37] Bernstein, J. (2010). Paul Samuelson and the Obscure Origins of the Financial Crisis. The New York Review of Books: http://www.nybooks.com/daily/2010/01/11/paul-samuelson-and-the-obscure-origins-of-the-fina/

Pojęcie zachowania się cen papierów wartościowych nie cieszyło się dużym zainteresowaniem w pierwszych dekadach XX wieku, biorąc pod uwagę, że ze względu na duże partie danych, analiza wymagała dużo czasu na przetworzenie. W związku z tym tylko nieliczni badacze, tacy jak Samuelson, Cowles, Working i Kendall, zajmowali się tym tematem. Cowles był jednym z pierwszych, którzy zwrócili uwagę na brak dowodów na wygraną na rynku kapitałowym (Cowles, 1933 r. [ ), podczas38] gdy późniejsze badania Working (1934 r. [39]), Cowles and Jones (1937 r.) [40]) i Cowles (1944 r.[41]) wykazały, ze ceny kapitałowych papierów wartościowych na amerykańskich giełdach zmieniają się w sposób nieprzewidywalny. Do połowy XX wieku istniało wiele dowodów na korzyść słabej formy efektywności rynku oraz dowodów lokalnych na korzyść słabej i pół silnej formy efektywności rynku, chociaż terminologia ta nie była wówczas stosowana. Jednak dopiero wraz z rozwojem technologii informatycznych i zastosowaniem ich w analizie zachowań długich serii danych wzrosło zainteresowanie badaniem tego obszaru, co w konsekwencji zaowocowało licznymi nowymi badaniami i teoriami.

W 1953 roku Maurice Kendall opublikował pracę, która całkowicie odwróciła uwagę świata gospodarczego, biorąc pod uwagę, że jej tematyka zmieniła rozumienie ruchów cen. Kendall przeprowadził badania i testy 22 serii cen akcji, a ich wyniki wskazały, że dane te działają jak "serie roamingowe" i że istnieje niewielka seryjna korelacja między indeksami akcji. Ściślej rzecz biorąc, doszedł do wniosku, że "jeżeli poszczególne działania zachowują się inaczej niż średnia z podobnych akcji, nie ma nadziei na przewidywanie ruchów na giełdzie na tydzień naprzód bez żadnych zewnętrznych informacji". (Kendall, 1953 r. [42]). Znaczenie tego dokumentu polega na tym, że to samo stosuje się pojęcie mniej więcej zerowej korelacji szeregowej między cenami akcji w różnych okresach czasu, co pozwoliło na pojawienie się nowej teorii, która później będzie znana jako teoria losowego chodzenia lub random walking model. Biorąc pod uwagę fakt, że w czasie coraz większej liczby badań naukowych i zawodowych temat ten był przedmiotem zainteresowania, stwierdzono, że model chodu losowego jest zgodny z hipotezą efektywnego rynku (Barbic, 2010 r. [43]).

Efektywność rynku jest ściśle powiązana z teorią racjonalnych oczekiwań przedstawioną przez Johna Mutha. Teoria racjonalnych oczekiwań definiuje, że "oczekiwania są identyczne z najlepszymi warunkami wstępnymi przyszłości,

---

[38]Cowles, A. (1933). Can Stock Market Forecasters Forecasters". Econometrica, 1(3). 309-324

[39] Praca, H. (1934). A Random Difference Series for Use in the Analysis of Time Series, Journal of the American Statistical Association, 29(185), 11-24.

[40] Cowles, A. и Jones, H. (1937). "Some A Posteriori Probabilities in Stock Market Action". Econometrica, 5(3), 280-294.

[41] Cowles, A. (1944). Prognozy giełdowe. Econometrica, 12(3/4), 206-214

[42] Kendall, M. G. (1953), The analysis of economic time-series-Part I: Prices, Journal of the Royal Statistical Society. Seria A (Ogólna) 116 (1), 11-25

[43] Barbic, T. (2010). Review of the development of the hypothesis of an efficient market. Tendencje gospodarcze i polityka gospodarcza. Br. 124

biorąc pod uwagę wszystkie dostępne informacje". Założenie to zakłada, że gospodarka w pełni wykorzystuje wszystkie informacje i że struktura całego systemu definiuje oczekiwania. (Muth, 1961 r. [44]). Many believe that the theory of an efficient market is only an application of the theory of effective expectations on financial markets. If the price of the paper is fully followed by the random walk model, statistical tests will indicate the lack of arbitration opportunities. W tym przypadku ceny będą niezależne, a zatem nie będzie systemowej tendencji do bycia zbyt wysokimi lub zbyt niskimi (Langevoort, 1992[45]) .
W swojej pracy H. Roberts po raz pierwszy użył terminu hipotezy o efektywnym rynku i określił różnicę między testami słabej i silnej efektywności rynku, które posłużyły Famie jako klasyfikacja w jego dalszej pracy. (Roberts, 1967 r. [46]). Chociaż Roberts po raz pierwszy wprowadził pojęcie hipotezy efektywnego rynku, Fama była tym, który jasno określił efektywny rynek i przedstawił różne formy efektywności rynku, tj. formę słabą, półsilną i silną (Fama, 1970 r. [47]). Eugene Fama
w swoim artykule "*Efektywne rynki kapitałowe. A Review of Theory and Empirical Works* ", po raz pierwszy przedstawił hipotezę efektywności rynku. W badaniach przedmiotu dokonał kompleksowego przeglądu teorii i udowodnił słuszność teorii efektywności rynku. Zgodnie z tą hipotezą, efektywny rynek kapitałowy można zdefiniować jako rynek kapitałowy, na którym ceny wszystkich obecnych papierów wartościowych szybko i realistycznie odzwierciedlają wszystkie dostępne informacje o danym papierze. W związku z tym wszelkie zmiany w działalności przedsiębiorstwa zostaną niezwłocznie odzwierciedlone w zmianie wartości jego udziału w rynku kapitałowym. Z drugiej strony, na nieefektywnym rynku występuje opóźnienie w reakcji, tj. zmianie ceny akcji na informacje o spółce, a zatem ci, którzy posiadają aktualne informacje, mogą zarobić ogromne sumy pieniędzy, wykorzystując istniejącą lukę czasową. Aby rynek kapitałowy był efektywny, konieczne jest, aby regulator rynku kapitałowego ustanowił system, który będzie uwzględniał zasady przejrzystości i poszanowania kodeksów etycznych, a także aby zrobił wszystko, co w jego mocy, aby zapobiec niewłaściwemu wykorzystywaniu informacji poufnych, ograniczyć asymetrię informacyjną, pokusę nadużycia i wiele innych nadużyć, które mogą zaszkodzić efektywności, a tym samym stworzyć przestrzeń dla osiągania wyższych zysków/normalności inwestorów indywidualnych. Należy zauważyć, że w swojej pracy Fama najpierw wziął pod uwagę problem "wspólnej hipotezy",

---

[44] Muth, J. (1961). Racjonalne oczekiwania i teoria ruchów cen. Econometrica. 29(3) 315-335

[45] Langevoort, D. (1992) . Theories, assumptions and securities regulation: market efficiency revisited. University of Pennsylvania Law Review. 140(851), стр 851-920

[46] Roberts, H. (1967). Statistical Versus Clinical Prediction of the Stock Market, CRSP, University of Chicago, neobjavljeni rad.

[47] Fama, E. (1970). "Wydajne rynki kapitałowe. A Review of Theory and Empirical Work", Journal of Finance, 25(2), 383-417.

tj. modelu, który pomaga przezwyciężyć hipotezę o efektywnym rynku, wyjaśniając, że nieefektywność rynku istnieje z powodu możliwego wykorzystania modelu błędu w analizie. Praca Famy jest pierwszym z trzech referatów na temat efektywności rynku. Pomiędzy pracami Famy z lat 1970-1991 wielu ekonomistów to pokusa nadużycia i wiele innych nadużyć, które mogą zaszkodzić efektywności i w ten sposób stworzyć przestrzeń dla osiągnięcia lepszych zysków indywidualnych inwestorów. Należy zauważyć, że w swojej pracy Fama najpierw wziął pod uwagę problem "wspólnej hipotezy", tj. modelu, który pomaga przezwyciężyć hipotezę efektywnego rynku, wyjaśniając, że nieefektywność rynku istnieje z powodu możliwego wykorzystania modelu błędu w analizie. Praca Famy jest pierwszym z trzech referatów na temat efektywności rynku. Pomiędzy pracami Famy z lat 1970-1991 wielu ekonomistów to pokusa nadużycia i wiele innych nadużyć, które mogą zaszkodzić efektywności i w ten sposób stworzyć przestrzeń dla osiągnięcia lepszych zysków indywidualnych inwestorów. Między pracami Famy z 1970 i 1991 roku wielu ekonomistów poprzez swoje badania teoretyczne i empiryczne przyczynia się do lepszego zrozumienia pojęcia efektywności rynkowej. W celu łatwego monitorowania rozwoju idei efektywności na rynkach kapitałowych, **Tabela 1** przedstawia wnioski poszczególnych badaczy z Monografii Bacheliera z 1900 roku do drugiego opracowania Famy na temat efektywności rynku z 1991 roku.

Tabela 1 - PRZEGLĄD pism w okresie od 1900 r. do 1991 r.

1900	Francuski matematyk, Luis Bachelier, publikuje swoją monografię, *Theorie de speculation* . Praca Bacheliera znacznie wyprzedzała jego czasy, a to samo było ignorowane aż do odkrycia przez Savage'a w 1955 roku.
1905	Karl Pearson, profesor i członek Towarzystwa Królewskiego, wprowadził na łamach czasopisma *Nature* pojęcie "Random walk".
1923	John Maynard Keynes wyraźnie stwierdza, że inwestorzy na rynkach finansowych nie są wynagradzani za lepszą znajomość rynku, ale za stopień podejmowanego ryzyka, co jest konsekwencją teorii efektywnego rynku.
1925	Ekonomista Friedrich McCally przyznał, że znalazł podobieństwo między fluktuacjami na giełdach a szansami, jakie można by zyskać dzięki rzucaniu kostką do gry
1933	Alfred Cowles przeanalizował pracę specjalistów inwestycyjnych i stwierdził, że prognostycy forex nie są w stanie przewidzieć.
1934	Holbrook Working doszedł do wniosku, że zwrot / wydajność zapasów pojawia się jak liczby lotosu.
1944	Kontynuując swoje badania z 1933 roku, Cowles ponownie ogłosił, że specjaliści inwestycyjni nie są w stanie wygrać na rynku.

1949	Holbrook Working pokazał, że na idealnym rynku nie byłoby możliwe, aby jakikolwiek specjalista inwestycyjny z powodzeniem przewidywał przyszłe zmiany cen.
1953	Milton Fridman zwraca uwagę, że z powodu arbitrażu argumenty przemawiające za hipotezą o efektywnym rynku mogą być przedstawione nawet w sytuacjach, gdy strategie handlowe inwestora są skorelowane
	Kendall przeanalizował serię 22 papierów wartościowych na poziomie tygodniowym i został odkryty do śledzenia losowego spaceru. Ponadto, jako pierwszy zidentyfikował niestacjonarność
1955	Leonard Savage wysłał swoich kolegów, aby zapytać ich, czy ktoś słyszał o Bachelierze. Paul Samuelson był jednym z odbiorców. Nie mógł znaleźć książki w bibliotece MIT, ale znalazł kopię rozprawy doktorskiej Bacheliera
1959	Harry Roberts zademonstrował, że losowy spacer ma podobieństwo do prawdziwych serii statystycznych
1960	Larson, podaje wyniki nowej metody analizy szeregów czasowych. Zauważono, że rozkład był "cały bliski rozkładowi normalnemu dla wspólnego 80 %, ale było zbyt wiele skrajnych rozszerzeń".
	Cowles powołał się na poprzednie wyniki Cowles i Jones z 1937 r., korygując błąd wprowadzony przez uśrednianie i wciąż znajdując mieszane wyniki zależności czasowych.
	Prowadzono prace mające na celu zapewnienie, że uśrednianie serii danych może wprowadzać korelację szeregową, która jest obecna w serii oryginalnej.
1961	Huthacker korzysta z polecenia zapłaty stop-loss i znalazł kilka formularzy. Znalazł również formę leptokurtową, niestacjonarność i miał wątpliwości co do nieliniowości.
	Niezależnie od pracy Worthingtona w 1960 roku, Aleksander zdał sobie sprawę, że fałszywą autokorelację można wprowadzić poprzez uśrednianie lub jeśli prawdopodobieństwo wzrostu nie wynosi 0,5. Doszedł do wniosku, że model losowego chodzenia najlepiej pasuje do danych, ale znalazł również formę leptokurtową w rozkładzie wydajności. Podobnie, niniejsza praca była pierwszą, która testowała zależność nieliniową.
	John Mute jest pierwszym, który przedstawił hipotezę racjonalnych oczekiwań w gospodarce.
1962	Paul Kutner stwierdza, że giełda nie podąża przypadkowym krokiem
1964	Aleksander krytycznie odnosi się do nowego przybysza od 1961 r. i stwierdził, że S & P nie podąża za przypadkowym spacerem
1965	Fama po raz pierwszy definiuje "wydajny" rynek w swojej empirycznej analizie rynku akcji i stwierdza, że towarzyszy im losowy spacer.
	Samuelson przedstawia pierwsze formalne argumenty ekonomiczne na rzecz "efektywnych rynków".
1967	Harry Roberts wprowadził termin "Hipoteza efektywnego rynku" i dokonał rozróżnienia między formą słabą a silną, która później stała się częścią klasyfikacji Fame (1970).
1969	Fama, Fisher, Jensen i Rolle przeprowadzili pierwsze w historii wydarzenie, a ich wyniki w znacznym stopniu pomogły stwierdzić, że rynek akcji jest skuteczny.

1970	Eugene Fama publikuje pierwszy z trzech referatów na temat efektywnego rynku o nazwie *Efficient Capital Markets: A Review of Theory and empirical works* . W artykule tym definiuje on efektywny rynek jako "rynek, na którym ceny zawsze w pełni odzwierciedlają "dostępne informacje".
1973	Malkiel po raz pierwszy opublikował *A Random Walk Down Wall Street*.
1978	Jensen napisał: "Uważam, że nie ma innej propozycji w gospodarce, która ma silniejsze dowody empiryczne, które potwierdzają jej hipotezę o wydajnym rynku".
1980	Lukas stworzył model, w którym zrównał hipotezę racjonalnych oczekiwań z założeniem, że ceny w pełni odzwierciedlają wszystkie dostępne informacje.
	Sanford Grossman i Joseph Stiglitz pokazują, że nie jest możliwe, aby rynek był w pełni efektywny informacyjnie. Biorąc pod uwagę, że informacje są drogie, ceny nie mogą idealnie odzwierciedlać informacji, które są dostępne, ponieważ w przeciwnym razie inwestorzy, którzy wydali środki na ich uzyskanie i analizę, nie otrzymają żadnej rekompensaty. W związku z tym ten model równowagi rynkowej musi pozostawiać miejsce na pewne zachęty do gromadzenia informacji (analiza bezpieczeństwa).
1981	Leroy i Porter wykazali, że nadmierna niestabilność i efektywność rynku odrzuca
1985	Verner DeBondt i Richard Taylor stwierdzili, że cena akcji jest wygórowana; dowodząc znacznie słabej formy nieefektywności rynku. Praca ta oznaczała początek finansów behawioralnych.
1988	Fama i Frank stwierdzili dużą ujemną autokorelację dla horyzontu zwrotu z portfela akcji w okresie roku.
1989	Lo i McKinley odrzucili losową hipotezę chodzenia dla plonów tygodniowych za pomocą testu wariancji-stosunku.
	Poterba i Samuels wykazały, że wydajność zasobów wykazuje dodatnią autokorelację w krótszych okresach, a ujemną autokorelacje w dłuższych okresach.
	Cutler, Poterba i Samuels stwierdzili, że wiadomości te nie wyjaśniają w wystarczającym stopniu trendów rynkowych.
1990	Ball omawia specyfikację efektywności giełdy
	Schiller ogłasza *Market Volatility*, książkę o źródłach zmienności, która tworzy hipotezę o efektywności rynku
	Lafont i Maskin pokazują, że hipoteza o efektywności rynkowej może się zamaskować, jeśli istnieje niedoskonała konkurencja.
1991	Jegadeesh dokumentuje silne dowody na przewidywalne zachowanie i odrzuca losową hipotezę o chodzeniu
	Fama publikuje drugą gazetę. Zamiast testów na słabą formę, pierwsza kategoria obejmuje teraz szeroki zakres testów na przewidywalne zyski

Źródło: Badania autorów, Sewell, 2011 [48]

Wiele badań naukowych i zawodowych przeprowadzonych w ostatniej dekadzie ubiegłego wieku nie przyniosło unikalnych rezultatów na poziomie efektywności rynku. Pewnej liczbie pracowników naukowych udało się udowodnić możliwe do przewidzenia elementy, które wpłynęły na możliwość osiągnięcia ponadprzeciętnych zysków zarówno na rynku walutowym, jak i na samym rynku

[48] Sewell, M. (2011). Historia efektywnej hipotezy rynkowej. Research Note RN/11/04, University College London, London.

kapitałowym (Bekaert i Robert, 1992 r. [49]). Badania wskazały również na możliwość osiągnięcia nadmiernych zysków, które powstały w wyniku strategii zakupu "*historycznych zwycięzców*" i sprzedaży "*historycznych przegranych*" (Jegadeesh i Titman, 1993 r. [50]). There are numerous studies that reject a weak form of market efficiency in less developed countries, given that the respective markets are not efficient due to their operational characteristics and the nature of investors (Drake, 1977 [51] , 1985 [52] , Samuels, 1981 [53] and Kitchen, 1986 [54]). W swoim opracowaniu profesor Sarat Abeysekera mówi, że zachowanie się cen akcji na giełdzie Columbo w Sri Lance nie jest zgodne ze słabą formą efektywności rynku. (Abeysekera 2001 [55]). Ponadto, w swoich badaniach nad skutecznością trzech rynków Zatoki Perskiej, Abraham, Seed i Alsacran wskazują na fakt, że wnioski są wyciągane z testu efektywności rynku, który jest mało precyzyjny. Pokazują one również w swoich pracach, że korekty dotyczące rzadkich transakcji znacząco zmieniają wyniki wydajności rynku (Abraham, Seyyed i Alsakran 2002 [56]). Testując giełdę w Ammanie, Ananzeh udowadnia, że to samo jest nieskuteczne w przypadku słabej formy efektywności rynku (Ananzeh 2014 [57]). W swoich badaniach Okičić wskazał na fakt, że większość krajów Europy Środkowej i Wschodniej nie jest efektywna w słabej formie (Okičić [58]). Ponadto niektóre badania, które dotyczyły stopnia efektywności na rynkach rozwiniętych, wskazują również na brak słabej formy efektywności w niektórych krajach rozwiniętych, takich jak Republika Czeska (Hajek, 2007 [59]),

---

[49] Bekaert, G. и Robert H. (1992). "Characterizing Predictable Components in Excess Returns on Equity and Foreign Exchange Markets", The Journal of Finance, 47(2), 467-509.

[50] Jegadeesh, N. Titman, S. (1993). Wraca do Buying Winners and Selling Losers: Implikacje dla efektywności rynku akcji, Journal of Finance, 48(1), 65-91.

[51] Drake, P. J. (1977). The Journal of Development Studies, 13 (2), 74-91, "Securities Markets in Less Developed Countries".

[52] Drake, P, J. (1985). Some Reflections on Problems Affecting Securities Markets in Less Developed Countries. Savings and Development, Quarterly Review, Broj. 1, 5

[53] Samuels, J.M. (1981). Nieefektywne rynki kapitałowe i ich implikacje,. Risk Capital Costs and Project Financing Decision (Martinus Nijhoff, Boston/The Hague/London. 1981), 129-148,

[54] Kuchnia, R.L. (1986). Finance firne the Developing Countries. John Wiley & Sons, Chichester, Nowy Jork.

[55] Abeysekera P. S. (2001) Efficient Markets Hypothesis and the Emerging Capital Market in Sri Lanka: Evidence from the Colombo Stock Exchange - A Note Journal of Business Finance & Accounting , 28(1-2), 249-261.

[56] Abraham, A., Seyyed, F. и Alsakran, S. (2002) Testing the Random Walk Behavior and Efficiency of the Gulf Stock Markets, Financial Review, 37(3), 469-480.

[57] Ananzeh I. E. N. (2014) Testing the Weak Form of Efficient Market Hypothesis: Dowody empiryczne z Jordanii, International Business and Management,. 9(2), 119-123.

[58] Okičić, J. (2014). Empiryczna analiza zwrotów akcji i zmienności: Przypadek rynków akcji z Europy Środkowej i Wschodniej. South East European Journal of Economics and Business - Special Issue ICES Conference, 9 (1) , 7-15. DOI: 10.2478/jeb-2014-0005

[59] Hajek, J. (2007). Czech Capital Market Weak-Form Efficieny, Selected Issues. Prague Economic Papers. 4. DOI: 10.18267/j.pep.310

Chiny, Pakistan i Indie (Nisar i Hanif, 2012 [60]). Lakonishok, Schlaffer i Vishny wykazały w swojej pracy, że *strategie oparte na wartości* pozwalają na wyższe zyski, biorąc pod uwagę, że wyolbrzymiają one nieoptymalne zachowanie typowego inwestora, nie dlatego, że strategie te są zasadniczo bardziej ryzykowne (Lakonishok, Schlaffer i Vishny , 1994 r. [61]).
Z drugiej strony, poprzez analizę 18 krajów w okresie od 1961 do 1992 r. Chan, Gup i Pan wykazali, że testy jednokorzeniowe wskazują na efektywność rynku kapitałowego pod względem słabej formy hipotezy o efektywnym rynku. (Chan, Gup i Pan 1997 [62]). Also, Nisar and Hanif in their research have shown that four of the six developed markets in North America and Europe are effective in Weak form (Nisar and Hanif, 2012 [63]). Podczas badania FMSE100 wykazano istnienie słabej formy efektywności rynku w przypadku rynku rozwiniętego. (Konak i Seker 2014 r. [64]). Naukowcy zdołali również wykazać, że nawet w przypadku znacznego braku efektywności rynku inwestorzy nie są w stanie osiągnąć ponadprzeciętnych korzyści w praktyce (Roll, 1994 r. [65]). Na poparcie tego badania wykazały, że portfele działań wybranych przez ekspertów nie są w stanie stale zdobywać rynku (Metcalf i Malkiel 1994 [66]). W swoim trzecim dokumencie Fama stwierdza, że długoterminowe anomalie są kruche i znikają podczas modyfikacji sposobu ich pomiaru. W związku z tym Fama stwierdza, że teoria efektywności rynku pozostaje realna pomimo dużej liczby badań naukowych i zawodowych, które kwestionują jej zasadność (1998 r. [67]). **Tabela 2** przedstawia przeprowadzone badania, które rozpoczynają się od innych prac Famy i kończą w 2015 r.

---

[60] Nisar, S. и Hanif, M. (2012). Testowanie efektywności rynku: Empiryczne dowody z rozwiniętych rynków Azji i Pacyfiku. http://dx.doi.org/10.2139/ssrn.1983960

[61] Lakonishok, J., Shleifer A., и Vishny R. (1994). Contrarian Investment, Extrapolation, and Risk, Journal of Finance, 49(5), 1541-78.

[62] Chan, K., Gup B. и Pan M. (1997). "International Stock Market Efficiency and Integration. A Study of Eighteen Nations", Journal of Business Finance & Accounting, 24(6), 803-813.

[63]Nisar, S и Hanif, M (2012). Testowanie efektywności rynku: Empiryczne dowody z rozwiniętych rynków Europy i Ameryki Północnej. http://dx.doi.org/10.2139/ssrn.1983962

[64]Konak, F и Seker, Y. (2014). The Efficiency of Developed Markets: Empiryczne dowody z FMSE 100. Journal of Advanced Management Science. 2(1). 29-32

[65]Roll, R. (1994). Co każdy CFO powinien wiedzieć o postępie naukowym w ekonomii: What is Known and What Remains to be Resolved, Financial Management, 23(2), 69-75.

[66]Metcalf, G. и Malkiel B. (1994). The Wall Стреet Journal contests: the experts, the darts, and the efficient market hypothesis, Applied Financial Economics, 4(5), 371-374.

[67] Fama, E. (1998). "Market efficiency, long-term returns, and behavioural finance", Journal of Financial Economics, 49, 283-306.

Tabela 2 - Opublikowane dokumenty/książki (punkty kluczowe) w okresie od 1991 do 2015 r.

1991	Fama publikuje drugą gazetę. Zamiast testów na słabą formę, pierwsza kategoria obejmuje teraz szeroki zakres testów na możliwe do przewidzenia zwroty.
1992	Chopra, Lakonishok i Ritter stwierdzili, że giełdy papierów wartościowych zareagowały przesadnie
1993	Jegadeesh i Titman stwierdzają, że strategie, które kupiły dotychczasowych zwycięzców i sprzedały poprzednich przegranych, przyniosły ponadprzeciętne zyski.
1994	Rolle zauważa, że w praktyce trudno jest osiągnąć zysk nawet w przypadku najsilniejszej nieefektywności rynku.
	Huang i Strol dostarczają nowych dowodów dotyczących mikrostruktury rynku i przewidywalności zwrotów.
	Metcalf i Malkiel stwierdzają, że wybrany przez ekspertów portfel akcji nie zapewnia jeszcze lepszych zysków niż sam rynek.
	Campbell, Lo i McKinley publikują książkę na temat finansów empirycznych zatytułowaną *"Ekonometria rynków finansowych"*.
	Chan, Jeghadeesh i Lakonishok analizują dynamikę strategii i ich wyniki sugerują, że rynek stopniowo wprowadza nowe informacje
	Chan, Gup i Pan stwierdzają, że globalne rynki akcji mają słabą formę efektywności rynkowej
	Dau i Gorton badają związek między efektywnością rynku giełdowego a efektywnością ekonomiczną.
1997	Poprzez analizę 18 krajów w okresie od 1961 do 1992 r. Chan, Gup i Pan pokazują, że testy oparte na zasadzie "unit-root" wskazują, że rynki kapitałowe są skuteczne pod względem słabej formy hipotezy o efektywnym rynku.
1998	Dimson i Musavian przedstawiają krótką historię efektywności rynku
	W swojej trzeciej pracy Fama stwierdza, że "wydajność rynku przetrwała wyzwania związane z literaturą dotyczącą długoterminowych anomalii plonów".
1999	Lao i Mackinley *spacerują po Wall Street.*
	Bernstein krytykuje hipotezę o efektywności rynku i twierdzi, że krańcowe korzyści inwestorów reagujących na informacje przekraczają koszty krańcowe.
	Zheng przedstawia teorię marginalnie efektywnych rynków
2000	Schlaffer emituje *nieefektywne rynki: Wprowadzenie do finansów behawioralnych,* które poddaje w wątpliwość założenie, że inwestorzy są racjonalnym i doskonałym arbitrażem
	Schiller wydaje pierwsze wydanie "Irational wealth", które tworzy hipotezę o efektywnym rynku, pokazując, że rynku nie da się wytłumaczyć historycznymi ruchami zarobków lub dywidend przedsiębiorstw.
	Mark Rubinstein ponownie analizuje niektóre z najpoważniejszych dowodów historycznych pod kątem racjonalności rynkowej i stwierdza, że rynki są racjonalne.
2001	Prof. Abeysekera dowód na to, że ceny na giełdzie Colombo nie są zgodne ze słabą formą efektywności rynku
2002	Livelen i Shanken stwierdzają, że niepewność parametrów może być istotna dla charakterystyki i badania efektywności rynku.

	Abraham, Sezed i Alsakran zwracają uwagę na fakt, że wnioski wyciągane są na podstawie badań efektywności rynkowej, które są płytkie i niedokładne. Pokazują one również w swojej pracy, że korekty dotyczące rzadkich transakcji znacząco zmieniają wyniki efektywności rynku.
2003	Malkiel analizuje ataki na hipotezę gospodarki rynkowej i stwierdza, że amerykańskie giełdy papierów wartościowych są o wiele bardziej wydajne i o wiele mniej przewidywalne niż niektóre z ostatnich prac naukowych.
2005	Malkiel pokazuje, że profesjonalni zarządzający inwestycjami nie przekraczają swoich indeksów i dostarcza dowodów, że ceny rynkowe odzwierciedlają wszystkie dostępne informacje.
2012	Nisar i Hanif wskazują na brak słabej formy efektywności w niektórych krajach rozwiniętych, takich jak Chiny, Pakistan i Indie.
2014	Nisar i Hanif w swoim badaniu pokazali, że cztery z sześciu rozwiniętych rynków w Ameryce Północnej i Europie są skuteczne w słabej formie
	W swoich badaniach Okičić wskazał na fakt, że większość krajów Europy Środkowej i Wschodniej jest nieefektywna w słabej formie

Źródło: Badania autorów, Sewell, 2011 [68]

Badania nad stopniem efektywności rynków finansowych krajów rozwijających się stają się coraz bardziej powszechne, biorąc pod uwagę, że mogą one stanowić coraz większą część globalnych portfeli. Rynki finansowe w krajach rozwijających się charakteryzują się potencjalnie wysokimi stopami zwrotu, ale uczestnicy są również skłonni do podejmowania bardziej irracjonalnych decyzji w porównaniu z inwestorami na rynkach rozwiniętych ze względu na gorsze informacje. Ponadto, ze względu na niższy wolumen obrotu, wysokie koszty transakcji i niską płynność samych rynków, są one przedmiotem manipulacji ze strony dużych graczy (Wai i Patrick, 1973 r. [69]).

Zgodnie z powyższym, wyniki badania słabej formy efektywności na rynkach wschodzących są bardziej kontrowersyjne w porównaniu z badaniami na rozwiniętych rynkach finansowych. Literatura dotycząca efektywności rynku kapitałowego w rozwoju jest w dużej mierze zorientowana na rynki Ameryki Południowej i Azji. In its extensive research, Worthington and Higgs have proven the existence of a weak form of market efficiency in 15 Asian countries out of which 5 are developed markets and 10 developing markets , and based on empirical research that includes runs tests, unit root tests, autocorrelation, and variance test (Worthington and Higgs, 2005 [70]). Z drugiej strony, Claessens S., Dasgupta S. i Glen J. (1995) [71]) wskazały na istnienie przewidywalności zysków

[68] Sewell, M. (2011). Historia efektywnej hipotezy rynkowej. Research Note RN/11/04, University College London, London.

[69] Wai, T. и Patrick H. (1973). Stock and Bond Issues and Capital Markets in Less Developed Countries, IMF Staff Papers, 20(2), 253-305.

[70] Worthington, A. и Higgs H. (2005). Weak-Form Market Efficiency in Asian Emerging and Developed Equity Markets: Comparative Tests of Random Walk Behaviour, Working Paper Series, br. 5/03,

[71] Claessens S., Dasgupta S. i Glen J. (1995). "Return Behaviour in Emerging Stock Market", The World Bank Economic Review, 9(1), 131-151. *doi: 10.1093/wber/9.1.131*

na 20 rynkach rozwijających się. Gilmore i McManus (2003 r. [72]) wskazują na nieefektywność środkowoeuropejskich rynków kapitałowych, podczas gdy Mateus (2004 r. [73]) sprawdza efektywność trzynastu nowych członków Unii Europejskiej i wskazuje na wysoką przewidywalność zysków.

Należy zwrócić uwagę, że choć przeprowadzone badania wskazują na nieefektywność rynku wynikającą z odrzucenia hipotezy losowego spaceru, nie oznacza to automatycznie zdolności inwestorów do osiągania nadmiernych zysków przy uwzględnieniu wszystkich kosztów transakcji, które inwestor jest zobowiązany ponieść w celu realizacji swojej niewidzialnej strategii i przeprowadzenia transakcji. W związku z tym w przypadku wszystkich wyżej wymienionych czynników, takich jak koszty związane z giełdą papierów wartościowych, centralnym rejestrem i kosztami uzyskania niezbędnych informacji, mają one wpływ na sam wynik strategii inwestycyjnej (Wai, T. и Patrick H. 1973 [74]). In countries where there is a Weak form of market efficiency, any technique that is used to predict the future movement of securities is not efficient and accordingly these markets are characterized by a large number of long-term investors, capital markets are liquid, and a large number of companies receive a large part of their funds through capital increase (Ching Kok, S. и Munir, Q. (2015)[75]). W związku z tym każda gospodarka stara się uczynić swoje rynki efektywnymi, tak aby dana efektywność przyciągała nowych inwestorów, pozytywnie wpływała na alokację kapitału i przyspieszała wzrost gospodarczy (Bekaert i Harvey, 1998 r. [76]). Z drugiej strony, nieefektywne rynki borykają się z wieloma problemami, takimi jak duża zmienność rentowności papierów wartościowych, niska płynność i brak inwestorów instytucjonalnych. Nieefektywne rynki mają negatywny wpływ na interes własny kraju poprzez słabą alokację zasobów i w związku z tym organy regulacyjne dążą do zapewnienia efektywności (Mishra 2011 [77]).

Serbski rynek kapitałowy charakteryzuje się brakiem płynności, słabą zmiennością obrotów, niewielką liczbą produktów oferowanych inwestorom oraz niewielką liczbą inwestorów instytucjonalnych. W związku z tym logiczne jest

[72] Gilmore, C. и McManus G. (2003). "Random-Walk and Efficiency Tests of Central European Equity Markets", Managerial Finance, 29(4), 42-61.

[73] Mateus, T. (2004). The risk and predictability of equity returns of the EU accession countries, Emerging Markets Review, 5(2), 241-266. doi:10.1016/j.ememar.2004.03.003

[74] Wai, T. и Patrick H. (1973). Stock and Bond Issues and Capital Markets in Less Developed Countries, IMF Staff P

[75] Ching Kok, S. и Munir, Q. (2015). Malezyjski sektor finansowy - słaba efektywność: Niejednorodność, załamania strukturalne i zależność przekrojowa. Journal of Economics, Finance and Adminicтpative Science. 20(39), 105–117. DOI:10.1016/j.jefas.2015.10.002

[76] Bekaert, G. и Harvey, C. (1997). Rynki kapitałowe: Silnik wzrostu gospodarczego. The Brown Journal of World Affairs, 33-53.

[77] Mishra, P. K. (2011). "Weak Form Market Efficiency": Evidence from Emerging and Developed World", The Journal of Commerce, 3(2), 26-34.

założenie, że serbski rynek kapitałowy nie podąża przypadkowym krokiem, a zatem nie jest efektywny. Do niskiego poziomu rozwoju Serbii w porównaniu z innymi krajami rozwijającymi się przyczyniła się duża nierównowaga strukturalna w poziomie rozwoju banków, przedsiębiorstw i giełd, a także niski poziom rozwoju zdywersyfikowanych instrumentów finansowych (Jakšić i Purić 2014 [78]). Badania wykazały również, że niezależnie od dużej zmienności spowodowanej przez inwestorów zagranicznych, płynność rynku kapitałowego w Serbii jest niska i stała. (Živković i Minović, 2010 r. [79]). Zgodnie z powyższym, przy użyciu różnych metod statystycznych, badanie to będzie testować hipotezę o istnieniu słabej formy efektywności na serbskim rynku finansowym. Ponadto badanie to porówna efektywność serbskiego rynku kapitałowego z efektywnością rynkową innych rynków kapitałowych, takich jak Chorwacja, Polska, Węgry i Stany Zjednoczone.

3.2 Definicja i hipoteza - formy sprawnego rynku

W ciągu ostatnich kilkudziesięciu lat hipoteza o sprawnym rynku znalazła się w centrum debaty nad literaturą finansową ze względu na jej znaczenie i znaczenie jej implikacji. W 1970 roku Fama zdefiniowała rynek jako efektywny, jeśli ceny w pełni odzwierciedlają wszystkie dostępne informacje, a według Famy, hipotezę rynkową można podzielić na trzy kategorie, wszystkie w zależności od poziomu dostępności informacji - dokładniej mówiąc, jest to forma słaba, forma półsilna i silna forma efektywności rynku. Po pracach Famy, hipoteza o efektywności rynku została szeroko zbadana i przetestowana zarówno na rynkach rozwiniętych, jak i rozwijających się. Ściślej rzecz biorąc, na rynkach wschodzących większość badań empirycznych została przeprowadzona w Słabej formie efektywności rynku, ponieważ jeśli dowody nie potwierdzają słabej formy efektywności rynku, to nie ma potrzeby badania innych form efektywności rynku (silnej i pół silnej).

Słaba forma hipotezy o efektywności rynkowej

Słaba forma efektywności rynku jest najniższą formą efektywności, która określa rynek tak samo efektywnie, jak obecna cena w pełni uwzględnia wszystkie informacje zawarte w poprzednich cenach. Forma ta oznacza, że poprzednie ceny nie mogą być wykorzystywane jako narzędzie projekcji przyszłych ruchów cen na rynku. W związku z tym inwestor nie może osiągnąć wyższego zysku z kapitału, jeśli do analizy wykorzysta wyłącznie ceny historyczne. Niniejszy formularz stanowi próbę odpowiedzi na pytanie "*Jak dobrze historyczne zyski mogą przewidywać przyszłe zyski*?".

Półmocna forma efektywności rynkowej

[78] Jakšić, M. и Purić, J. (2014). Uporedna Analiza Beogradske, Zagrebačke и Varšavske Berze. Bankarstvo 6, 86-110.

[79] Živković, B. Minović, J. (2010). Niepłynność przygranicznego rynku finansowego: Sprawa Serbii. Panoeconomicus, 57(3), 349-367 doi:10.2298/PAN1003349Z

Na wpół silna forma efektywności rynkowej dyktuje, że obecne ceny rynkowe zawierają słabą formę efektywności rynkowej. Analitycy, którzy nie są w stanie osiągnąć wyższych zysków/normalnych na rynkach, na których słaba forma efektywności rynkowej jest nieunikniona, nie będą w stanie osiągnąć tego samego przy półsilnej formie efektywności rynkowej. Ta forma próbuje odpowiedzieć na to pytanie: "*Jak szybko publicznie dostępne informacje pojawią się w cenie papierów wartościowych*?".

Silna forma efektywności rynkowej

Silna forma efektywności rynku jest najsilniejszą formą efektywności danego rynku. Jeśli dodamy do tego informacje, które nie są publicznie dostępne w zestawie informacji, a nadal nie jesteśmy w stanie osiągnąć wyższych zysków, wówczas mamy na rynku silną formę efektywności rynkowej. W związku z tym, silna forma efektywności rynkowej oznacza, że ceny rynkowe papierów wartościowych zawierają wszystkie istotne informacje, w tym informacje prywatne i publiczne. Silna forma efektywności rynku oznacza, że trudno jest uzyskać publicznie dostępne informacje (*informacje wewnętrzne),* ponieważ, jeśli uczestnicy rynku chcą osiągnąć ten sam poziom, muszą konkurować z wieloma aktywnymi inwestorami na rynku. W tej formie próbuje się odpowiedzieć na pytanie "*Czy istnieją inwestorzy, którzy posiadają uprzywilejowane informacje, które nie znajdują odzwierciedlenia w cenie papieru wartościowego*?

Należy podkreślić, że założeniem silnej formy efektywności rynku jest to, że koszt dotarcia do informacji poufnych jest zawsze zerowy. Jednak założenie to rzadko znajduje zastosowanie w praktyce, a w konsekwencji silna forma efektywności rynku prawie nigdy nie jest stabilna (Grossman i Stiglitz, 1980 r. [80]).

Zgodnie z hipotezą o efektywnym rynku, wszyscy uczestnicy rynku muszą mieć taką samą możliwość dostępu do informacji, na podstawie których określą swoje strategie inwestycyjne. Ponadto, na efektywnym rynku prawie niemożliwe jest osiągnięcie przez dłuższy okres czasu zwrotu powyżej średniej. Biorąc pod uwagę, że dostępność informacji jest jedną z głównych cech hipotezy o efektywnym rynku, musi ona być dokładna, jasna i terminowa. Im większa jest efektywność rynku, tym mniejsza jest luka w dostępie do informacji dostępnych dla uczestników rynku. W związku z tym efektywność rynku jest wyższa, nawet najwięksi inwestorzy mogą znaleźć mniej rentownych inwestycji.

Główne założenia niezbędne do tego, aby rynek kapitałowy był efektywny, są następujące:

> *Na rynku istnieje duża liczba inwestorów, którzy analizują i oceniają papiery wartościowe, a wszystko to dla
> w celu osiągnięcia zysku;*

[80] Grossman, S. J. Stiglitz, J. E. (1980). O możliwości informacyjnie efektywnych rynków. The American Economic Review, 70(3). 393-408

Nowe informacje pojawiają się na rynku losowo i niezależnie od innych wiadomości;
cena karty szybko poszerza się o nowe informacje;
cena papierów wartościowych odzwierciedla wszystkie dostępne informacje.

Założeniem efektywnej hipotezy rynkowej jest proste twierdzenie, że ceny papierów wartościowych w pełni odzwierciedlają wszystkie dostepne informacje. Jednakże, biorąc pod uwagę dużą liczbę badań, które doprowadziły do pytania o zasadność teorii efektywnego rynku, Fama w 1991 r. ponownie zdefiniowała klasyfikację różnych form efektywności. Zgodnie z nową klasyfikacją, słaba forma efektywności rynku została przeformułowana w testach przewidywania zbiorów. Odbywa się to w oparciu o różne zmienne, takie jak stopy zwrotu, dywidendy i stopy procentowe. (Fama 1991 [81]). Fama zmieniła nazwę na drugą i trzecią kategorię, w związku z czym zmieniono nazwę testów półformy formularza na studia przypadków, a testów silnej formy na testy informacji poufnych. Należy podkreślić, że oprócz nazwy, nie zmieniono koncepcyjnie drugiej i trzeciej kategorii efektywności rynkowej.
Kluczem do efektywnego rynku kapitałowego jest fakt, że nie można przewidzieć ceny instrumentów finansowych, a analitycy wykorzystujący analizę techniczną nie są w stanie pokonać rynku w dłuższej perspektywie. Mogą oni osiągać wysokie stopy zwrotu w krótkim okresie (*niedziela, miesiąc, kwartał*), ale w końcu stopa zwrotu, która jest osiągana w długim okresie, będzie średnia.

*3.3 **Teoretyczne wyjaśnienie pojęcia***

Hipoteza o efektywnym rynku oznacza, że inwestorzy są racjonalni, nie ma asymetrii informacyjnej i że rynki są konkurencyjne. Oznacza ona również, że wszystkie istotne informacje są automatycznie przyjmowane i uwzględniane w cenie papierów wartościowych, umożliwiając jednocześnie indywidualnym inwestorom osiągnięcie ponadprzeciętnych zysków. (Cuthbertson i Nitzsche, 2004 r. [82]). Accordingly, only new information may affect the change in the price of a particular financial instrument.

3.3.1 Hipoteza o losowym spacerze

1905 Karl Pearson w "Nature Journal" zadał pytanie, w którym szukał matematycznego rozwiązania, aby przewidzieć, jak daleko od początkowego miejsca trzeba się udać, jeśli idzie podwórko w linii prostej, a następnie "zawrócić pod dowolnym kątem" i przejść inne podwórko, a więc N razy. Pearson został wezwany do "*otwartych drzwi*", najprawdopodobniej jest to pijak, którego osoba była w stanie pozostać w środku nigdzie w pobliżu początku dnia (Pearson, 1905

---

[81] Fama, E. (1991). "Wydajne rynki kapitałowe. II", Journal of Finance, 46(5), 1575-1617.

[82] Cuthbertson, K. и Nitzsche, D. (2004). Quantitative Financial Economics: Akcje, obligacje i wymiana walutowa, Chichester: Wiley & Sons.

[83]). Odzwierciedla to fakt, że większość ostatnich wydarzeń ma miejsce w przeszłości.

Hipoteza "random walk" jest spójna z hipotezą efektywnego rynku i jest to teoria finansowa, która potwierdza fakt, że ceny akcji zmieniają się losowo i nie można ich z góry przewidzieć (Malkiel, 1973 [84]). Teoria ta zakłada, że informacje są wzajemnie niezależne i dlatego opowiada się za tym, aby przyszłych ruchów cen papierów wartościowych nie można było przewidzieć. Badania wykazały, że serbski rynek walutowy odrzuca hipotezę "random walk" (Gradojević, Đaković i Anđelić, 2010 [85]). Niniejszy artykuł będzie miał na celu ustalenie istnienia teorii losowego marszu na serbskim rynku kapitałowym poprzez jego główny indeks BELEX15.

W jego książce *"Ekonometria rynków finansowych"*, Campbell, Lo i McKinley (1997 [86]), istnieje więcej niż jedna definicja losowego spaceru (**wykres 12**[87]), w zależności od charakteru.

Wykres 12 - Zapasy podążają losowym krokiem (DAX)

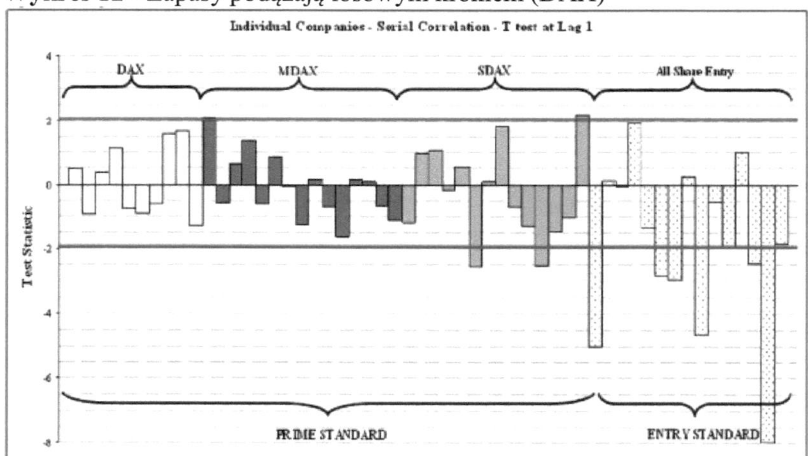

cali i zależności, które istnieją między inkluzjami w różnych jasno określonych przedziałach czasowych. "Jak pokazano na rysunku 5.2, wszystkie zasoby DAX

[83]Pearson, K. (1905). "The Problem of the Random Walk," Nature, 72(1), 294.

[84] Malkiel, B. (1973), "A Random Walk Down Wall Стреet", Nowy Jork, NY: W. W. Norton & Company.

[85] Gradojević, N., Đaković, V. i Anđelić, G. (2010). Random walk theory and exchange rate dynamics in transition economies. Panoeconomicus, 57(3). 303-320. DOI:10.2298/PAN1003303G

[86] Campbell, J.; Lo, A. и McKinley, C. (1997). The Econometrics of Financial Markets. Princeton University Press.

[87] Admin Starcevic, dr Timothy Rodgers:" Efektywność rynkowa w ramach niemieckiego rynku giełdowego: A Comparative Study of the Relative Efficiencies of the DAX, MDAX, SDAX and ASE Indices", *International Econometric Review (IER)*

idą losowo, podczas gdy odpowiednia wartość dla MDAX wynosi 7%, a dla SDAX 21%. Można je skontrastować z 47% Standardowych Zapasów Wprowadzających, które nie idą w sposób losowy. Wyniki te sugerują wniosek, że im bardziej starszy rynek i im szerszy handel akcjami, tym bardziej efektywny będzie rynek".[88]

3.3.2 *Niezależne i identycznie rozmieszczone przyrosty (RW1)*

Pierwsza wersja hipotezy losowego chodzenia (RW1) to przypadek niezależnych i identycznie rozłożonych przyrostów. To samo założenie niezależności, które opisuje, że każda nieliniowa funkcja błędu jest nieskorygowana z faktem, że przyrosty są nieskorygowane ze sobą. Dokładniej mówiąc, wersja ta zakłada, że wszystkie przyrosty są niezależne od tego samego rozkładu o tej samej średniej wartości i wariancji.

3.3.3 *Niezależne przyrosty (RW2)*

Druga wersja losowego spaceru jest reprezentowana przez niezależne przyrosty. Nie zakłada ona identycznego rozkładu przyrostów, choć zakłada się, że są one niezależne. Zakłada się to w celu uchwycenia empirycznego faktu, że ceny papierów wartościowych nie są w stanie wyświetlać identycznie ułożonych przyrostów w dłuższym okresie czasu.

3.3.4 *Nieskorelowane przyrosty (RW3)*

Dalsze wyzwolenie założeń o niezależnych dochodach prowadzi nas do trzeciej definicji losowego marszu. RW3 jest najsłabszą formą trzech wersji random-walker, a jednocześnie jest szeroko rozpowszechniona. Zachowuje ona domniemanie niezależności, ale zachowuje niespójność przyrostów.
W związku z tym, proces losowego spaceru jest niestabilny/niestabilny, biorąc pod uwagę zaburzenie wariancji i ich rosnącą właściwość.

3.3.5 *Krytyka teorii hipotezy o efektywnym rynku*

Jeszcze kilkadziesiąt lat temu hipoteza o efektywności rynkowej była powszechnie akceptowana przez środowisko akademickie. Co więcej, powszechnie uważano, że rynki kapitałowe są bardzo wydajne w odzwierciedlaniu informacji o poszczególnych papierach wartościowych i rynku kapitałowym w ogóle. Powszechnie uznawano, że gdy pojawia się informacja, bardzo szybko się ona rozszerza i jest niezwłocznie włączana do ceny papierów wartościowych. Jednak wraz ze wzrostem liczby analiz i badań na ten temat powoli zmieniało się nastawienie do efektywności rynku. Ekonomiści finansowi, statystycy i inwestorzy zaczęli wierzyć, że ceny papierów wartościowych są przynajmniej częściowo przewidywalne i że nie są one całkowicie przypadkowe. Krytycy hipotezy o efektywności rynku podkreślają znaczenie psychologii i elementów behawioralnych w inwestorze przy kształtowaniu ceny akcji / papierów wartościowych. Ponadto, niektórzy krytycy uważają, że

[88] Ibidem.

przewidywalność rentowności pozwala inwestorom na osiąganie wyższych zysków dostosowanych do ryzyka. Ekonomiści behawioralni przypisują niedoskonałości rynków finansowych połączeniu preferencji poznawczych, takich jak nadmierna pewność siebie, nadmierna reakcja na pewne informacje oraz stronniczość informacyjna. Potwierdzają to badania takich psychologów, jak Daniel Kahneman, Amos Tversky, Richard Thaler i wielu innych. W swoich badaniach DeBondt i Thaler wskazali na fakt, że inwestorzy są podatni na falę optymizmu i pesymizmu oraz że takie zachowanie inwestorów wpływa na ceny, które systemowo przesuwają się od ich podstawowych wartości. W dokumencie tym wskazały one na brak słabej formy efektywności rynku w związku z nadmierną reakcją inwestorów na nowe informacje (DeBondt i Thaler, 1985 r. [89]). Ponadto badania wykazały, że "*strategia przeciw-inwestycyjna*" może prowadzić do lepszych zysków. (Kahneman i Tverski1973 r. [90]). Burton Malkiel zbadał jednak zależność między przewidywalnością a efektywnością i przedstawił fakty, które pokazują, że rynki kapitałowe są bardziej wydajne i mniej przewidywalne niż pokazują artykuły naukowe (Malkiel, 2003 [91]).

Należy zauważyć, że liczne badania empiryczne wskazują na znaczenie kosztów transakcji i ich wpływu na koncepcję efektywności rynku. Ponadto istnieje wiele dowodów, które sugerują, że wszelkie anomalie związane z nieefektywnością rynku są wynikiem analizy przeprowadzonej przez tych, którzy przygotowują się do poniesienia kosztów uzyskania na jej podstawie cennych informacji dla handlu. Koncepcja płynności ma również decydujące znaczenie dla wychwycenia "nieefektywności" podczas badania nienormalnych zysków. One of the main works done on the concept of "*random walk*" was done in the 1980s by Professor Lo and McKinley in which they suggest that there is no random movement (Lo and McKinley, 1999 [92]).

Biorąc pod uwagę, że hipoteza o efektywności rynkowej nie implikuje kosztów uzyskania pewnych informacji, na podstawie których podejmowane są decyzje inwestycyjne, doskonała efektywność jest zasadniczo niemożliwa do osiągnięcia. Aby zrekompensować koszty poniesione w trakcie handlu, inwestor musi uzyskać ponadprzeciętne zyski. W związku z tym, jeśli koszty te zostały poniesione przed i w trakcie realizacji danej transakcji, inwestor osiąga zasadniczo tylko średni zysk z kapitału. Lo, Campbell i McKinley w swoich badaniach zwróciły uwagę na fakt, że koszty są niższe na większych i bardziej płynnych rynkach, a zatem usprawiedliwiają mniejszy odsetek zrealizowanych zysków z kapitału. W

[89] DeBondt, W. F., i Thaler, R. (1985). Czy rynek akcji reaguje przesadnie? The Journal of Finance, L(3), 793-805.

[90] Kahneman D. и Tversky A. (1973). O psychologii przewidywania. Przegląd psychologiczny. 80, 237-251.

[91] Malkiel, B. (2003). The efficient market Hypothesis and its critics. Dokument roboczy CEPS 91. Uniwersytet Princeton

[92] Lo, A. и McKinlay, C. (1999). A Non-Random Walk Down Wall Street, Princeton, NJ: Princeton University Press.

związku z tym nieefektywność wskazuje na wysiłek włożony przez inwestorów w uzyskanie i przetworzenie pewnych informacji. W swoich badaniach Lo i McKinley wskazują na nieefektywność rynku, że istnieją przewidywalne części rynku obligacji i akcji, a zatem pokazują, że aktywne zarządzanie portfelem może prowadzić do wyższych zysków (Lo i McKinlay, 1999 [82]). Zgodnie z powyższym teoria efektywności rynku może być postrzegana jedynie jako ideał, dla którego rynek jest trudniejszy.

Efektywny model rynkowy zakłada możliwość, że ceny odbiegają od ich wewnętrznych wartości, ale ważne jest, aby to odchylenie było przypadkowe. W konsekwencji, jeśli aktywne zarządzanie portfelem prowadzi do osiągnięcia ponadprzeciętnych zysków, to zgodnie z teorią efektywnego rynku przypisuje się je szczęściu, a nie strategii inwestycyjnej. Krytycy teorii efektywnego rynku utrzymują jednak, że istnieją inwestorzy tacy jak Soros, Buffett i Lynch, którym udało się osiągnąć dodatnie zyski w dłuższym okresie czasu, zaniedbując czynnik szczęścia, ale opierając się na ich wiedzy i skutecznie realizując strategie inwestycyjne. Dlatego też Woren Buffett, jeden z najbardziej udanych inwestorów wszechczasów, jest również jednym z krytyków hipotezy o efektywności rynku. W swojej pracy *The Super investors of Graham and Doddsville,* w której promuje *inwestowanie wartości*, Buffet kwestionuje fakt, że przypadek jest szczęśliwym powodem, dla którego pewna grupa inwestorów jest w stanie osiągać lepsze zyski z S & P500 rok po roku (Buffet, 1984 [ ]).[93]W odpowiedzi na pracę Buffeta Malkiel wskazał w swoim badaniu, że w ciągu 30 lat poprzedzających 1996 r. rentowność indeksu S & P 500 w ponad dwóch trzecich przypadków była lepsza niż zyski osiągane przez profesjonalnych zarządzających portfelem. Ponadto w swoich badaniach wskazał na fakt, że istnieje niewielka korelacja między tymi, którzy w jednym roku osiągnęli lepsze wyniki niż ci, którym udało się osiągnąć lepsze wyniki w następnym roku (Malkiel, 2005 r. [94]). W związku z tym Malkiel twierdzi, że stopy zwrotu w dłuższej perspektywie nie są w dużej mierze wynikiem starannie dobranych strategii inwestycyjnych, lecz szczęścia.

Chociaż istnieje duża liczba prac zarówno naukowych, jak i branżowych wskazujących na konieczność podważenia hipotezy o efektywnym rynku poprzez przyjmowanie anomalii na rynkach finansowych, nikt nie był jeszcze w stanie skonkretyzować strategii, która byłaby opłacalna w dłuższym okresie czasu. Mówiąc dokładniej, istnieją pewne nieefektywności na rynku, jest to fakt. Jednak na rynkach rozwiniętych te nieefektywności szybko znikają, ponieważ inwestorzy szybko je odkrywają i starają się z nich korzystać. Dlatego też inwestorzy starają się zarabiać na istniejących na rynku nieprawidłowościach i w ten sposób uczynić

[93] Bufet, W. (1984). Super inwestorzy z Graham i Doddsville. Hemes. Columbia Business School Magazine

[94]Malkiel, B. (2005). Reflections on the Efficient Market Hypothesis: 30 Years Later. The Financial Review. 40, 1-9

je jak najbardziej efektywnymi. Z drugiej strony, gdyby inwestorzy nie próbowali ujawniać i wykorzystywać nieprawidłowości rynkowych, rynki stałyby się bardziej nieefektywne, zapewniając nowe możliwości osiągania ponadprzeciętnych zysków.

3.4 Analiza techniczna

Zwolennicy analizy technicznej są jednym z największych krytyków hipotezy o efektywnym rynku. Starają się oni osiągnąć wysoką rentowność poprzez analizę, wykorzystując dane historyczne z danego instrumentu finansowego. Analiza techniczna posiada cechy aktywnego portfela aktywów, które starają się przewidzieć przyszły ruch danego instrumentu finansowego za pomocą parametrów historycznych, takich jak zmiany cen i wolumen obrotu. Identyfikacja trendów i przewidywanie na ich podstawie przyszłych trendów jest podstawowym celem analizy technicznej. Biorąc pod uwagę fakt, że hipoteza efektywnego rynku nie potwierdza istnienia trendów, lecz raczej dowodzi, że przyszłe ceny papierów wartościowych są nieprzewidywalne, analiza techniczna stoi w bezpośredniej sprzeczności z jej założeniami.

Niektórzy inwestorzy i naukowcy uważają, że sukces analizy technicznej leży w "*proroczej samorealizacji*". Dokładniej mówiąc, skuteczność analizy technicznej jest większa, jeśli wystarczająca liczba inwestorów wykorzystuje i monitoruje postulaty formułowane przez analizę techniczną. Dokładniej mówiąc, duża liczba inwestorów uważa, że ceny są tworzone w oparciu o oczekiwania uczestników rynku. Ta obserwacja jest krytyką hipotezy o efektywnym rynku, biorąc pod uwagę, że nie rozpoznaje on ceny na rynku w oparciu o oczekiwania.

Biorąc pod uwagę sprzeczny charakter postulatu hipotezy o efektywnym rynku i analizy technicznej, logiczne jest oczekiwanie, że teoria przedmiotowa nie może być jednocześnie w pełni aktualna. W związku z tym każdy dowód lub fakt wskazujący na ważność analizy technicznej jest dowodem przeciwko ważności hipotezy o efektywnym rynku. Ja być znacząco znacząco że jeżeli jeden brać pod uwagę założenie że skuteczny rynek hipoteza być ważny, ono automatycznie znaczyć że techniczny analiza być skuteczny. Mówiąc dokładniej, możliwe jest, że analiza techniczna jest skuteczna również w przypadku efektywności rynku w pewnych bardzo krótkich warunkach rynkowych.

Badania przeprowadzone w latach 60-tych i 70-tych w dużej mierze wspierały ideę efektywności rynków. Jednakże kolejne badania poddawały ten wniosek w wątpliwość. Dowody przedstawione w późniejszych badaniach, opisane w poprzedniej części niniejszej monografii, sugerują, że plony zapasów wykazują różne wzorce systemowe, czyli pewnego rodzaju anomalie, co jest sprzeczne z teorią efektywności rynku. Za anomalie uznaje się plony, których nie można wytłumaczyć pewnymi teoriami, ujawnionymi w badaniach empirycznych i naukowych. Ten rodzaj zachowań rynkowych ceny papieru idzie do analizy technicznej.

Niektóre anomalie rynkowe odkryte przez badania empiryczne, które pozwalają na prognozowanie ruchów cen niektórych instrumentów finansowych, podważają

hipotezę efektywnego rynku. Niektóre z tych anomalii są związane ze wskaźnikami analizy technicznej. Niektóre z najczęstszych i najczęściej wymienianych anomalii rynkowych, które kwestionują zasadność hipotezy o efektywnym rynku to: efekt wielkości, anomalia **P/E**, efekt weekendu i efekt stycznia.
W następnej części tego rozdziału zostaną wyjaśnione niektóre wyniki empiryczne i komentarze na temat ich wpływu na hipotezę efektywności rynkowej.

3.5 Anomalia kalendarzowa

3.5.1 Efekt weekendu

Jedną z anomalii, która jest sprzeczna z teorią efektywnego rynku, która była przedmiotem licznych badań empirycznych, nazywa się "*efektem weekendowym*". Badania nad tą treścią wskazywały na występowanie plonów niższych w poniedziałek i wyższych na

Piątki w stosunku do wszystkich innych dni (Frank 1980[95] i Gibbons i Hess 1981 [96]). Jest to sprzeczne z teorią efektywnego rynku, biorąc pod uwagę, że teoria ta nie uznaje tego systemowego skutku, biorąc pod uwagę, że zgodnie z tą teorią zyski powinny być takie same dla każdego dnia tygodnia Ponadto, biorąc pod uwagę, że zyski z poniedziałku są uwzględniane przez trzy dni *(sobotę, niedzielę i poniedziałek)*, byłyby one, zgodnie z teorią efektywnego rynku, największym poniedziałkiem, ponieważ teoria ta zakłada, że zyski powinny być takie same dla każdego dnia tygodnia.
Jako wyjaśnienie tej anomalii, Lakonishok i Levi przypisali ten sam sposób bilansowania i rozliczania. Dokładniej mówiąc, w Stanach Zjednoczonych rozliczenie papierów wartościowych przy zakupie i sprzedaży zajmuje pięć dni roboczych. W związku z tym, aby zrekompensować inwestorom dwa dni odsetek, zyski są wyższe w piątki, a niższe w poniedziałki (Lakonishok i Levi, 1982 r. [97]). Z drugiej strony Frank uważa, że informacje publikowane w czasie weekendu są zazwyczaj niekorzystne (francuskie 1980 r. [98]). W związku z tym, jeżeli przedsiębiorstwa obawiają się na przykład sprzedaży akcji w panice po złej wieści, mogą odroczyć ich publikację do weekendu, aby uzyskać dodatkowy czas na przetworzenie i rozliczenie informacji. Jednakże, niektórzy autorzy uważają, że biorąc pod uwagę koszty transakcji, strategia kupna w poniedziałek i piątek

95 Francuski, K. (1980), "Stock Returns and Weekend Effect", Journal of Financial Economics, 8, 55-69.

96 Gibbons M. R. и Hess P. J. (1981), "Day of the Week Effect and Asset Returns", Journal of Business, 54, 579-596.

97Lakonishok J. и Levi M. (1982), "Weekendowe skutki dla zwrotów akcji: A Note", Journal of Finance, XXXVII, 883-889.

98Francuski, K. (1980), "Stock Returns and Weekend Effect", Journal of Financial Economics, 8, 55-59.

sprzedaży jest w zasadzie niezdolna do dostarczenia wyższych niż strategie "*kupuj i trzymaj*".

3.5.2 skutek styczniowy

"Efekt styczniowy" reprezentuje następną anomalię kalendarzową. Niektóre badania empiryczne przeprowadzone za pomocą modelu szacowania średnich miesięcznych stóp zwrotu wskazują na fakt, że papiery wartościowe w styczniu miały wyższe stopy zwrotu niż w innych miesiącach roku. W związku z tym, jeśli w styczniu mają one papiery wartościowe, inwestorzy są w stanie wykorzystać tę anomalię i osiągnąć większe zyski. Uważa się, że anomalia ta wynika z faktu, że inwestorzy sprzedali swoje papiery wartościowe pod koniec grudnia z powodu podatków lub w celu realizacji strat kapitałowych. Dokładniej mówiąc, sprzedają oni swoje papiery wartościowe pod koniec grudnia i kupują je w styczniu przyszłego roku. Jednakże badanie przeprowadzone przez jednego z kolegów naukowców sugeruje, że skutek stycznia istniał jeszcze przed nałożeniem podatków w Stanach Zjednoczonych (Jones i in. 1987 r. [99]). Przeprowadzona analiza wskazuje również, że sprzedaż kart pod koniec grudnia nie była optymalna w celu realizacji strat kapitałowych. (Constatinides 1984 [100]).

Przeciwnicy analizy technicznej uważają, że inwestorzy instytucjonalni, tacy jak fundusze emerytalne, powinni dostrzec wszelkie wzorce w zachowaniu papierów wartościowych pod koniec grudnia i że powinni wykorzystać niskie stopy zwrotu w grudniu poprzez zakup papierów wartościowych w czasie, gdy większość inwestorów sprzedaje je w celu realizacji strat kapitałowych. (Fortune, 1991 r. [101]). W ten sposób wyeliminowalibyśmy wszelkie możliwości osiągania ponadprzeciętnych rentowności.

Krytycy analizy technicznej uważają, że formy przedmiotowe są przypadkowe i istnieją tylko dlatego, że badania koncentrują się na atrakcyjnych wynikach, wielokrotnie wykorzystując dane skorelowane dodatnio.

3.6 Anomalie niekalendarzowe

3.6.1 P / E anomalia

Jedną z najczęściej stosowanych anomalii niekalendarzowych w analizie technicznej jest "anomalia P/E". Niektóre badania przeprowadzone na ten temat wskazują, że udziały o niskim stosunku P/E generują systemowo wyższe zyski w porównaniu z działaniami, w których stosunek P/E jest wysoki (Bass 1977. 1983.). Zjawisko to wskazuje na fakt, że niektórzy inwestorzy uważają, iż akcje o niższych wskaźnikach P / E są niedoceniane i że w przyszłości będą osiągać

---

[99]Jones C. P. , Douglas K. P. i Wilson J. W (1987), "Can Tax Loss Selling Explain the January Effect? A Note", Journal of Finance, 42, 453-461.

[100] Constatinides G. M. (1982), "Optimal Stock Trading with Perfect Taxes" Journal of Financial Economics, 10, 289-321.

[101]Fortune, P. (1991), "Stock Market Efficiency: Autopsja?", New England Economic Review, 17-40.

większe zyski z papierów wartościowych o wyższych wskaźnikach P / E. Biorąc pod uwagę, że jest to sprzeczne z teorią efektywnego rynku, zwolennicy uważają, że inwestowanie w papiery wartościowe o niskim wskaźniku P / E jest bezużyteczne. Ponadto, niektórzy inwestorzy uważają, że inwestując w papiery wartościowe o niskim wskaźniku P/E, ignoruje się możliwość wzrostu danego waloru, a także ryzyko, że dany papier jest w posiadaniu, jest ignorowane. Niski wskaźnik P/E dla akcji może również wynikać z faktu, że spółka nie ma potencjału wzrostu i/lub narażenia na nadmierne ryzyko (Lakshmi i Roy 2013 [102])

3.6.2 Anomalia "zwycięzcy" i "przegrani

Inna anomalia, która nie odzwierciedla hipotezy o sprawnym rynku, jest przedstawiana poprzez "*zwycięzców*" i "*przegranych*". Dokładniej rzecz biorąc, psychologowie DeBondt i Thaler w swoim opracowaniu wskazali na wzór podobny do anomalii P/E, która odnosi się do działań zwycięzców i przegranych (DeBondt i Thaler, 1985)[103]. Dokładniej rzecz ujmując, w swoim badaniu dokonali oni przeglądu porównawczego dwóch fikcyjnych portfeli - "*zwycięzców*", składających się z papierów wartościowych, które miały znaczną wartość w poprzednim okresie oraz "*przegranych*", składających się z papierów wartościowych, które miały znaczną wartość w poprzednim okresie. Wyniki pokazały, że portfel "przegranych" miał znacznie lepsze stopy zwrotu niż rynek w kolejnych latach, podczas gdy portfel "zwycięzców" miał stopy zwrotu niższe niż rynek.

3.7 ***Wpływ wielkości***

Anomalia, która wskazuje na osiąganie wyższych zysków poprzez inwestowanie w mniejsze firmy, nazywana jest "*efektem wielkości*". W 1981 r. Banz po raz pierwszy wspomniał w swoich badaniach o wpływie wielkości, a od tego czasu przeprowadzono liczne badania, w których potwierdzono tę anomalię (Banz 1981 [104], Reinganum 1981[105], Lustic i Leinbach 1983[106]). W swoich badaniach Banz wykazał, że 50 najmniejszych papierów wartościowych notowanych na NYSE miało rentowność większą niż 50 największych papierów wartościowych na tej samej giełdzie przez okres 44 lat (Banz 1981[107]). Należy zauważyć, że

---

[102] Lakshmi V. и Roy B. (2013) Price Earning Ratio Effect: Test pół silnej formy efektywnej hipotezy rynkowej na indyjskiej giełdzie. XI Konferencja Rynków Kapitałowych, 21-22 grudnia 2012, Indian Institute of Capital Markets (UTIICM).

[103] DeBondt W. и Thaler R. (1985), "Does Stock Market Overreacts?", Journal of Finance, 40, 793-805.

[104] Banz R. (1981), "The Relationship Between Return and Market Value of Common Stock" Journal of Financial Economics, 9, 3-18.

[105] Reinganum M. R. (1981), "Misspecification of Capital Asset Pricing: Empirical Anomalies Based on Earnings Yields and Market Values", Journal of Financial Economics, 9, 19-44.

[106]Lustic I. L. и Leinbach P. A. (1983), "The Small Firm Effect", Financial Analyst Journal, 46-49.

[107] Banz, R. (1981). Zależność między stopą zwrotu a wartością rynkową akcji zwykłych. Journal of Financial Economics, 9(1), 3-18

większość tych zysków została osiągnięta w styczniu, co można przypisać "anomalii styczniowej" (Keim 1983[108] , Reinganum 1983[109]).
Z drugiej strony, w swoich badaniach Schwerth wskazał na fakt, że przedmiotowa anomalia osłabia się, a nawet zanika po opublikowaniu badań (Schwert 2003[110]).
Wszystkie wyżej wymienione anomalie stoją w sprzeczności z teorią efektywnego rynku. Jeżeli jednak każdą z tych anomalii potraktuje się jako dokładną, inwestorzy rynkowi poprzez swoje działania doprowadzą rynek do równowagi, eliminując tym samym możliwość osiągnięcia ponadprzeciętnych zysków/zwrotów. Należy zauważyć, że jeśli weźmie się pod uwagę koszty transakcji, to możliwość osiągnięcia ponadprzeciętnych zysków zostanie znacznie ograniczona, jeśli nie wyeliminowana. Badacze twierdzą również, że opłacalność skutecznych strategii może zostać całkowicie wyeliminowana dzięki ich popularności wśród inwestorów, biorąc pod uwagę fakt, że inwestorzy konkurują ze sobą i w ten sposób eliminują wszelkie możliwości zysku. Na przykład na podstawie danych pochodzących z okresu od 1831 r. do 2001 r[111]. Schwert w swojej pracy wykazał, że kilka wcześniej udokumentowanych anomalii, takich jak efekt wielkości, efekt wartości efektu weekendu i efekt dywidend, straciło swoją predykcyjną moc po opublikowaniu prac, w wyniku których pojawiła się ta anomalia.
Oczywiście dowodów na poparcie tego argumentu nie można w pełni uznać za ostateczne, biorąc pod uwagę, że korelacja nie oznacza związku przyczynowego, a także fakt, że pewne anomalie utrzymują się, mimo że opublikowano na nich dokumenty.
Zły wybór modeli wyceny jest uważany za główną przyczynę występowania anomalii rynkowych w hipotezie efektywnego rynku. Dokładniej rzecz biorąc, zastosowanie niskiego współczynnika beta w modelach skutkuje niską oczekiwaną wydajnością. W związku z tym, porównując rzeczywistą rentowność z rentownością oczekiwaną, można odnieść wrażenie, że rentowność jest wyższa od średniej. (Barbić, 2010 r.[112])

---

[108]Keim, D. (1983), "Anomalie związane z wielkością i sezonowością rynku akcji": Some Futher Empirical Evidence", Journal of Financial Economics, 11, 13-32.
[109] Reinganum M. R. (1983), "The Anomalus Stock Market Behaviour of Small Firms in January", Journal of Financial Economics, 12, 89-104.
[110]Schwert, W. (2003). Anomalie i efektywność rynkowa . Handbook of the Economics of Finance, 939-974, Boston, MA: Elsevier/North-Holland.
[111] Schwert, W. (2003). Anomalie i efektywność rynkowa . Handbook of the Economics of Finance, 939-974, Boston, MA: Elsevier/North-Holland.
[112] Barbić, T. (2010). Pregled razvoja hipoteze efikasnog tržišta. Privredna kretanja i ekonomska politika. Br 124: 29-61

OPIS MODELI WYKORZYSTYWANYCH W ANALIZIE I BADANIU EFEKTYWNOŚCI RYNKU FINANSOWEGO

Istnieje szereg testów, które są stosowane w celu ustalenia, czy na rynku istnieje słaba forma efektywności. Testy mające na celu określenie efektywności rynku próbują udowodnić, że niektóre strategie inwestycyjne mogą prowadzić do osiągnięcia ponadprzeciętnych zysków. Niektóre testy uwzględniają również koszty transakcji oraz możliwość ich realizacji. Testowanie i wybór testów, które będą stosowane, będzie w dużej mierze zależał od formy testowanej efektywności rynkowej.

Jak zauważono powyżej, słaba forma efektywności rynku oznacza, że cena indeksu porusza się przypadkowo i podąża przypadkowym krokiem. Ważność modelu i w konsekwencji jego efektywność zależy od cen, które można wytłumaczyć modelem losowego marszu i założeniem, że resztki są normalnie rozkładane. W celu przetestowania słabej formy efektywności rynkowej dla powyższych indeksów, w badaniu przedmiotowym zostaną wykorzystane testy z czterech różnych segmentów, które zawierają testy Normalności, Testy Aktywów, Testy Podstawy Jednostki oraz Testy Autokorelacji. Dodatkowym potwierdzeniem wyników uzyskanych z wyżej wymienionych testów statystycznych, w niniejszym opracowaniu będzie również analiza niektórych wskaźników analizy technicznej.

4.1 Testy normalności

Testy normalności stosowane i analizowane w tym Monografie obejmują test Skewness, Kurtosis i Jarque-Bera. Po raz pierwszy Skewness został przedstawiony przez Karla Pearsona (1895).[113]) i stanowi miarę asymetrycznego rozkładu wokół średniej wartości. Współczynnik pochylenia (*Skewness*), miara asymetrycznego rozkładu wokół średniej wartości.

Jeśli współczynnik przedmiotowy wynosi 0, to mamy przypadek rozkładu normalnego. Jeżeli jednak współczynnik pochylenia jest dodatni, to mamy dodatnią asymetrię, albo rozkład jest asymetryczny po prawej stronie. W przypadku asymetrii ujemnej, schemat jest asymetryczny po lewej stronie. Asymetrie przedmiotowe, czyli formy zboczy, są załączone na **wykresie 13**.

[113] Pearson, K. (1895). Wkład w matematyczną teorię ewolucji, II: Zróżnicowanie skośne w materiale jednorodnym. Philosophical Transactions of the Royal Society of London, 186, 343-414.

Wykres 13 - Przekrzywienie[114]

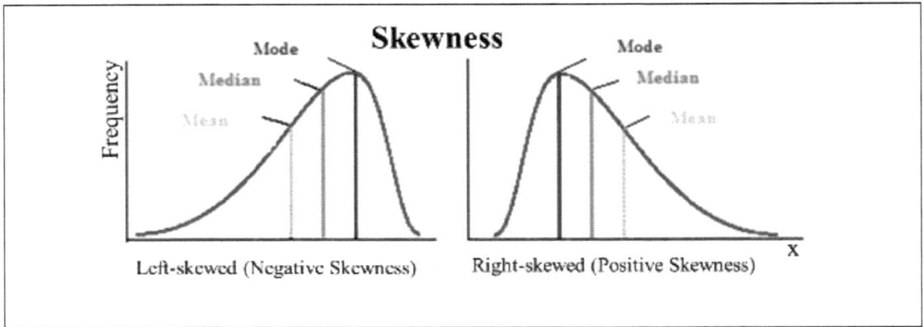

Wzór na obliczenie współczynnika pochylenia jest zgodny z poniższym:

$$S = \frac{1}{N}\sum_{i=1}^{N}\left(\frac{y_i - \bar{y}}{\hat{\sigma}}\right)^3 \qquad (1.1)$$

W przypadku gdy współczynnik pochylenia jest reprezentowany przez ***S***, natomiast **σ** reprezentuje normę

odchylenie, ***N*** *to* liczba obserwacji, **yi** cena, a **y** średnia wartość serii.
Testem uzupełniającym wykorzystywanym do określenia rozkładu normalnego jest współczynnik kurtozy (*Kurtosis*). Współczynnik kurtozy został również określony przez Karla Pearsona (Pearson 1905[115]) i stanowi on inną miarę rozkładu, tj. wskaźnik liczbowy opisujący, w jakim stopniu rozkład jest spłaszczony w stosunku do rozkładu normalnego. Współczynnik kurtozy ma wartość 3 w przypadku rozkładu normalnego. W związku z tym, jeżeli współczynnik krzywicy jest większy niż 3, rozkład jest leptokurtowy (*bardziej wydłużony w porównaniu z rozkładem normalnym*), a taki sam platykurtowy, jeżeli współczynnik krzywicy jest mniejszy niż 3 (*bardziej spłaszczony w porównaniu z rozkładem normalnym*). Obecne formy spłaszczenia przedstawiono na **wykresie 14**.

[114] https://www.statisticshowto.datasciencecentral.com/wp-content/uploads/2014/02/pearson-mode-skewness.jpg

[115] Pearson, K. (1905). Pearson, K. (1905). "The Problem of the Random Walk," Nature, 72(1), 294.

Wykres 14 - Kształty spłaszczające (kurtoza)

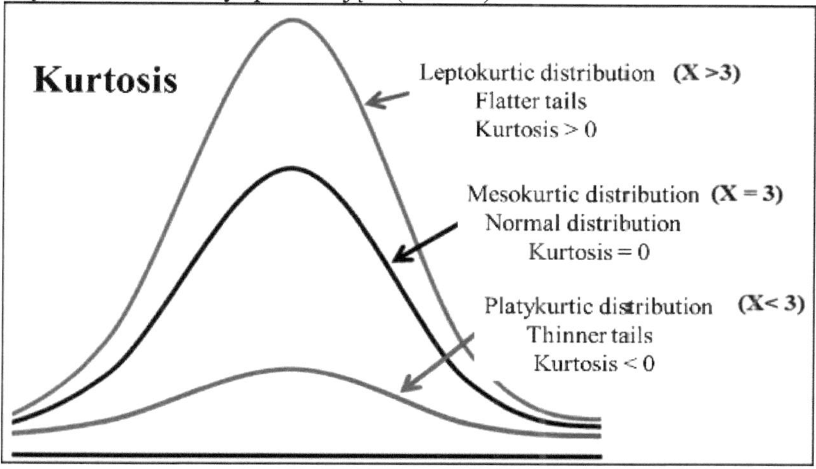

Wzór na obliczenie współczynnika kurtosis jest zgodny z poniższym:

$$K = \frac{1}{N}\sum_{i=1}^{N}\left(\frac{y_i - \bar{y}}{\hat{\sigma}}\right)^4 \qquad (1.2)$$

W przypadku, gdy współczynnik kurtozy jest reprezentowany przez **K**, natomiast **σ** reprezentuje normę

odchylenie, ***N*** to liczba obserwacji, Y_i cena i średnia wartość **y** serii.
Test Jarque-Bera opiera się na porównaniu, jak współczynniki pochylenia i kurtozy odbiegają od wartości charakterystycznych dla rozkładu normalnego (Jarque-Bera 1987). [116]). W związku z tym test ten jest stosowany do określenia normalnego rozkładu w poszczególnych partiach. Można powiedzieć, że znacząca wartość wyników testu *Jarque-Bera* wskazuje na niestabilną zmienność wskaźnika. Wzór stosowany do obliczenia próby *Jarque-Bera* jest następujący:

$$JB = \frac{N}{6}\left(S^2 + \frac{(K-3)^2}{4}\right) \qquad (1.3)$$

Gdzie współczynnik Jarque-Bera jest reprezentowany przez **JB, podczas** gdy **S** reprezentuje współczynnik Skewness, **K** reprezentuje kurtozę, a liczba obserwacji **N** w serii.

4.2 Test działania

[116] Jarque, C. M. и Bera, A. K. (1987). A test na normalność obserwacji i pozostałości regresji. International Statistical Review,55, 163-172.

Kolejnym testem, który zostanie zastosowany w tej analizie i badaniu, jest test "*Runs Test*", znany również jako test Walda-Wolfowitza. Test ten został po raz pierwszy przedstawiony przez Abrahama Walda i Jakoba Wolfowitzów i to samo jest testem nieparametrycznym, który nie wymaga normalnego rozkładu plonów (Wald i Wolfowitz 1940[117]). Określa on również, czy kolejne zmiany cen są wzajemnie niezależne i obserwuje sekwencję kolejnych zmian cen, które mają ten sam znak (Gupta i Basu, 2011[118]). Hipoteza zerowej losowości jest określana przy użyciu tego samego znaku w zmianie cen. Jedną z największych słabości testu na przebiegi polega na tym, że test ten patrzy tylko na liczby z dodatnimi lub ujemnymi zmianami i ignoruje wielkość zmiany w stosunku do wartości średniej (Venkatesan, 2010[119]). Test ten jest jednak często stosowany w celu określenia efektywności rynku, biorąc pod uwagę, że oznacza on zrozumienie podanej losowości (**wykres 15**[120]).

Wykres 15 - Losowy chód dla kursu USD-EUR

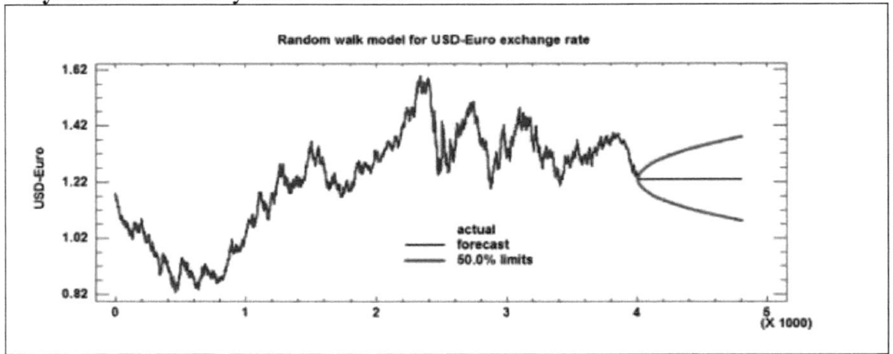

Badanie przebiegów jest nieparametryczne, które jest przeznaczone do badania, czy zdarzenie jest zdarzeniem losowym. Badanie opiera się na założeniu, że jeżeli seria jest losowa, to zaobserwowana liczba przebiegów w serii musi być co najmniej zbliżona do oczekiwanej liczby przebiegów. Badanie jest definiowane jako sekwencja kolejnych zmian cen tego samego znaku. Odpowiednio, zmiany w cenie akcji można podzielić na trzy rodzaje serii: seria zwyżkowa (*ceny idą w górę*), seria zniżkowa (ceny idą w *dół*) i poziom serii (*ceny nie zmieniają się*). Pod hipotezą zerowych zmian cen, można oszacować całkowitą liczbę cykli:

[117] Wald, A., и Wolfowitz, J. (1940). Na badaniu, czy dwie próbki pochodzą z tej samej populacji. Ann. Matematyka. Statystka. , 11, 147-162

[118] Gupta, R. и Basu, P. (2011). Słaba wydajność formy na indyjskich giełdach papierów wartościowych. International Business and Economics Research Journal (IBER), 6(3). doi:http://dx.doi.org/10.19030/iber.v6i3.3353

[119] Venkatesan, K. (2010), Testing Random Walk Hypothesis of Indian Stock Market Returns: Evidence from The National Stock Exchange (Nse)", ICBI 2010 - University of Kelaniya, Sri Lanka, 2-11.

[120] https://people.duke.edu/~rnau/411rand.htm

$$M = \frac{\{N(N+1) - \sum_{i=1}^{3} n_i^2}{N} \quad (1.4)$$

Gdzie **N** to liczba obserwacji (zwrot lub cena), gdzie **ni** to liczba zmian cen (*zwrot*) w każdej z kategorii ($N = \sum_{i=1}^{3} n_i$).
W przypadku większej liczby obserwacji ($N > 30$) rozkład M **jest** bliski normalnemu, a błąd standardowy z M (σm) **wynika** z następujących czynników:

$$\sigma_m = \left\{ \frac{\sum_{i=1}^{3} n_i^2 \left[\sum_{i=1}^{3} n_i^2 + N(N+1)\right] - 2N \sum_{i=1}^{3} n_i^3 - N^3}{N^2(N-1)} \right\}^{1/2} \quad (1.5)$$

Standardowa statystyka normalna Z, która może być użyta do określenia, czy rzeczywista liczba przebiegów zgodna z hipotezą o niezależności jest uzyskiwana w następujący sposób:

$$Z = (R \pm 0.5 - m)/\sigma_m \quad (1.6)$$

Gdzie ***R*** oznacza rzeczywistą liczbę przejazdów, **M oznacza** oczekiwaną liczbę przejazdów, a 0,5 oznacza korektę z tytułu ciągłości (Valis i Roberts, 1956 [121]), w której znak korekty z tytułu ciągłości jest ujemny (-0,5), jeżeli $R \geq M$, a dodatni w przeciwnym wypadku. W związku z tym istnieją dowody na zależność między rentownością, jeżeli *R jest* zbyt mała lub zbyt duża, test jest dwustronny. (Gimba, 2012[122])

4.3Jednostkowy test korzeniowy

Test jednostki głównej (*Unit Root Test*) to test, który służy do określenia stationaryzacji lub odpowiednio niestacjonarności serii. Szereg czasowy jest uważany za słabo stacjonarny, jeżeli wartość średnia, wariancja i kowariancja jest niezależna od czasu i każdego szeregu, który nie jest stacjonarny, jest niestacjonarny. W związku z tym niestacjonarność wskazuje, że szeregi czasowe przypominają chód losowy i mogą być uznane za ważne w przypadku niestacjonarnej hipotezy o efektywności rynku. W badaniu wykorzystany zostanie **rozszerzony test Dickiego Fullera** (test **ADF**), **test Phillipsa-Perrona** (test **PP**) i **test Kwiatkowskiego-Phillipsa-Schmidta-Shina** (test **KPSS**) w celu określenia obecności słabej formy efektywności rynkowej.
Standardową praktyką w określaniu istnienia pierwiastka jednostkowego jest *test Dickey-Fuller'a* lub alternatywnie rozszerzony test Dickey-Fuller'a (**ADF-Augmented** *Dickey-Fuller test*), w którym regresja Dicky-Fuller'a jest

[121] Wallis, A. и Roberts, H. (1956). Statystyki: A New Approach. Dziennik Amerykańskiego Stowarzyszenia Statystycznego. 51(27), 664-666
[122] Gimba, V. (2012) Testing the Weak-form Efficiency Market Hypothesis:Dowody z nigeryjskiego rynku akcji. CBN Journal of Applied Statistics 3(1), 117-136

rozszerzona poprzez włączenie zależnych od siebie opóźnionych zmiennych w celu kontroli możliwej autokorelacji w danym przypadku. Rozszerzony test Dickey-Fullera jest stosowany dla większych i bardziej złożonych szeregów czasowych (Singhal i Ashra, 2015[123]). Test ADF jest używany do określenia obecności pierwiastka jednostkowego w szeregu czasowym próbki.
Test Phillipsa-Perrona został wprowadzony przez Petera Philipsa Academica i Pierre'a Perrona jako rozszerzenie testu ADF w tym samym czasie czyniąc test, nieparametryczną korelację statystyk testu T (Phillips i Perron 1988[124]). To samo stosuje się do określenia obecności pierwiastka jednostkowego.
Test Phillipsa-Perrona różni się od rozbudowanego testu Dickey-Fullera tym, że zajmuje się korelacją szeregową i heteroscedastycznością błędów. Mówiąc dokładniej, tam gdzie rozszerzony test Dickiego Fullera jest używany do autoregresji parametrycznej, aby ocenić błąd w regresji testowej, test Phillipsa-Perona ignoruje jakikolwiek test korelacji szeregowej w analizie regresji (Hamilton, 1994[125]).
Test KPSS (**KPSS** - *Kwiatkowski-Phillips-Schmidt-Shin test*) ma na celu uzupełnienie jednostkowych testów na pierwiastki, takich jak test DF. Zostały one zaproponowane przez Kwiatkowskiego, Philipsa, Schmidta i Shina, a zatem nazywane są testem KPSS. Test ten różni się od wszystkich innych testów na pierwiastki jednostkowe, biorąc pod uwagę fakt, że seria jest stacjonarna pod hipotezą zerową (Kwiatkowski, Philips, Schmidt i Shin 1992[126]). Testując hipotezę pierwiastka jednostkowego i hipotezę stacjonarności, można rozróżnić serie, które wydają się być stacjonarne, serie posiadające pierwiastek jednostkowy i serie, dla których są one niewystarczająco informacyjne, aby z całą pewnością stwierdzić, czy są one stacjonarne czy zintegrowane.
Modele regresji, które zawierają indeks przechwytywania/przekrojowy i pierwszą różnicę ([1.] różnica) są wykorzystywane w tych badaniach do badania pierwiastka jednostkowego.

4.4 Test autokorelacji

Należy podkreślić, że istnienie korelacji szeregowej oznacza, że plony są dodatnio skorelowane z plonami w przyszłości, co jest sprzeczne z hipotezą o słabej formie efektywności rynku. W celu określenia istnienia korelacji zostanie przeprowadzona korelacja reszt pokazująca autokorelację i autokorelację częściową, a także statystyki Lung-Boxa Q dla pierwszych 30 lagów.
Badanie wykaże obecność autokorelacji i częściowej autokorelacji na danych dziennych, tygodniowych i miesięcznych zarówno na poziomie wskaźników, jak i na danych zróżnicowanych (*pierwsza różnica*). Wyniki badania zostaną

---

[123] Singhal, S. и Ashra, S. (2015). An Empirical Analysis of Price Discovery in Indian Commodity Markets. Springer Proceedings in Business and Economics 41-62. DOI: 10.1007/978-81-322-1979-8_4
[124] Phillips, P. C. B. i Perron, P. (1988). "Testowanie na zakorzenienie jednostki w regresji szeregów czasowych". Biometrika 75 (2): 335-346. doi:10.1093/biomet/75.2.335.
[125] Hamilton, J. (1994) Time Series Analysis, Princeton University Press. 127
[126] Kwiatkowski, D., Phillips, P. C. B., Schmidt, P. и Shin, Y. (1992). "Testowanie zerowej hipotezy o stacjonarności wobec alternatywy korzenia jednostkowego". Journal of Econometrics 54 (1-3), 159-178.

przedstawione przy użyciu korelacji i testu Lung-Box Q. Korrelogram przedstawia funkcję autokorelacji i częściowej autokorelacji do 30 linii. Funkcje te charakteryzują się zależnością serii danych od danych i są prezentowane za pomocą korelacji na poziomie indeksu.

Jednym ze sposobów na wykrycie przypadkowych wyników marszu jest test autokorelacji. Autokorelacja (*współczynnik korelacji serii*) mierzy stosunek wydajności na wskaźniku za okres bieżący do poprzedniego okresu. Wzór na obliczanie serii autokorelacji **Y** w rzędzie **k oblicza się zgodnie z poniższym wzorem**:

$$\tau_k = \frac{\sum_{t=k+1}^{T} (Y_t - \overline{Y})(Y_{t-k} - \overline{Y})}{\sum_{t=1}^{T} (Y_t - \overline{Y})^2} \qquad (1.7)$$

$$\tau_k = \frac{\sum_{t=k+1}^{T} ((Y_t - \overline{Y})(Y_{t-k} - \overline{Y}_{t-k}))/(T-K)}{\sum_{t=1}^{T} (Y_t - \overline{Y})^2 / T} \qquad (1.8)$$

Gdzie $\overline{\mathbf{Y}}$ jest średnią wartością próbki Y. Jest to współczynnik korelacji dla wartości serii z opóźnieniem **K**. Jeżeli τ1 nie jest równa zero, to wskazuje to na fakt, że szereg jest w pierwszej kolejności szeregowo skorelowany. Jeżeli τk staje się zerem już po kilku wierszach, to oznacza, że szereg danych jest w niskiej kolejności procesu średnich kroczących. Należy zauważyć, że obliczenia autokorelacji stosowane przez EVIEWS, które są wykorzystywane w niniejszym opracowaniu, różnią się nieco od klasycznych teoretycznych obliczeń autokorelacji z powodu

fakt, że EVIEWS używa średniej wartości $\overline{\mathbf{Y}}$ jako średniej wartości Y_t i Y_{t-k} dla łatwiejszego sposobu obliczeń komputerowych. Ta metoda obliczeń daje jednak różnice w wynikach, które są statystycznie nieistotne. W teście autokorelacji próbuje się określić, czy korelacja szeregowa współczynnika różni się istotnie od zera. Statystycznie hipoteza rynkowa o słabej efektywności powinna być odrzucona, jeśli wyniki są powiązane szeregowo, tj. τk istotnie różni się od zera. Częściowa autokorelacja na poziomie jest współczynnikiem regresji w regresji stałej. Jest to korelacja częściowa uwzględniająca fakt, ze oblicza korelację wartości, które są usuwane po usunięciu korelacji opóźnień interwencyjnych. Jeśli wzorzec autokorelacji jest taki, że może być uchwycony przez autoregresję sekwencji mniejszej niż k, to częściowa autokorelacja na poziomie opóźnienia k *będzie bliska* zeru.

Aby sprawdzić wspólną hipotezę, że wszystkie autokorelacje są jednocześnie równe zeru, wykorzystuje się statystyki Lung-Box Q. Statystyka Q na lag k reprezentuje testową hipotezę zerową - statystykę, że nie ma autokorelacji z kolejnością k. Statystyka Lung-Boxa Q jest obliczana w następujący sposób:

$$Q_{LB} = T(T+2)\sum_{j=1}^{k}\frac{\tau_j^2}{T-J} \qquad (1.9)$$

Gdzie τ_j oznacza *j zlecenie* autokorelacji, a **T** oznacza liczbę obserwacji. Zgodnie z zerową hipotezą zerowej autokorelacji ($P_1 = P_2 = P_3 = ... = P_k = 0$), statystyki Q są rozdzielane jako $\chi 2$ ze stopniem swobody równym liczbie autokorelacji (**k**). Statystyki Q są często wykorzystywane do badania, czy w serii danych występuje "biały szum". Należy zauważyć, że istnieje praktyczny problem w doborze sekwencji opóźnień używanych w samym teście. Jeśli pobierane są zbyt małe opóźnienia, test może nie wykryć korelacji szeregowej w wyższej kolejności pozostałości. Jednakże, jeśli pobierana jest zbyt duża ilość pozostałości, badanie może mieć niską moc, biorąc pod uwagę, że znaczna korelacja jednorazowa może być złagodzona przez drobne niezgodności na innych opóźnieniach. (Płuco i ramka 1979 [127]; Harvey 1990[128]).

4.5 Analiza techniczna

Inwestorzy korzystający z analizy technicznej nazywają siebie technikami i uważają, że hipoteza efektywnego rynku nie uwzględnia rzeczywistej funkcji rynku, to znaczy, że przyszłe oczekiwania w dużej mierze opierają się na wcześniejszych zyskach. Biorąc pod uwagę, że przyszła wartość papierów wartościowych w dużej mierze zależy od oczekiwań, technicy twierdzą, że w związku z tym do oszacowania przyszłych cen można wykorzystać jedynie poprzednie ceny (Aronson 2006 [129]). Uważają oni również, że ludzie nie są racjonalni, ponieważ hipoteza rynkowa próbuje ich przedstawić, ale inwestorzy są w zasadzie nieracjonalnymi istotami, których zachowanie wpływa na cenę papieru wartościowego i w związku z tym może prowadzić do przewidywalnych wyników (Prechter i Parker 2007[130]).

Analitycy stosujący analizę techniczną są czasami określani jako technicy. W swoich analizach wykorzystują oni różne modele i reguły rynkowe oparte na cenach i ruchu, takie jak wskaźnik względnej siły, średnia krocząca MA, wykładnicza średnia krocząca EMA, regresja, korelacje wewnątrzrynkowe,

[127] Lung, G. M. и Box, G. E. P. (1978), "On a Measure of Lack of Fit in Time Series Models", Biometrika, 65(2): 297-303.

[128] Harvey, A.C. (1990). The Econometric Analysis of Time Series. 2 wydanie. Cambridge, MA: MIT Press

[129] Aronson, D. (2006). Analiza techniczna oparta na dowodach . Hoboken, New Jersey: John Wiley i Sons, 355-357, 342. ISBN 978-0-470-00874-4.

[130] Prechter, R i Parker, W. (2007). "Financial/Economic Dichotomy in Social Behavioral Dynamics. The Socio nomic Perspective," Journal of Behavioral Finance, 8 (2), 84-108.

cykle, a także wiele innych. W swoich analizach wykorzystują również wiele technik opartych na wykorzystaniu wykresów, dlatego czasami nazywa się je *chartistami*. Analizując wykresy, technicy starają się zidentyfikować wzorce cenowe i trendy rynkowe w celu wygenerowania nadwyżek zysków (Murphy, 1999[131]). W niniejszym badaniu, w celu określenia, czy istnieje możliwość osiągnięcia zysków ogólnych, wykorzystamy następujące modele analizy technicznej: analiza wykresowa, wykładnicza średnia krocząca, wskaźnik względnej siły, Bollinger Bands i Williams% R.

4.6 Wykresy

Wykresy stanowią podstawowy składnik aktywów wykorzystywany w analizie technicznej. W związku z tym analitycy, którzy korzystają z analizy technicznej, są czasami określani jako wykresy angielskiego słowa chart, które oznacza wykres/konfigurację/diagram. Wykres świecowy, wykres liniowy, wykres otwarcia i wykres *OHLC* to tylko niektóre z wielu wykresów używanych w analizie technicznej.

4.6.1 Wykres świeczników

Wykres świecowy jest wykresem używanym przede wszystkim do wyjaśnienia ruchu ceny danego instrumentu. Jest to połączenie wykresu liniowego i wykresu w taki sposób, że każdy wykres reprezentuje zakres, który cena papieru wygenerowała w określonym przedziale czasu. Wykres świecowy przedstawiony jest na wykresie **16**. poniżej.

Wykres 16 - Wykres świecowy[132]

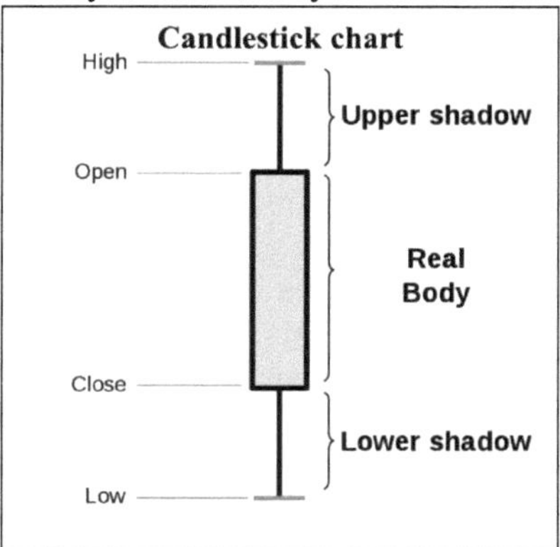

Wykres świecowy zazwyczaj składa się z "*korpusu*", który reprezentuje obszar / zakres pomiędzy ceną otwarcia a ceną zamknięcia. Jeśli cena zamknięcia jest wyższa niż cena na otwarciu, wtedy korpus jest biały lub zielony, w przeciwnym razie to samo jest pokazane jako czarne lub czerwone. Powyżej i poniżej korpusu

---

[131] Murphy, J. (1999). Technical Analysis of the Financial Markets , New York Institute of Finance, 1-5, 24-31.

[132] https://en.wikipedia.org/wiki/Candlestick_chart#/media/File:Candlestick_chart_scheme_01-en.svg

znajduje się "*cień*" lub "*knot*". Cień ilustruje najwyższą i najniższą cenę obrotu w danym okresie czasu. Należy podkreślić, że jest możliwe, że wykres nie ma ciała i/lub knota.

4.7Średnie kroczące

Średnie kroczące (**MA**) reprezentują przekształcenie pierwotnego szeregu czasowego, w którym każde dane są zastępowane przez średnią arytmetyczną z wcześniej określonej liczby przedziałów czasowych, które poprzedzają te dane. W ten sposób, bieżące wahania cen są usuwane i pozostaje tylko trend i ewentualnie składnik cykliczny (Lovrić[133]). Średnie porównawcze są bardzo istotnym zjawiskiem w analizie technicznej, ponieważ mogą być wykorzystywane bezpośrednio, jako wskaźnik lub jako bardziej złożona analiza. Podstawową ideą średniej ruchomej jest to, że ceny są postrzegane jako sygnał dla przyszłych ruchów (Dobromirov i Radisić 2010[134]). W zależności od wagi, jaką przywiązujemy do wcześniejszych danych, średnia krocząca może być prosta, skumulowana, wagowa lub wykładnicza. Swobodna średnia krocząca nadaje taką samą wagę wszystkim poprzednim wartościom. Na przykład, 40-dniowa średnia krocząca swobodna jest średnią z poprzednich 40 cen zamknięcia. Długość średniej kroczącej zależy od tego, czy oglądany jest długoterminowy, krótkoterminowy czy centralny przedział czasowy. W analizie technicznej często stosuje się średnią kroczącą wynoszącą 10, 40 lub 200 dni. W każdym przypadku, średnie kroczące są interpretowane jako wsparcie na rynku rosnącym lub opór na rynku malejącym. Jednakże średnia krocząca swobodnego przepływu może być zbyt wysoka i może mieć nieproporcjonalny wpływ na najstarsze dane. Można tego uniknąć, nadając większą wagę danym, które są bliższe pierwotnej wartości, jak w przypadku średniej ważonej lub wykładniczej. W celu uniknięcia niepożądanego wpływu danych, które są najbardziej oddalone od wartości wyjściowej, stosowana będzie wykładnicza średnia krocząca (**EMA**).
Wykładnicza średnia krocząca jest rodzajem średniej kroczącej, w której współczynniki wagowe są różne i te same wykładniczo maleją wraz z danymi, które są bardziej odległe od danych pierwotnych i te same nigdy nie osiągają zera. W ten sposób nowsze dane mają większy wpływ na wartość uzyskaną z danych starszych. W związku z tym wykładnicza średnia krocząca zaczyna się od założenia, że dane dotyczące cen bliżej obserwowanego momentu mają większy wpływ niż dane bardziej odległe - starsze.
Wzór na obliczenie współczynnika wykładniczego jest następujący

$$C_t = \alpha \times Y_t + (1 - \alpha) \times C_{t-1}$$

Gdzie α jest stopniem redukcji wagi i to samo jest niższe dla starszych obserwacji. **Yt** to okres obserwacji t. **St to** wykładnicza średnia krocząca dla okresu t.

---

[133] Lovrić M. (2008), Osnovi statistike, Ekonomski fakultet, Kragujevac, 331-332
[134] Dobromirov D. i Radišić M. (2010). Medjunarodne finansije. Vežbe 4. MACD/Sholastički oscilator.: http://www.iim.ftn.uns.ac.rs/pom/attachments/article/93/Medjunarodne%20Finansije%20Vezbe%204.pdf

4.8 *Wskaźnik względnej siły*

Wskaźnik względnej siły jest wskaźnikiem technicznym stosowanym na rynkach finansowych podczas analizy technicznej. Ma on na celu wyciągnięcie bieżącej i historycznej siły lub słabości bazowej akcji/bezpieczeństwa na podstawie cen zamknięcia dla ostatniego okresu handlowego. **RSI jest klasyfikowany** jako oscylator dynamiki, który mierzy prędkość i ruch cen. Momentum jest to tempo wzrostu lub spadku cen. Indeks względnej siły został po raz pierwszy opracowany przez J. Walsh Weidler w 1978 roku, wierząc, że gdy ceny rosną z dużą prędkością, w pewnym momencie nieuniknione jest, że sprzedaż tego samego nastąpi, ponieważ doszło do nadmiernych zakupów (*działania są zawyżone*) danych papierów wartościowych. W związku z tym, gdy ceny spadają zbyt szybko, uważa się, że rozważa się nadmierną sprzedaż (*akcje są niedoszacowane*) i że tendencja ta wkrótce zmieni się w zakresie kupna (Weidler 1978 [6]). IRJ jest wyższy w przypadku papierów wartościowych, które wykazywały bardziej pozytywne zmiany cen niż papiery wartościowe, które wykazywały większą liczbę negatywnych zmian cen. IRJ jest zazwyczaj obliczana dla okresu 14 dni i jest obliczana w skali od 0 do 100, przy czym wysokie poziomy są oznaczone jako 70, a niskie jako poniżej 30. Weidler uważa, że przeszacowanie i niedoszacowanie akcji jest łatwo dostrzegalne poprzez RSI. Jeśli RSI wynosi ponad 50, uważa, że straty, jakie generuje zabezpieczenie są większe niż jego zyski i odwrotnie.

4.9 *Zespoły BollInger Bands*

Opaski Bollingera są jedną z najpopularniejszych technik w analizie technicznej stworzonej przez Johna Bollingera w latach 80-tych[135]. Narzędzie to jest wykorzystywane w analizie technicznej w celu określenia poziomu cen w stosunku do poprzednich ruchów cen w uprzednio zdefiniowanym okresie czasu. Z definicji, ceny, które znajdują się blisko górnej granicy są wysokie, a blisko dolnej granicy niskie.

W przypadku zmiany średniej stosowanej w obliczeniach Bollinger Bands z prostej średniej kroczącej na wykładniczą lub ważoną średnią kroczącą, należy ją zmienić zarówno przy obliczaniu średniego pasma, jak i przy obliczaniu odchylenia standardowego.

---

[135] https://en.wikipedia.org/wiki/Bollinger_Bands#/media/File:BollingerBandsSPX.svg

Wykres 17 - Pasma Bollingera

S&P 500 z 20-dniowymi, dwustandardowymi pasmami Bollingera, %b i szerokością pasma

Wstęgi Bollingera (**Wykres 17**) mogą pomóc w określeniu wzorca cenowego i są przydatne w widoku porównawczym.

Bollinger Bands składa się z centralnej granicy, która jest przedstawiona przez prostą średnią kroczącą, górnej granicy, która jest K-krotnością odchylenia standardowego okresu N powyżej średniej i dolnej granicy, która jest K-krotnością odchylenia standardowego okresu N poniżej średniej granicy.

Normalnie wartości dla N i K 20 i 2 są odpowiednio i te wartości również będą używane. Zwolennicy analizy technicznej wykorzystują pasma Bollingera do określenia swoich strategii inwestycyjnych. Dokładniej rzecz biorąc, wielu inwestorów kupuje akcje, jeżeli cena spadnie poniżej dolnej granicy Bollinger Bands i sprzedaje je, gdy cena przekroczy górną granicę wskaźnika (Kirkpatrick i Dahlquist, 2010[136]).

Z drugiej strony, jeśli zakres przedmiotowy lub limity są odległe od siebie, jest to okres wysokiej zmienności.

Wstęgi Bollingera są zwykle używane w połączeniu z innymi wskaźnikami analizy technicznej, od podstawowych do nie-oscylatora, takimi jak zachowanie formacji, cena pokazana na wykresie, czyli kontur ceny.

Cechy charakterystyczne wskaźników są następujące (Slović, Raonić i Pejović[137]):

Kiedy zawężenie pasma jest realistyczne, można spodziewać się gwałtownych zmian cen.

> *Przy zawężaniu pasm, realistyczne jest oczekiwanie, że nastąpią ostre zmiany cen*

[136] Kirkpatrick C. i Dahlquist J. (2010). Analiza techniczna: The Complete Resource for Financial Market Technicians. 2 edicija. FT Press

[137] Slović, Raonić i Pejović (2012). Upravljanje ponudom i traznjom na finansijskim trzistima pomocu tehnickih indikatora i oscilatora. Pravno - Ekonomski pogledi. 1- 32

Po tym jak cena wykroczyła poza pasmo Bollingera i nie ma frekwencji, oczekuje się kontynuacji obecnego trendu
Zmiany trendu można się spodziewać, jeśli cena zostanie dokonana przez górę lub dół poza Bollinger bands, a następnie górę lub dół w obrębie Bollinger bands.

4.10 ***Williams % R***

Williams '%R (*Williams'% R*) lub tylko **%R** jest opracowany przez Larry'ego Williamsa i stanowi wskaźnik techniczny, to znaczy oscylator, który pokazuje cenę zamknięcia w stosunku do wysokiej i niskiej ceny za uprzednio zdefiniowany okres N. Celem tego wskaźnika jest wskazanie, czy cena zamknięcia na zamknięcie jest zbliżona do najwyższej czy najniższej ceny w określonym okresie. Oscylator może zawierać się w przedziale od -100 do 0. Odpowiednio, jeśli % R wynosi -100, oznacza to, że kurs zamknięcia jest dzisiaj najniższy z najniższych w poprzednim okresie, natomiast 0 oznacza, że dzisiejszy kurs zamknięcia jest najwyższy ze wszystkich poprzednich najwyższych cen w uprzednio zdefiniowanym okresie. R% jest obliczany zgodnie z następującymi zasadami

$$\%R = \frac{\text{Dzienna cena na zamknięciu} - \text{najwyższa cena w dniach N}}{\text{Najwyższa cena w N dni Najniższa cena w N dni}} \times 100$$

Williams wykorzystał 10-dniowy okres handlowy i uznał, że wartości poniżej -80 zostały przeszacowane, a wartości powyżej -20 niedoszacowane. W związku z tym uważa on, że nie jest konieczne natychmiastowe reagowanie na te wskaźniki, lecz działanie zgodnie z poniższym:

Kupić niedowartościowane zabezpieczenie, jeśli:

% R sięga -100
Pięć dni handlowych minęło od ostatniego osiągniętego czasu -100
% R wzrasta powyżej -95 % lub -85 %.

Sprzedajesz zawyżone zabezpieczenia, jeśli:

% R osiąga 0
Pięć dni handlowych minęło od ostatniego osiągnięcia 0
% R spada poniżej -5% lub -15%.

PRÓBA STATYSTYCZNA I DOBÓR DANYCH

Dla celów niniejszego opracowania przeprowadzono badania i analizy indeksów notowanych na różnych rynkach kapitałowych w następujących krajach: *Serbia, Chorwacja, Węgry, Polska i Stany Zjednoczone Ameryki*. Przedmiotowe rynki zostały celowo wybrane tak, aby uzyskać lepszy wgląd w stopień efektywności na rynkach o różnym stopniu rozwoju. Stopień rozwoju rynku kapitałowego jest istotny dla każdego kraju, biorąc pod uwagę, że jest on w pewien sposób zdeterminowany przez jego oddziaływanie w skali globalnej. W związku z tym kraje starają się mieć bardziej rozwinięty rynek kapitałowy, aby poprawić swoją gospodarkę i wypracować lepszy standard życia dla swoich obywateli. W ciągu ostatnich kilku lat wiele krajów wdrożyło znaczące reformy w celu zwiększenia poziomu rozwoju rynku kapitałowego. Jednak pomimo dobrych intencji rządu i różnych reform stymulacyjnych, które zostały wdrożone, niektóre kraje nie były w stanie rozwijać swoich rynków kapitałowych do zadowalającego poziomu.
Ponadto wiele rynków, zwłaszcza tych w krajach rozwijających się, takich jak Serbia, padło ofiarą niestabilności międzynarodowych przepływów kapitału. Doprowadziło to do tego, że niektórzy naukowcy ponownie przeanalizowali korzyści płynące z globalizacji finansowej (Arcand, Berkes i Panizza, 2012[138]). Niedawny globalny kryzys gospodarczy, któremu towarzyszyły pozytywne wyniki na rynkach akcji i zwrot międzynarodowego kapitału do krajów rozwijających się, tylko jeszcze bardziej przyspieszył tę debatę (Miles-Ferretti i Tile, 2011[139]; Lane i Miles-Ferretti, 2012[140]).
Spośród wybranych krajów, które zostaną poddane analizie w niniejszym badaniu, Serbia jest ogólnie uważana za kraj o najsłabiej rozwiniętym rynku kapitałowym, podczas gdy Stany Zjednoczone są uznawane za synonim wysoko rozwiniętego rynku kapitałowego. Chorwacja, a jeśli jest lepiej rozwinięta niż Serbia, to jest uważana za kraj o niższym poziomie rozwoju niż rynek kapitałowy na Węgrzech i w Polsce. Poziom regulacji i stopień jego wdrażania, przejrzystość, zakres instrumentów finansowych, płynność rynku, a także liczba uczestników, zarówno indywidualnych, jak i instytucjonalnych, to tylko niektóre z czynników wpływających na stopień rozwoju danego rynku.
W celu wiarygodnego wykazania efektywności serbskiego rynku kapitałowego na potrzeby tego badania wykorzystano dane dwóch istniejących indeksów BELEX15 i BELEXLINE. Testy zostały przeprowadzone w okresie od 4 października 2005 r. do 31 grudnia 2014 r. dla Belex15. W przypadku BELEXLINE dane wykorzystano w okresie od 30 września 2004 r. do 31 grudnia

[138] Arcand, J., Berkes E., i Panizza U. (2012). Too much finance?, IMF working paper 12/161 (Waszyngton: Międzynarodowy Fundusz Walutowy)
[139] Miles-Ferretti, G, i Tille C., 2011, "The great retrenchment: international capital flows during the global financial crisis, "Economic Policy, 26, 285-342".
[140]Lane, P. i Miles - Ferretti G. , 2012, "External adjustment and the global crisis" Journal of International Economics, 88 (2), 252-265.

2014 r. W przypadku BELEXLINE dane wykorzystano w okresie od 30 września 2004 r. do 31 grudnia 2014 r. W związku z tym liczba obserwacji wykorzystanych w analizie BELEX15 i BELEXLINE wyniosła odpowiednio 2331 i 2584. Wykorzystano rzeczywiste dzienne wartości indeksów bazowych, a dokładniej zmiany dziennych cen odpowiednich indeksów. W celu wykonania niezbędnej analizy statystycznej wykorzystano program EVIEWS 8.0.

W celu rzetelnego przetestowania i porównania efektywności serbskiego rynku kapitałowego z innymi rynkami, w niniejszym opracowaniu przetestowano i przeanalizowano dane z Belgradzkiej Giełdy Papierów Wartościowych, Giełdy Papierów Wartościowych w Nowym Jorku, Giełdy Papierów Wartościowych w Budapeszcie, Giełdy Papierów Wartościowych w Warszawie i Giełdy w Zagrzebiu.

Poszczególne rynki zostały starannie i celowo wybrane, aby lepiej poznać stopień efektywności na rynkach o zróżnicowanym stopniu rozwoju. Poziom rozwoju rynku kapitałowego ma zasadnicze znaczenie dla każdego kraju, biorąc pod uwagę, że w pewnym stopniu determinuje on poziom jego oddziaływania na arenie światowej. W związku z tym kraje dążą do osiągnięcia wyższego poziomu rozwoju swoich rynków kapitałowych w celu pobudzenia swoich gospodarek i podniesienia poziomu życia swoich obywateli. Serbia jest uważana za najsłabiej rozwinięty rynek spośród rynków wybranych w niniejszym opracowaniu, natomiast Stany Zjednoczone Ameryki są uważane za synonim dobrze rozwiniętego rynku. Nawet uważana za bardziej rozwiniętą Chorwację niż Serbię, jest ona nadal słabo rozwinięta w porównaniu z węgierskim i polskim rynkiem kapitałowym. W niniejszym opracowaniu dokonano oceny efektywności wybranych rynków.

W październiku 2005 roku Belgradzka Giełda Papierów Wartościowych opublikowała indeks Belex15, który został przetworzony metodologicznie o wartości początkowej 1000. Belex15 jest wiodącym indeksem Belgradzkiej Giełdy Papierów Wartościowych i ma na celu określenie ruchu 15 najbardziej płynnych akcji na serbskim rynku kapitałowym (*Belgradzka Giełda Papierów Wartościowych, 2016*).

Pozostałe indeksy *(DJIA - USA, BUX - Węgry, CROBEX - Chorwacja i WIG20 - Polska) zostały* wybrane dla celów porównawczych.

Indeks Dow-Jones (DJI) istnieje od 1896 roku i stanowi drugi po filadelfijskiej giełdzie papierów wartościowych najstarszy indeks giełdowy USA. Jest to indeks ważony cenami i składa się z 30 najbardziej znaczących firm, które są generalnie liderami w swoich branżach. (*S&P Dow Jones Indeksy, 2016).*

Indeks Giełdy Papierów Wartościowych w Budapeszcie (BUX) został utworzony 2 stycznia 1991 r. i śledzi wyniki maksymalnie 25 akcji blue chipowych notowanych na giełdzie w Budapeszcie. Indeks ten stanowi najlepszą miarę trendów na giełdzie, ponieważ jego akcje stanowią około 60% kapitalizacji krajowego rynku akcji. BUX jest indeksem ważonym kapitalizacją, skorygowanym o free float. (*Budapesztańska Giełda Papierów Wartościowych, 2016*).

CROBEX to ważony kapitalizacją indeks, który mierzy ruchy cen akcji notowanych na zagrzebskiej giełdzie. Jest on ograniczony do maksymalnie 20% wagi kapitalizacji indeksu. Został on ustanowiony 1 września 1997 roku. (*Giełda Papierów Wartościowych w Zagrzebiu, 2016*)

Indeks WIG20 jest indeksem ważonym kapitalizacją, który został skonstruowany przez Giełdę Papierów Wartościowych w Warszawie w 1994 roku i obejmuje 20 akcji polskich, które są przedmiotem obrotu na rynku podstawowym. Spółki te reprezentują najbardziej płynne spółki notowane na GPW i należą do branży finansowej, górniczej, oprogramowania, energetycznej i innych (*Giełda Papierów Wartościowych w Warszawie, 2016 r.*).

Tabela 3 Giełdy papierów wartościowych i wybrane indeksy

nazwa indeksu	Kraj	Giełda SE-Stocks	www	data rozpoczęcia
BELEX15	Serbia	Belgrad SE	www.djindexes.com	01.10.2005.
CROBEX	Chorwacja	Zagrzeb SE	www.zse.hr	01.09.1997.
BUX	Węgry	Budapeszt SE	www.bse.hu	02.01.1991.
WIG20	Polska	Warszawa SE	www.gpw.pl	16.04.1994.
DJIA	USA	NY SE	www.belex.rs	26.05.1896.

Dane dotyczące wskaźników, które zostały wykorzystane w tym badaniu, zostały przedstawione w **tabeli 3**. powyżej. Jak wynika z tej tabeli, daty początkowe indeksów są różne. Jednakże, dla celów niniejszego badania oraz w celu zapewnienia jednolitości, datą początkową wykorzystaną w analizie i badaniu była data początkowa najmłodszego wskaźnika, którą w tym przypadku jest Belex15. W związku z tym badanie zostało przeprowadzone w okresie od 4 października 2005 r. do 30 października 2015 r. dla wszystkich analizowanych wskaźników. W konsekwencji liczba obserwacji wykorzystanych w analizie wyniosła 2540(Belex15), 2513(CROBEX), 2514(BUX), 2524(WIG20) oraz 2526(DJIA). Wykorzystano rzeczywiste dzienne wartości indeksów bazowych, a dokładniej zmiany dziennych cen odpowiednich indeksów, chyba że stwierdzono inaczej.

Dane do badania otrzymano od Bloomberga i odpowiednich giełd papierów wartościowych, tam gdzie miało to zastosowanie. Do wykonania niezbędnego oprogramowania do analizy statystycznej wykorzystano program EVIEWS 8.0.

4.11 Krótki opis wybranych rynków kapitałowych

4.11.1 Giełda Papierów Wartościowych w Stanach Zjednoczonych

Rynek kapitałowy w Stanach Zjednoczonych jest uważany za jeden z najbardziej rozwiniętych i największych rynków kapitałowych na świecie. Ponadto, zgodnie z raportem Światowej Federacji Giełdowej (World Federation of Stock Exchange), dwie amerykańskie giełdy papierów wartościowych, **NYSE** i

NASDAQ, zajmują czołowe pozycje na świecie, jeśli wziąć pod uwagę wielkość kapitalizacji rynkowej (*World Federation of Stock Exchange, 2015*[141]). Pierwsza giełda w Stanach Zjednoczonych została założona w 1790 r. w Filadelfii, a w 1817 r. oficjalnie utworzono NYSE. Obecnie istnieje 16 giełd w Ameryce, które mają różne zastosowania, co potwierdza fakt, że Ameryka jest najważniejszym rynkiem kapitałowym na świecie (*Komisja Papierów Wartościowych*, 2014 r.[142]). NYSE jest największym rynkiem akcji na rynku amerykańskim z ponad 70-procentową wartością rynkową, a następnie NASDAQ, który ma około jednej czwartej swojej całkowitej wartości. Jak wynika z **wykresu 18**, kapitalizacja rynkowa amerykańskich giełd jest nieco większa niż pozostałych giełd światowych.

Wykres 18 - Kapitalizacja rynkowa 15 największych giełd papierów wartościowych

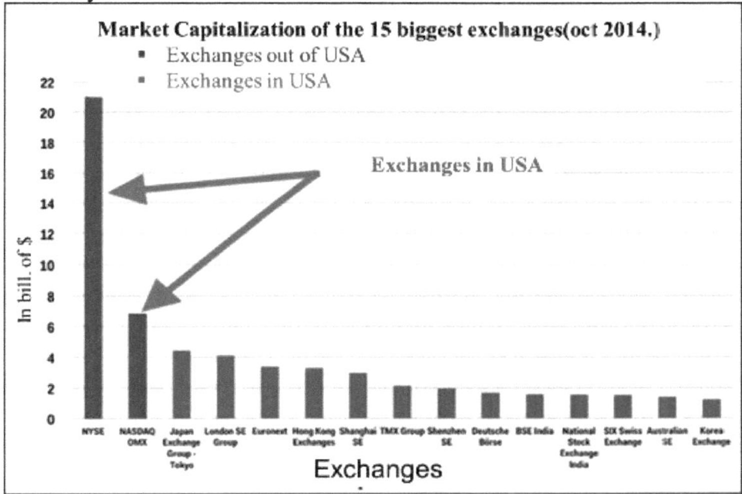

Źródło: World Federation of Stock Exchange, 2015 r.[143]

Na amerykańskich giełdach papierów wartościowych istnieje szereg indeksów, które służą do wskazywania ruchu różnych segmentów rynku akcji. Różne indeksy mogą mieć różną metodologię obliczania wartości indeksów i mogą obejmować różne segmenty rynku giełdowego. W związku z tym indeksy mają ze sobą różne wyniki. W celu lepszego zrozumienia indeksu amerykańskiej giełdy papierów wartościowych jako całości, jak również wskazania różnic w indeksie, Prologue wymienia i wyjaśnia niektóre z najważniejszych indeksów na

[141] World Federation of Exchanges (2015). : http://www.world-exchanges.org/home/
[142] Komisja Papierów Wartościowych i Giełd (2015 r.). , : https://www.sec.gov
[143] World Federation of Exchanges (2015). , http://www.world-exchanges.org/home/

amerykańskich giełdach papierów wartościowych, takich jak *Dow Jones Industrial Average, S & P500, Wilshire5000 i* NASDAQ.

Dow Jones Industrial Average jest jednym z najstarszych i najczęściej używanych indeksów na świecie. Zawiera 30 największych i najbardziej wpływowych firm na amerykańskim rynku akcji i stanowi około jednej czwartej wartości całego rynku amerykańskiego. ***DJIA*** jest indeksem ważonym ceną, co oznacza, że zmiany są prezentowane w dolarach, a nie koniecznie w procentach. DJIA istnieje od 1896 roku i jest drugim po filadelfijskiej giełdzie papierów wartościowych najtańszym indeksem na amerykańskiej giełdzie. (Dow Jones, 2015[144]).

Indeks *S & P500* zawiera 500 najczęściej notowanych papierów wartościowych i stanowi 70% całkowitej wartości amerykańskich giełd. W przeciwieństwie do DJIA, indeks S & P500 **jest** ważony rynkowo, co oznacza, że każdy papier wartościowy w indeksie jest reprezentowany proporcjonalnie do całkowitej kapitalizacji rynkowej. Ze względu na metodę obliczeń, wielu uczestników rynku finansowego uważa, że S & P500 jest lepszym wskaźnikiem trendów rynkowych, biorąc pod uwagę, że łatwiej jest porównać wartości procentowe z kursami dolara. W skład S & P500 wchodzą firmy z różnych sektorów, takich jak energetyka, produkcja przemysłowa, informatyka, ochrona zdrowia, finanse i dobra konsumpcyjne.

Wilshire 5000 obejmuje wszystkie akcje będące w publicznym obrocie na amerykańskim rynku giełdowym, których siedziba znajduje się w Stanach Zjednoczonych. Indeks ten jest czasami nazywany "*total stock index*", biorąc pod uwagę, że zawiera prawie wszystkie spółki notowane w obrocie publicznym ze wszystkich sektorów na rynku amerykańskim. Chociaż indeks ten jest prawie idealnym wskaźnikiem amerykańskiej giełdy papierów wartościowych, jest on rzadziej używany niż S & P500.

Indeks NASDAQ jest indeksem wszystkich papierów wartościowych notowanych na giełdzie NASDAQ. Jest on ważony rynkowo i obejmuje niektóre spółki nie mające siedziby w USA. Chociaż oprócz sektora technologicznego istnieje szereg akcji z innych branż, należy zauważyć, że ruch tego indeksu w zasadzie wskazuje na wyniki branży technologicznej/hightech, jak również na stosunek inwestorów do spekulacyjnych papierów wartościowych.

5.1.2 Chorwacka Giełda Papierów Wartościowych

Chociaż chorwacki rynek kapitałowy istnieje od ponad dwudziestu lat i rozwinął również solidną infrastrukturę, bardzo niska płynność nadal wpływa na jego pozycję w rankingu krajów rozwijających się, biorąc pod uwagę roczne obroty handlowe z udziałem akcji w stosunku do PNB utrzymuje się na stałym poziomie poniżej 7%.

Giełda Papierów Wartościowych w Zagrzebiu jest jedyną giełdą w Chorwacji. Po 1945 roku, Giełda Papierów Wartościowych w Zagrzebiu wznowiła swoją działalność w 1991 roku, kiedy to 25 banków i 2 firmy ubezpieczeniowe ustaliły,

---

[144] S&P Down Jones Indeksy.:https://www. djindexes.com

że Giełda Papierów Wartościowych w Zagrzebiu będzie centralną częścią, na której odbywać się będzie cały handel papierami wartościowymi w Chorwacji. W dniu [1] lipca 1997 r. ustanowiono pierwszy indeks zagrzebskiej giełdy papierów wartościowych CROBEX, zwany i ustanowiony po 2009 r., jako indeks CROBEX10, który składa się z 10 akcji o najwyższej kapitalizacji i płynności w wolnym obrocie, i w którym żadne papiery wartościowe nie mogą mieć więcej niż 20% wartości indeksu.

Ponadto CROBEX i CROBEX10 na Zagrzebskiej Giełdzie Papierów Wartościowych działa więcej indeksu CROBEXplus, który zaczął funkcjonować w lutym 2013 roku. Żaden z akcjonariuszy nie posiada więcej niż 10% aktywów Giełdy Papierów Wartościowych w Zagrzebiu od października 2015 roku (*Giełda Papierów Wartościowych w Zagrzebiu*, 2016,[145])

5.1.3 Węgierski rynek giełdowy

Węgierski rynek giełdowy jest jedną z najważniejszych giełd w Europie Środkowej i Wschodniej. Wszystkie obroty na rynku węgierskim realizowane były za pośrednictwem Giełdy Papierów Wartościowych w Budapeszcie.

Giełda węgierska rozpoczęła działalność 18 stycznia 1864 roku w Peszcie. Po II wojnie światowej rząd węgierski znacjonalizował większość prywatnych firm i oficjalnie zlikwidował węgierską giełdę, a majątek stał się własnością państwa. W dniu 21 czerwca 1990 roku giełda ponownie zaczęła działać, a Budapesztańska Giełda Papierów Wartościowych otrzymała nazwę i rozpoczęła działalność.

Następujące indeksy mogą być przedmiotem obrotu na węgierskim rynku giełdowym: BUX, BUMIX i CETOP20, z których BUX jest najstarszym indeksem, który zaczął funkcjonować w 1991 roku. Podczas gdy BUX jest oficjalnym indeksem spółek *blue-chipowych* notowanych na węgierskiej giełdzie, BUMIX odzwierciedla wyniki małych i średnich przedsiębiorstw, a CETOP20 odzwierciedla wyniki 20 spółek o największej kapitalizacji rynkowej i obrotach w regionie Europy Środkowej (*Giełda Papierów Wartościowych w Budapeszcie, 2016 r.*[146]).

5.1.4 Polska Giełda Papierów Wartościowych

Początki polskiego rynku kapitałowego sięgają roku 1817, kiedy to powstała Warszawska Giełda Handlowa. Po obaleniu polskiego reżimu komunistycznego w 1989 roku, Warszawska Giełda Papierów Wartościowych została utworzona przez Skarb Państwa jako spółka akcyjna. Oficjalnie została utworzona 12 kwietnia 1991 roku. Od samego początku Warszawska Giełda Papierów Wartościowych była zorganizowana jako nowoczesna giełda, przy wsparciu handlu elektronicznego i dematerializacji rejestracji papierów wartościowych, co stworzyło podstawy do dalszego rozwoju giełdy. W 1999 r. Polska zreformowała swój system emerytalny, co przyczyniło się do wzrostu krajowych inwestycji instytucjonalnych, a w 2004 r. weszła do UE. Ten rozwój wydarzeń przyczynił

---

[145] Загребачка берза/ Zagrebačka Burza (2016). : http://zse.hr/default.aspx?id=26229
[146] Giełda Papierów Wartościowych w Budapeszcie (2016 r.): www.bse.hu

się do zwiększenia wolumenu obrotów w najbliższych latach. (*Giełda Papierów Wartościowych w Warszawie*, 2015 r.[147])W ostatnich latach Giełda Papierów Wartościowych w Warszawie była jednym z najbardziej dynamicznych rynków **IPO** (*Initial Public Offerings) w* Europie. Ponadto, platforma obrotu instrumentami pochodnymi stała się jedną z największych w Europie Środkowej i Wschodniej.

5.1.5 Belgradzka Giełda Papierów Wartościowych

Chociaż ustawa o giełdach publicznych przyjęta przez króla Serbii, Milana Obrenovicia, została przyjęta w 1886 r., Belgradzka Giełda Papierów Wartościowych rozpoczęła działalność w styczniu 1895 r., aby zakończyć działalność w kwietniu 1941 r. (*Belgradzka Giełda Papierów Wartościowych*). Wraz z ponownym uruchomieniem Belgradzkiej Giełdy Papierów Wartościowych w 1989 r., poprzez ustanowienie Komisji Papierów Wartościowych o Wartości z 1990 r. i Centralnego Rejestru Depozytów Papierów Wartościowych w 2002 r., Serbia uzyskała instytucjonalne ramy dla działalności na rynku kapitałowym. Dzięki reputacji wszystkich krajów o rozwiniętych rynkach kapitałowych, w 2004 r. Belgradzka Giełda Papierów Wartościowych po raz pierwszy opublikowała indeks BELEXFM akcji notowanych na rynku zorganizowanym. Jego wartość początkowa wynosiła 1000 i jest podstawą indeksu Belgradzkiej Giełdy Papierów Wartościowych, którego celem jest opisanie ruchu na rynku kapitałowym. W październiku 2005 r. został opublikowany indeks BELEX15, który został zdefiniowany i metodycznie przetworzony we wrześniu 2005 r. z wartością początkową 1000. BELEX15 jest wiodącym indeksem Belgradzkiej Giełdy Papierów Wartościowych, którego celem jest dokładne opisanie ruchu 15 najbardziej płynnych akcji na serbskim rynku kapitałowym. W kwietniu 2007 roku BELEXFM został zastąpiony indeksem BELEXLINE. Oba indeksy są wykorzystywane jako krajowe wskaźniki koniunktury na rynku finansowym.
Jak widać na **wykresie 19**, wartość głównego indeksu na Belgradzkiej Giełdzie Papierów Wartościowych podzieliła losy krajów regionu na wpływ globalnego kryzysu gospodarczego, który rozpoczął się w 2007 roku. Nie nastąpiło jednak ożywienie, podobnie jak w przypadku krajów regionu, które w ostatnich latach odnotowały znaczny wzrost. Rynek kapitałowy w Serbii nie osiągnął jeszcze wystarczającego poziomu rozwoju, a zatem jego głównymi cechami są: niewystarczająca liczba uczestników rynku, niewystarczająca liczba papierów wartościowych, słaba płynność, stosunkowo kosztowny handel, słaba przejrzystość i niewystarczający stopień liberalizacji rynku kapitałowego. W związku z tym wszystko to wskazuje na istnienie nieefektywności rynku kapitałowego w Serbii, co będzie dowodem tej pracy.
Wykres 19 - Historyczny wskaźnik cen

[147] Giełda Papierów Wartościowych w Warszawie (2015 r.). http://www.gpw.pl

5.2 *Specyfikacje próbek*

W celu wiernego pokazania efektywności rynku, który ma być testowany, wykorzystaliśmy dane z poniższego indeksu każdej z giełd:

5.2.1 Dow Jones INDEX (DJIA)

Na potrzeby tych badań wykorzystany zostanie wskaźnik *Dow Jones Industrial Average* Index, uwzględniający ten sam, stosunkowo dobry wskaźnik ruchów na całym rynku akcji USA (**wykres 20**).

Wykres 20 - Dow Jones INDEX (DJIA)

Dow Jones Industrial Average jest jednym z najstarszych i najczęściej używanych indeksów na świecie. Zawiera 30 największych i najbardziej wpływowych firm na amerykańskim rynku giełdowym i stanowi około jednej czwartej wartości całego rynku amerykańskiego. **DJIA** jest indeksem ważonym ceną, co oznacza, że zmiany są przedstawiane w dolarach, a nie koniecznie w procentach. DJIA istnieje od 1896 roku i jest drugim po filadelfijskiej giełdzie papierów wartościowych najtańszym indeksem na amerykańskiej giełdzie. (Dow Jones Index, 2015[148]).

5.2.2 Indeks CROBEX

Dane z indeksu CROBEX zostały wykorzystane do bardziej obiektywnego określenia efektywności rynku chorwackiego (**Wykres 21**).

Wykres 21 - Indeks CROBEX

CROBEX jest głównym indeksem na Giełdzie Papierów Wartościowych w Zagrzebiu i składa się z 25 najbardziej płynnych papierów wartościowych, a żaden papier nie może posiadać więcej niż 10% całkowitej wartości indeksu. CROBEX reprezentuje indeks cenowy, w którym dywidendy nie są uwzględniane w obliczeniach. CROBEX rozpoczął działalność 1 września 1997 roku, a jego podstawowa wartość wynosiła 1000. (*Giełda Papierów Wartościowych w Zagrzebiu*, 2015[149])

5.2.3 Indeks BUX

Budapesztański Indeks Giełdowy (BUX) został utworzony 2 stycznia 1991 r. i jest indeksem ważonym ryzykiem rynkowym, przystosowanym do uczestnictwa w wolnym obrocie. Przedmiotowy indeks (**wykres 22**) monitoruje wyniki dużych spółek, których akcje znajdują się w aktywnym obrocie na budapesztańskiej giełdzie. Jest on obliczany w czasie rzeczywistym na podstawie względnej ceny koszyka akcji.

Wykres 22 - Indeks BUX

[148] Wskaźniki S&P Down Jones: www.djindexes.com

[149]Zagrebačka burza.: www.zse.hr

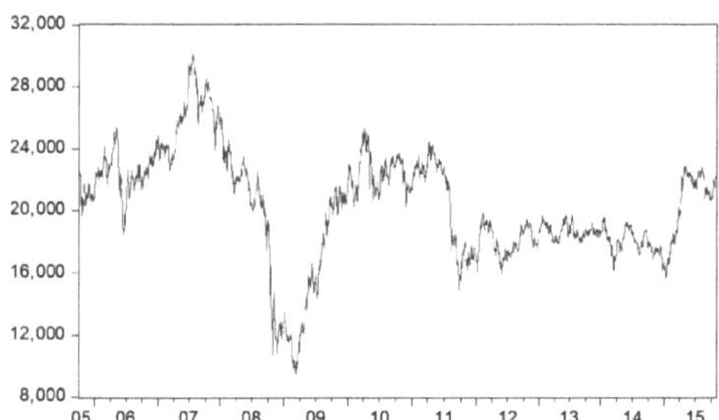

Indeks pokazuje zmianę średniego kursu akcji o najwyższych wartościach i obrotach w sekcji akcji. W związku z tym jest to najlepszy wskaźnik trendu na rynku akcji. **BUX** jest jednym z pierwszych indeksów na świecie, który rozpoczął się w październiku 1999 roku od kapitalizacji w *wolnym obrocie zamiast* tradycyjnej kapitalizacji rynkowej. Akcje tego indeksu stanowią około 60% kapitalizacji rynkowej krajowych papierów wartościowych (*Giełda Papierów Wartościowych w Budapeszcie*, 2015[150]).

5.2.4 WIG20 INDEX

Indeks WIG20 (**wykres 23**) jest indeksem rynkowym, który został stworzony przez Giełdę Papierów Wartościowych w Warszawie i rozpoczął swoje obliczanie 16 kwietnia 1994 roku.

Wykres 23 - Indeks WIG20

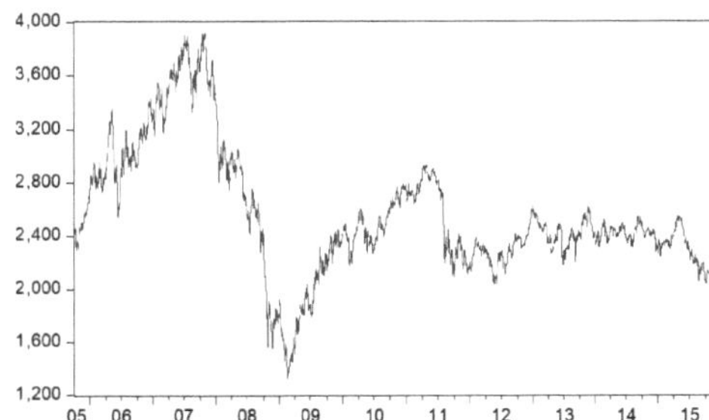

Indeks obejmuje 20 głównych i najbardziej płynnych akcji na warszawskiej giełdzie, które są przedmiotem obrotu na rynku podstawowym. Wartość początkowa WIG20 wyniosła 1000 i reprezentuje indeks cenowy. Przy wypłacie uwzględnia on tylko ceny akcji podstawowych do momentu wypłaty dywidendy. Indeks **WIG20 składa się** ze spółek z różnych gałęzi przemysłu i nie obejmuje więcej niż pięciu spółek z tego samego sektora. (*Giełda Papierów Wartościowych w Warszawie*, 2015 r.[151]).

[150]Giełda Papierów Wartościowych w Budapeszcie.: www.bse.hu
[151] Giełda Papierów Wartościowych w Warszawie (2015 r.): www.gpw.pl

5.2.5 indeks BELEX15

W celu wykazania efektywności serbskiego rynku kapitałowego, do celów niniejszej pracy wykorzystano dane wskaźnika BELEX15 (**wykres 24**). W październiku 2005 r. opublikowano indeks **BELEX15**, który został zdefiniowany i metodycznie przetworzony we wrześniu 2005 r., a jego wartość początkowa wyniosła 1000.

Wykres 24 - wskaźnik BELEX15

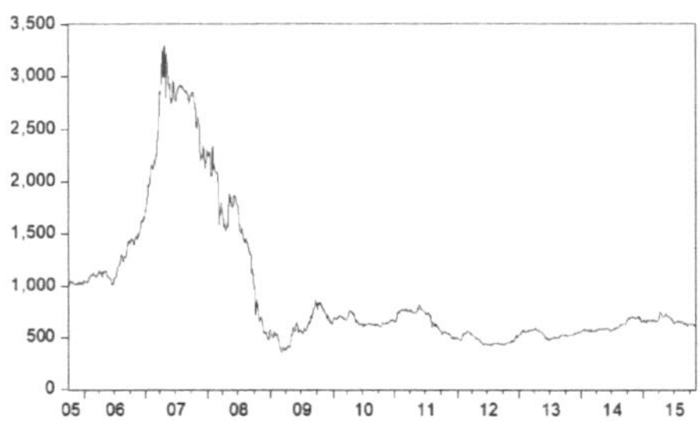

BELEX15 jest wiodącym indeksem Belgradzkiej Giełdy Papierów Wartościowych, którego celem jest dokładne opisanie ruchu 15 najbardziej płynnych akcji na serbskim rynku kapitałowym. Akcje BELEX15 to akcje notowane metodą notowań ciągłych na giełdzie w Belgradzie, które stanowiły co najmniej 80% transakcji, na których zawierane były w dwóch poprzednich kwartałach. BELEX15 jest indeksem, który jest ważony kapitalizacją rynkową, znajdującym się w wolnym obrocie i nie uwzględniającym wypłacanych dywidend. Waga składników indeksu jest ograniczona do maksymalnie 20% całkowitej kapitalizacji rynkowej indeksu. (*Belgradzka Giełda Papierów Wartościowych*, 2015[152])

5.3 Wybór danych

Badania serii zawierają wykorzystanie indeksów, zostały przeprowadzone w okresie od 4 października 2005 r. do 31 grudnia 2014 r. dla BELEX15.

Tabela 4 - Wybrane wskaźniki

Index Name	Country	Inception date of the index	Starting date of the analysis
Belex 15	Serbia	01 October, 2005	04 October, 2005
Crobex	Croatia	01 September, 1997	04 October, 2005
BUX	Hungary	02 January, 1991	04 October, 2005
WIG20	Poland	16 April, 1994	04 October, 2005
Dow Jones Industrial Average	United States of America	26 May, 1896	04 October, 2005

Krótkie wskazanie wskaźników, które należy zastosować w tej pracy, przedstawiono w **tabeli 4** powyżej. Jak wynika z powyższej tabeli, daty ustawienia indeksów używanych w analizie i testach są różne.

Jednakże do celów tego badania oraz w celu zapewnienia jednolitości i spójności, za datę początkową stosowaną w analizie i badaniu, którą w tym przypadku jest BELEX15 , przyjęto datę początkową dla najmłodszego wskaźnika. W związku

[152] Belgradzka Giełda Papierów Wartościowych (2015): www.belex.rs

z tym badanie zostało przeprowadzone w okresie od 4 października 2005 r. do 30 października 2015 r. dla wszystkich analizowanych wskaźników.

W związku z tym liczbę obserwacji wykorzystanych w analizie przedstawiono w **tabeli 5** poniżej.

Tabela 5 - Liczba obserwacji wykorzystanych w analizie

	BELEX15	CROBEX	BUX	WIG20	DJIA
Liczba dziennych cen	2540	2518	2514	2524	2526
Liczba cen tygodniowych	526	526	526	526	526
Liczba cen miesięcznych	121	121	121	121	121

Dane wykorzystane podczas badań zostały uzyskane od Bloomberga i odpowiednich giełd papierów wartościowych. W celu przeprowadzenia niezbędnej analizy statystycznej wykorzystano program **EVIEWS 8.0. Do** celów analizy technicznej wykorzystano program **Tele Trader Public Web Station**.

BADANIA STATYSTYCZNE I EMPIRYCZNE

WYNIKI DLA WYBRANYCH RYNKÓW

Wyniki badań i ustalenia zostaną przedstawione w tej części.

6.1. Test na normalność

6.1.1. Grafika normalnego rozkładu

Rozkład normalny jest podklasą rozkładów eliptycznych i jest reprezentowany przez znaną linię w postaci kształtu dzwonu pokazanego na **wykresie 25**. Rozkład normalny jest definiowany przez dwa parametry: *wartość średnią i odchylenie standardowe*. Ten typ rozkładu jest symetryczny co do jego wartości średniej i w związku z tym istnieje wartość średnia 0 i odchylenie standardowe 1, **N{0,1}**.

Wykres 25 - Grafika rozkładu normalnego[153]

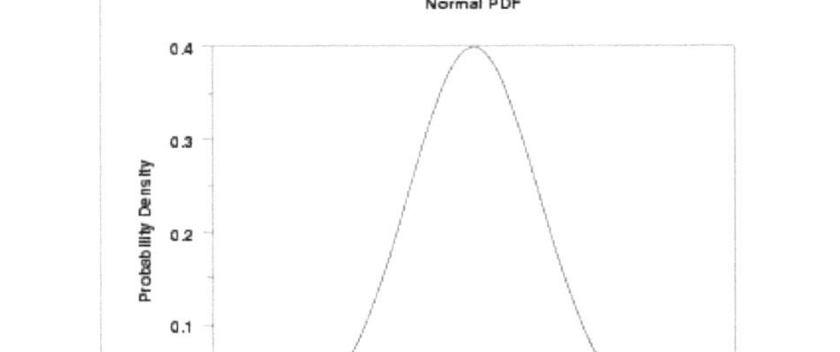

Rozkłady prawdopodobieństwa są zazwyczaj definiowane w kategoriach funkcji gęstości prawdopodobieństwa. Istnieje jednak szereg funkcji prawdopodobieństwa wykorzystywanych w zastosowaniach.

Funkcja gęstości prawdopodobieństwa (**PDF/pdf**) Dla funkcji ciągłej, funkcja gęstości prawdopodobieństwa (**pdf**) jest prawdopodobieństwem, że wariant ma wartość x. Ponieważ dla rozkładów ciągłych prawdopodobieństwo w jednym punkcie wynosi zero, jest ono często wyrażane jako całka pomiędzy dwoma punktami.

$\int baf(x)dx = Pr[a \leq X \leq b]$

[153] https://www.itl.nist.gov/div898/handbook/eda/section3/eda362.htm

Dla rozkładu dyskretnego, pdf jest prawdopodobieństwem, że wariant przyjmuje wartość x.

f(x) = Pr[X=x]

Poniżej znajduje się wykres funkcji normalnej gęstości prawdopodobieństwa.

Funkcja rozkładu skumulowanego (**cdf**) jest prawdopodobieństwem, że zmienna przyjmuje wartość mniejszą lub równą x. Oznacza to, że

F(x) = Pr[X≤x]=α

Dla rozkładu ciągłego, można to wyrazić matematycznie jako:

F(x) = ∫x-∞f(μ)dμ

Dla rozkładu dyskretnego, cdf może być wyrażony jako:

F(x) = ∑xi=0f(i)

Poniżej znajduje się wykres funkcji normalnego rozkładu skumulowanego (**wykres 26**)[154].

Wykres 26 - Funkcja dystrybucji skumulowanej

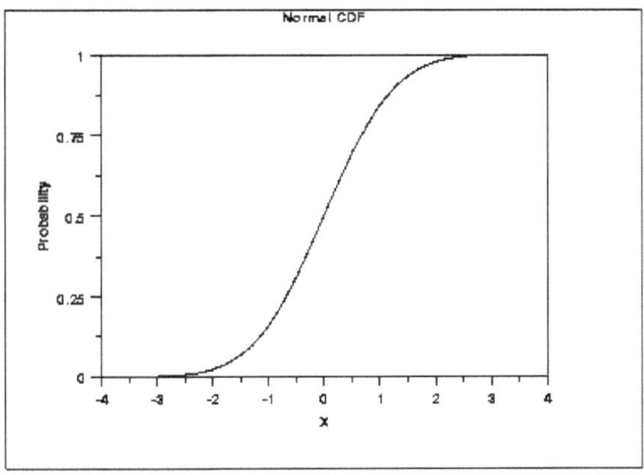

Graficzny przykład prawdopodobieństwa lub **wykres Q-Q** jest dostępny z komputera, który wykorzystuje go do analizy rozkładu danych. Tam, gdzie wykres Q-Q, dane są przedstawiane jako teoretyczny *kwantyl rozkładu*.

Kiedy prezentacja graficzna wygląda jak prosta linia przekątna, traktuje się, że rozkład danych jest identyczny jak rozkład teoretyczny.

Ponadto, gdy dystrybucja danych jest taka, że istnieje jakiekolwiek odchylenie od prostej linii przekątnej, traktuje się, że dane nie są normalnie dystrybuowane. Stopień odchylenia od rozkładu normalnego zależy od dokładnego odchylenia od danej linii prostej. Przykładem może być to, że gdy wykres wygląda jak

[154] https://www.itl.nist.gov/div898/handbook/eda/section3/eda362.htm

przetłumaczone "S", odczytuje on, że dzienne zmiany zwrotów indeksu nie są rozkładane normalnie. Zasadniczo istnieje zgoda co do tego, że istnieje wyraźna korelacja pomiędzy skrajnie zniekształconymi lub wrażliwymi danymi, co dowodzi, że rozkład lognormalny jest lepszy w użyciu niż rozkład normalny. W kontekście teorii prawdopodobieństwa, rozkład logarytmiczny jest ciągłym rozkładem prawdopodobieństwa zmiennej losowej, która logarytmy podąża za prawem rozkładu normalnego. Nowością jest rozkład, kiedy zmienna X jest logarytmem rozkładu normalnego, wtedy logarytm naturalny X, **ln (X)** jest rozkładem normalnym. Logarytm rozkładu logarytmicznego jest zdefiniowany przez wartość średnią i odchylenie standardowe ln (x). To samo jest bardzo zakrzywione w prawo i średnia geometryczna jest używana jako miara centralnej tendencji do rozkładu logarytmicznego (Đorić, Mališić i in., 2007 [155]).
Log normalny Zmienna *X* jest logicznie rozłożona, jeśli Y=ln(X) jest normalnie rozłożone z "LN" oznaczającym logarytm naturalny. Ogólny wzór na funkcję gęstości prawdopodobieństwa rozkładu logarytmicznego jest następujący

$$f(x) = e-((\ln((x-\theta)/m))2/(2\sigma 2))(x-\theta)\sigma 2\pi\surd x>\theta;m,\sigma>0$$

gdzie σ jest parametrem kształtu (*i jest odchyleniem standardowym logu rozkładu*), θ jest parametrem lokalizacji, a **m** jest parametrem skali (*i jest także medianą rozkładu*). Jeśli $x = \theta$, to $f(x) = 0$. Przypadek, w którym $\theta = 0$, a $m = 1$ jest nazywany **standardowym logicznym rozkładem**. Przypadek, w którym θ równa się zero, nazywany jest 2-parametrowym rozkładem lognormalnym.

Równanie dla standardowego rozkładu lognormalnego wynosi

$$f(x) = e-((\ln x)2/2\sigma 2)x\sigma 2\pi\surd x>0;\sigma>0$$

Wykres 27 - Rozkład logarytmiczny[156]

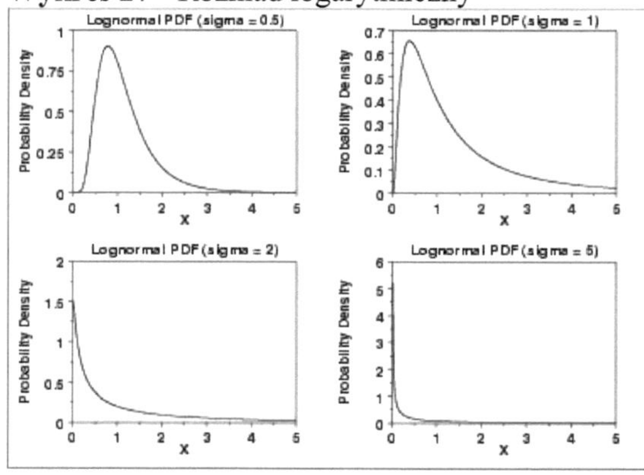

[155] Djorić, J., Jevremović, V. D., Mališić и Nikolić-Djorić, E. (2007). Atlas raspodela. Beograd. Gradjewiński fakultet
[156] https://www.itl.nist.gov/div898/handbook/eda/section3/eda3669.htm

Wykres 27 przedstawia rozkład prawdopodobieństwa rozkładu lognormalnego o wartości średniej 0 i odchyleniu standardowym 1. Rozkład logarytmiczny ma tę właściwość, że jest ograniczony do zera, co jest uważane za cechę użyteczną, biorąc pod uwagę, że ceny indeksów nigdy nie są ujemne.
Lognormal dystrybucja ma również znacznie dłuższy prawy ogon, który pozwala na wyświetlanie ekstremalnych wartości.
Biorąc pod uwagę wszystkie powyższe, w badaniu zostanie przedstawiony rozkład lognormalny w celu określenia stopnia rozkładu normalnego w indeksie.
Graficzna reprezentacja prawdopodobieństwa normalnego i lognormalnego przedstawiona na poniższych wykresach daje nam porównawczy przegląd rozkładu prawdopodobieństwa normalnego wartości dziennych wszystkich wskaźników, jak również rozkładu lognormalnego.

Wykres 28 - Grafika rozkładu normalnego BELEX15 Indeks wykorzystujący dzienne ceny indeksowe	**Wykres 29** - Wykres rozkładu lognormalnego wskaźnika BELEX15 z wykorzystaniem wydajności ln

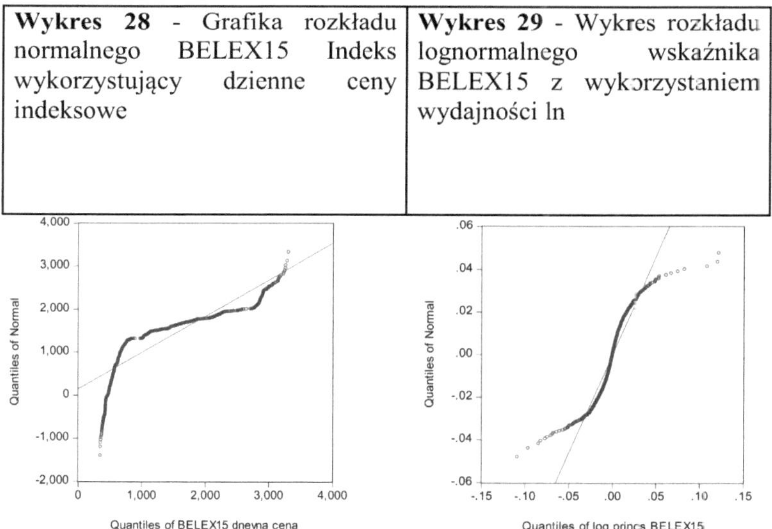

Wykresy rozkładu normalnego i lognormalnego pokazane na powyższych wykresach (Wykres **28** i **Wykres 29**) wskazują, że rozkład normalny nie występuje w przypadku cen bieżących w godzinach zamknięcia. Zauważa się, że istnieją istotne parametry statystyczne, które znacznie odbiegają od linii prostej.

Wykres 30 - Wykres rozkładu normalnego indeksu CROBEX z wykorzystaniem dziennych cen indeksu	**Wykres 31** - Wykres rozkładu lognormalnego wskaźnika CROBEX z wykorzystaniem wydajności ln

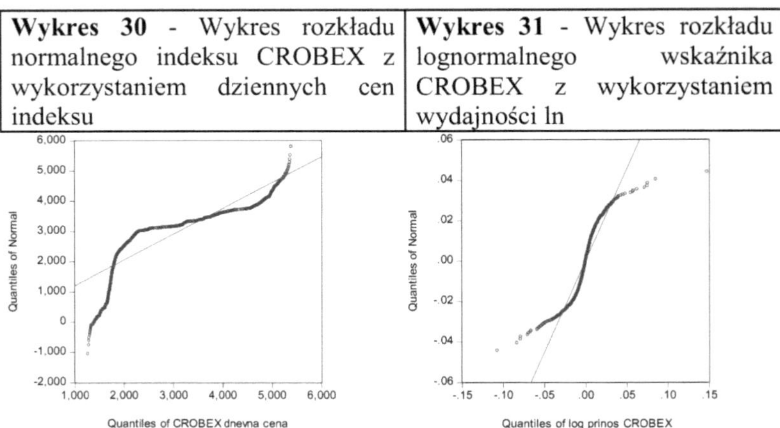

Codzienne dane wskazują również na brak normalnego podziału na CROBEX. Na powyższych wykresach (**wykresy 30** i **31**) zauważalne są pewne statystycznie istotne parametry, które odbiegają od linii prostej.

Wykres 32 - Wykres rozkładu normalnego Indeksu BUX z wykorzystaniem dziennych cen indeksu	**Wykres 33** - Wykres rozkładu lognormalnego indeksu BUX z wykorzystaniem wydajności ln

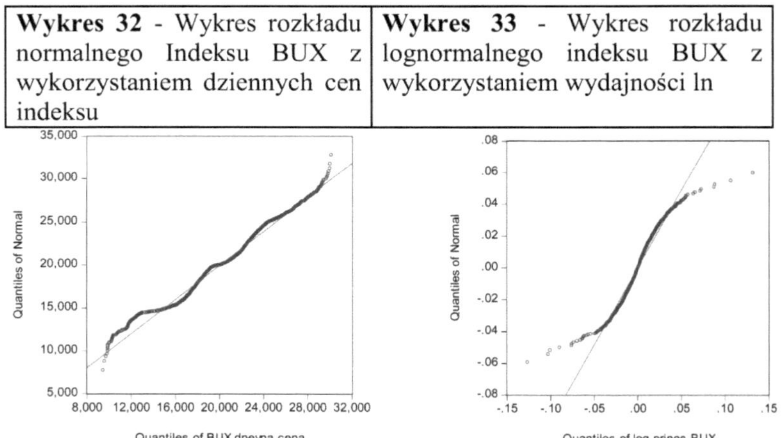

Wykres prawdopodobieństwa normalnego pokazany na **wykresie 32** wskazuje na niewielkie odchylenie od rozkładu normalnego w BUX. Natomiast wykres rozkładu lognormalnego pokazany na **wykresie 33 wskazuje na** obecność pewnych statystycznie istotnych parametrów, które odbiegają od linii prostej.

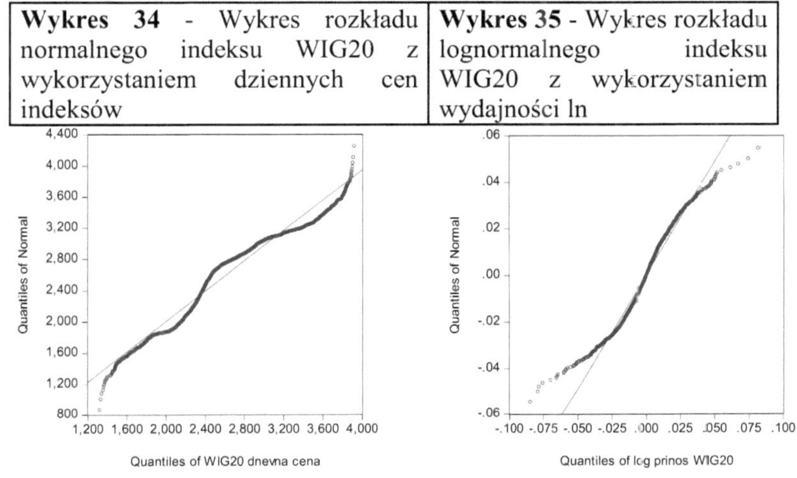

Wykres 34 - Wykres rozkładu normalnego indeksu WIG20 z wykorzystaniem dziennych cen indeksów	**Wykres 35** - Wykres rozkładu lognormalnego indeksu WIG20 z wykorzystaniem wydajności ln

Wykres prawdopodobieństwa normalnego i lognormalnego przedstawiony na powyższych wykresach (wykres **34** i **wykres 35**) pokazuje, że dzienne kursy zamknięcia indeksu WIG20 w zasadzie pokrywają się z rozkładem normalnym, choć istnieją pewne statystycznie istotne parametry, które odbiegają od linii prostej.

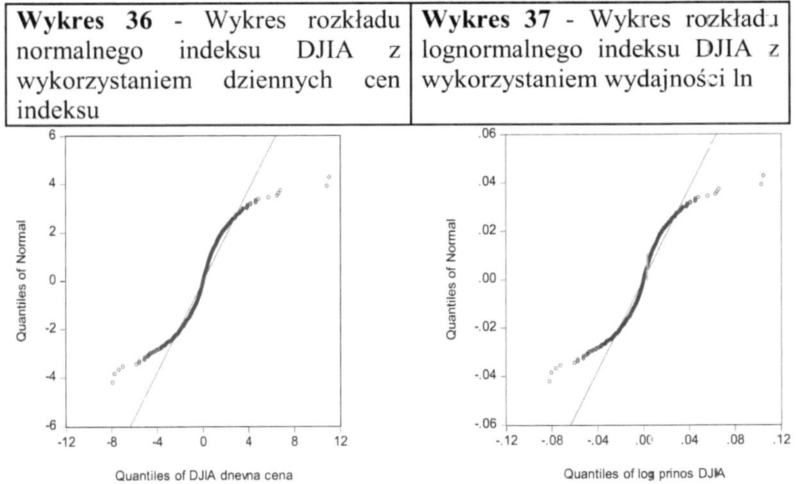

Wykres 36 - Wykres rozkładu normalnego indeksu DJIA z wykorzystaniem dziennych cen indeksu	**Wykres 37** - Wykres rozkładu lognormalnego indeksu DJIA z wykorzystaniem wydajności ln

Wykres prawdopodobieństwa Normalnego i Lognormalnego dla DJIA wskazuje na obecność statystycznie istotnych parametrów, które odbiegają od linii prostej (Wykres **36** i **Wykres 37**).

Zgodnie z powyższym, analiza wskazuje, że ceny tj. zyski/zwroty wszystkich indeksów innych niż BUX i WIG20 są słabo modelowane zarówno przez rozkład normalny jak i lognormalny. Rozkład normalny i lognormalny jest najgorszy dla CROBEX i BELEX15. Dokładniej mówiąc, w tych indeksach istnieje zauważalna obecność pewnych statystycznie istotnych parametrów, które odchylają się od linii prostej i możemy bezpiecznie powiedzieć, że te dwa indeksy nie mają/nie mają rozkładu normalnego. W związku z tym uczestnicy rynków finansowych, którzy korzystają z tych rozkładów, będą narażeni na wyższe ryzyko niż oczekiwano. Również w przypadku tych indeksów wartości nie są najwyraźniej niezależne i identycznie rozłożone, co później potwierdziły wartości współczynników nachylenia/wiekrotności i spłaszczenia - kurtyzy.
Podobnie jak w przypadku BELEX15 i CROBEX, krzywa DJIA również ma kształt łacińskiego S, tylko odchylenie od prostej przekątnej w mniejszym stopniu jest obecne w tym indeksie. Oznacza to jednak, że dane w tym indeksie nie pochodzą z rozkładu normalnego, a duże zmiany cen dziennych są częstsze niż przewidywany rozkład normalny.

Tabela 6 - Wszystkie wskaźniki dla badań normalności

INDEX Name	Mean	Median	Std. Dev.	Skewness	Kurtosis	Jarque-Bera	Probability	Observations
Belex15	957.1106	660.89	666.318	1.80781	5.277854	1931.896	0.0000	2540
CROBEX	2380.923	1927.22	967.933	1.624381	4.423165	1317.216	0.0000	2513
BUX	20291.68	20623.25	3546.912	-0.240239	3.435734	44.07074	0.0000	2514
WIG20	2561.228	2445.23	479.025	0.652522	3.586395	215.2763	0.0000	2524
DJIA	12832.18	12472.92	2670.44	0.315036	2.408114	78.65528	0.0000	2526

Jak wynika z **tabeli 6.** powyżej, wszystkie wskaźniki z wyjątkiem BUX mają współczynnik pochylenia większy od 0 i tym samym wykazują dodatnią asymetrię. Dodatni współczynnik pochylenia wskazuje, że mediana ta jest niższa od średniej. Belex15 ma najwyższy współczynnik pochylenia +1.80781, co oznacza, że wykazuje najbardziej asymetryczny rozkład po prawej stronie, co oznacza również, że seria ta ma najmniejszy rozkład normalny. Jest to zgodne z badaniami prowadzonymi przez Milojevića i Terzića, w których udowodniono, że serbska giełda charakteryzuje się wysoką asymetrią i płaskimi ogonami (Milojević i Terzić, 2014). Warto zauważyć, że współczynnik pochylenia CROBEXa jest zbliżony do Belex15, a DJIA i WIG20 wykazują znacznie mniejszą dodatnią asymetrię. Tak więc nawet myśląc, że zarówno DJIA jak i WIG20 mają dodatnią asymetrię, ich współczynniki pochylenia są znacznie niższe niż BELEX15 i CROBEX, co wskazuje, że ich rozkłady są bliższe normalności. Z drugiej strony, BUX ma współczynnik pochylenia -0.240239, a więc wykazuje ujemną asymetrię. Jednak współczynnik pochylenia BUX jest bliski zeru, co wskazuje na prawie normalny rozkład. Rezultaty pochylenia sugerują, że serbski rynek kapitałowy reprezentowany przez Belex15 nie jest słaby pod względem efektywności formy. W rzeczywistości jest on najmniej efektywny ze wszystkich testowanych rynków, ponieważ jest najbardziej oddalony od rozkładu normalnego.

Tabela 6. przedstawia również wyniki kurtozy, która stanowi test uzupełniający w określaniu rozkładu normalnego. Spośród wszystkich badanych wskaźników tylko DJIA ma współczynnik kurtozy niższy niż 3, co wskazuje na rozkład platykurtowy, podczas gdy wszystkie pozostałe wskaźniki mają współczynnik kurtozy większy niż 3, co wskazuje na rozkład częstotliwości leptokurtowej. Tak więc wszystkie wskaźniki oprócz DJIA sugerują, że nie mają rozkładu normalnego. Dlatego też nie-normalne rozkłady częstotliwości tych wskaźników odbiegają od stanu modelu losowego chodu. Wyniki kurtozy sugerują, że rynek serbski nie jest słaby pod względem efektywności. W rzeczywistości Belex 15 ma najwyższy współczynnik kurtozy w porównaniu ze wszystkimi innymi wskaźnikami, co oznacza, że jest najmniej efektywny. Warto jednak zauważyć, że CROBEX posiada również duży dodatni współczynnik kurtozy i dlatego ma znacznie większy rozkład częstotliwości leptokurtyzmu w porównaniu z BUX i WIG20.

Większa statystyka testu Jarque-Bera wskazuje na niestabilną zmienność zwrotów indeksów i tym samym sugeruje mniejszą efektywność. Jak wynika z tabeli 6. BELEX15 wykazuje największą statystykę testu JB wskazującą na największe odchylenie od rozkładu normalnego i tym samym największe odchylenie od modelu losowego marszu. Test ten pokazuje również, że Belex15 charakteryzuje się najbardziej niestabilną zmiennością zwrotów. Z drugiej strony, DJIA ma najniższą statystykę testu JB, a zatem można sugerować, że ta seria jest zbliżona do rozkładu normalnego, a więc najbardziej efektywna ze wszystkich innych badanych wskaźników.

Wszystkie trzy testy normalności zastosowane w tym badaniu wskazują, że serbski rynek kapitałowy nie stosuje modelu losowego chodu i dlatego nie jest słabą formą efektywności. W związku z tym testy te sugerują, że musimy odrzucić zerową hipotezę, że serbski rynek kapitałowy jest efektywny pod względem formy słabej, i przyjąć alternatywną hipotezę, że serbski rynek kapitałowy nie jest efektywny pod względem formy słabej. Ponadto wyniki testów normalności wskazują, że serbski rynek kapitałowy jest w rzeczywistości najmniej efektywny w porównaniu ze wszystkimi innymi testowanymi wskaźnikami.

6.1.2. Ilościowa miara spójności

W teorii prawdopodobieĚstwa schyliliáka jest miarą asymetrii wykazanej poprzez rozkáad prawdopodobieĚstwa wartoĞci rzeczywistych wartoĞci zmiennej losowej wokóá jej Ğredniej wartoĞci. Współczynnik krzywej może być dodatni lub ujemny. Współczynnik ujemny wskazuje, że ogon po lewej stronie funkcji prawdopodobieństwa jest dłuższy lub grubszy niż po prawej stronie. Z drugiej strony, dodatni współczynnik pochylenia wskazuje, że ogon po prawej stronie jest dłuższy lub grubszy niż po lewej stronie. **Wykres 38** przedstawia róĪne miary asymetrii, a co za tym idzie róĪne schematy symetrii.

Wykres 38 - Wyświetlanie różnych asymetrii

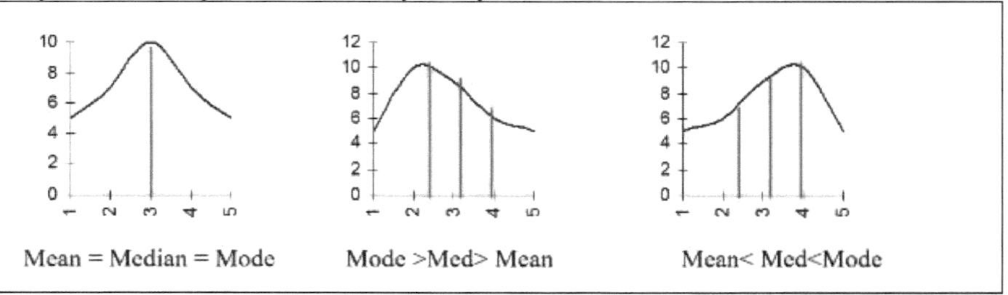

Poniższe tabele przedstawiają histogramy i wyniki ilościowych testów normalności dla każdego z indeksów przetworzonych w tym badaniu Monograficznym.

Tabela 7 - Test normalności na podstawie cen dziennych na zamknięciu dla BELEX15

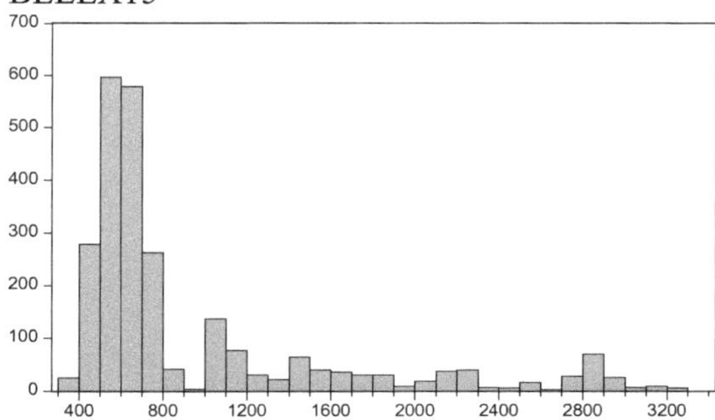

Series: BELEX15_PRICE
Sample 10/04/2005 10/30/2015
Observations 2540

Mean	957.1275
Median	660.9600
Maximum	3304.640
Minimum	354.3900
Std. Dev.	666.1873
Skewness	1.808086
Kurtosis	5.279732
Jarque-Bera	1933.985
Probability	0.000000

Jak wynika z **tabeli 7**, współczynnik pochylenia jest dodatni dla Belex15, co oznacza, że wartość średnia jest większa niż jego mediana i tryb. Ta pozytywna symetria wskazuje, że Belex15 nie podąża za rozkładem normalnym i oznacza, że wskaźnik ten nie jest słabą formą skuteczną. Z drugiej strony, współczynnik kurtozy jest dodatni i więcej niż 3, co implikuje rozkład leptokurtyczny, co oznacza potencjalnie niską wydajność. W związku z tym współczynnik krzywicy jest dodatni i wynosi 1,808086.

Tabela 8 - Test normalności na podstawie cen tygodniowych na zamknięciu dla BELEX15

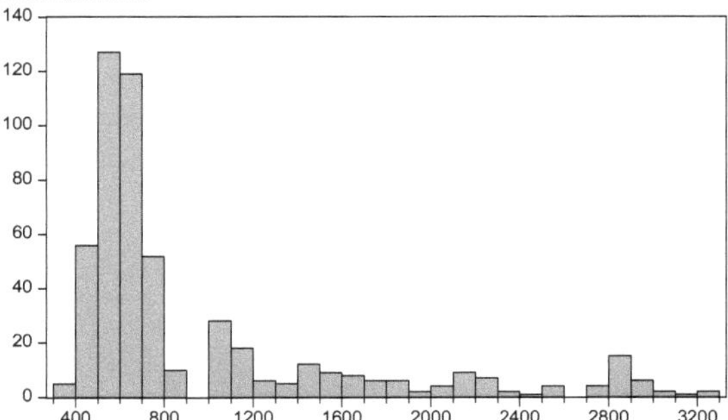

Series: NEDELJNE_CENE
Sample 10/04/2005 10/27/2015
Observations 526

Mean	956.7770
Median	659.6700
Maximum	3283.620
Minimum	367.6000
Std. Dev.	665.3256
Skewness	1.806531
Kurtosis	5.284118
Jarque-Bera	400.4483
Probability	0.000000

Jak wynika z **tabeli 8**, histogram wskazuje na fakt, że w szeregach danych dotyczących cen zamknięcia w ujęciu tygodniowym dla BELEX15 istnieje również pozytywny układ symetryczny. W związku z tym współczynnik pochylenia jest dodatni dla wskaźnika przedmiotowego i wynosi 1,806531. Oznacza to mniejszą dodatnią asymetrię w stosunku do danych dziennych, a tym samym stosunkowo większą efektywność w przypadku danych tygodniowych.

Tabela 9 - Test normalności z wykorzystaniem cen miesięcznych na zamknięciu dla BELEX15

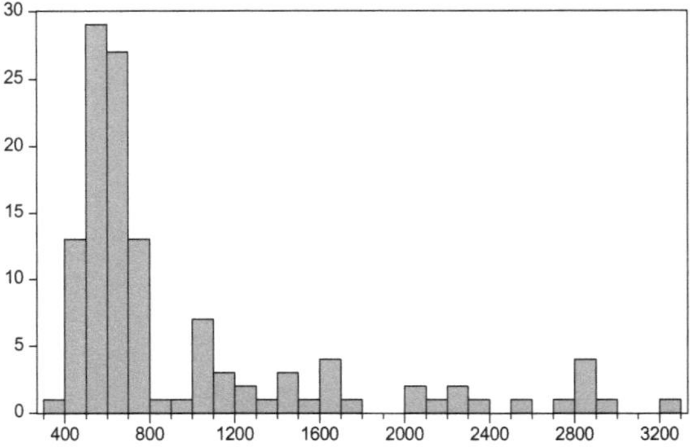

Series: MESECNE CENE	
Sample 10/04/2005 10/02/2015	
Observations 121	
Mean	960.2831
Median	666.6900
Maximum	3261.770
Minimum	384.5000
Std. Dev.	670.7843
Skewness	1.813396
Kurtosis	5.323035
Jarque-Bera	93.52344
Probability	0.000000

Jak wynika z **Tabeli 9**, histogram wskazuje na fakt, że dla kursu zamknięcia BELEX15 na poziomie miesięcznym występuje dodatni rozkład symetryczny. W konsekwencji, współczynnik pochylenia jest dodatni dla wskaźnika przedmiotowego i wynosi 1,813396. Oznacza to większą dodatnią asymetrię w stosunku do danych dziennych, a tym samym relatywnie mniejszą efektywność w danych miesięcznych.

Tabela 10 - Test normalności na podstawie cen dziennych na zamknięciu dla CROBEX-u

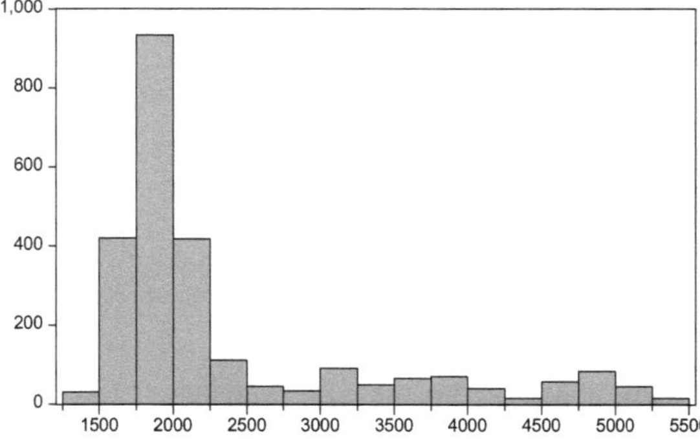

Series: CROBEX_CENA	
Sample 10/04/2005 11/06/2015	
Observations 2518	
Mean	2379.607
Median	1926.290
Maximum	5392.940
Minimum	1262.580
Std. Dev.	967.4210
Skewness	1.627171
Kurtosis	4.433006
Jarque-Bera	1326.593
Probability	0.000000

Jak wynika z **Tabeli 10**, histogram wskazuje na fakt, że w szeregach danych dotyczących dziennych cen zamknięcia dla CROBEXu również mają one dodatnią symetrię. W związku z tym współczynnik pochylenia jest dodatni dla wskaźnika przedmiotowego i wynosi 1,627171.(średnia=2379,607>mediana=1926,290). Oznacza to większą dodatnią asymetrię w stosunku do danych dziennych i tygodniowych, a tym samym relatywnie większą efektywność w danych miesięcznych.

Tabela 11 - Test normalności na podstawie cen tygodniowych na zamknięciu dla CROBEX-u

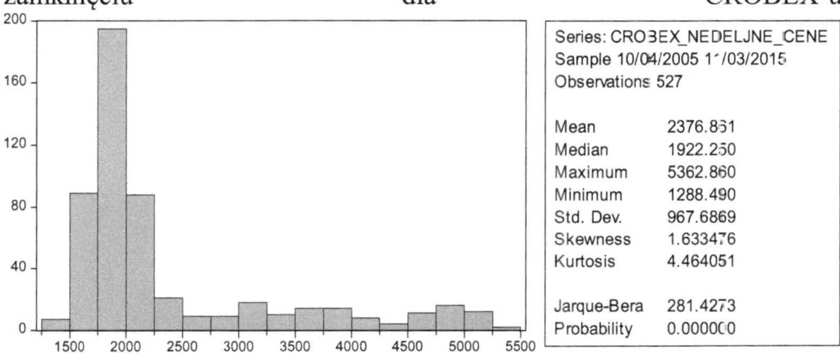

Jak wynika z **tabeli 11**, histogram wskazuje na fakt, że w szeregach danych dotyczących cen zamknięcia w ujęciu tygodniowym dla CROBEXu również mają one dodatnią symetrię. W konsekwencji, współczynnik pochylenia jest dodatni w indeksie przedmiotowym i wynosi 1,633476. Oznacza to większą dodatnią asymetrię w stosunku do danych dziennych, a tym samym stosunkowo mniejszą efektywność w danych tygodniowych.

Tabela 12 - Test normalności na podstawie cen miesięcznych na zamknięciu dla CROBEX-u

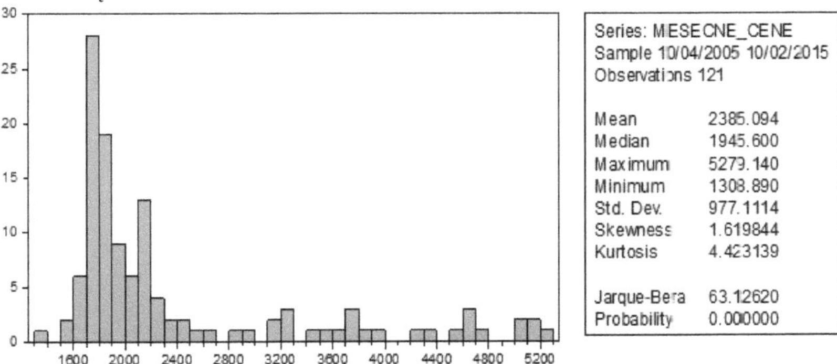

Jak wynika z **tabeli 12**, histogram wskazuje, że w serii danych cena zamknięcia na poziomie miesięcznym dla CROBEX jest również dodatnio symetryczna. W związku z tym współczynnik pochylenia jest dodatni dla wskaźnika przedmiotowego i wynosi 1,619844. Oznacza to mniej pozytywną asymetrię w stosunku do danych dziennych i tygodniowych, a tym samym relatywnie większą efektywność w danych miesięcznych.

Tabela 13 - Testy normalności dla BUX z wykorzystaniem dziennych cen zamknięcia

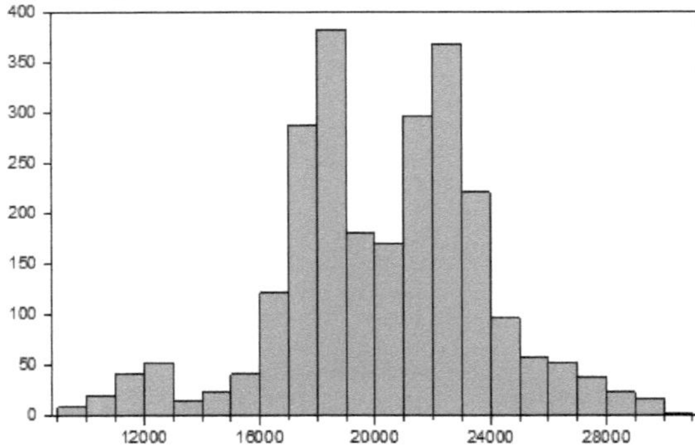

Series: BUX_CENA
Sample 10/04/2005 10/30/2015
Observations 2514

Mean	20291.69
Median	20623.25
Maximum	30118.12
Minimum	9461.290
Std. Dev.	3546.916
Skewness	-0.240241
Kurtosis	3.435721
Jarque-Bera	44.06991
Probability	0.000000

Jak wynika z **Tabeli 13**, histogram wskazuje, że w serii danych dziennych kursów zamknięcia dla BUX obecny jest ujemny harmonogram symetryczny. W konsekwencji, współczynnik pochylenia jest ujemny dla indeksu i wynosi -0.240241.

Tabela 14 - Testy normalności dla BUX z wykorzystaniem tygodniowych cen zamknięcia

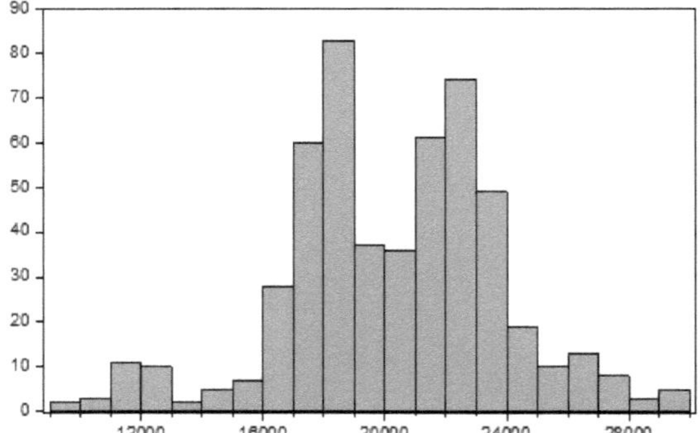

Series: BUX_NEDELJNE_CENE
Sample 1 526
Observations 526

Mean	20282.25
Median	20592.25
Maximum	29840.94
Minimum	9870.310
Std. Dev.	3552.354
Skewness	-0.225060
Kurtosis	3.438086
Jarque-Bera	8.646717
Probability	0.013255

Jak wynika z **Tabeli 14**, histogram wskazuje na fakt, że w szeregach danych dotyczących cen zamknięcia w ujęciu tygodniowym dla BUX istnieje również ujemny układ symetryczny. W konsekwencji, współczynnik pochylenia jest ujemny dla indeksu i wynosi
-0.225060. Biorąc pod uwagę, że współczynnik pochylenia jest wyższy dla danych tygodniowych (-0,225060) niż dla danych dziennych (-0,240241), histogram wskazuje na większą dodatnią asymetrię, a w konsekwencji relatywnie większą skuteczność dla danych tygodniowych.

Tabela 15 - Testy normalności dla BUX z wykorzystaniem miesięcznych cen zamknięcia

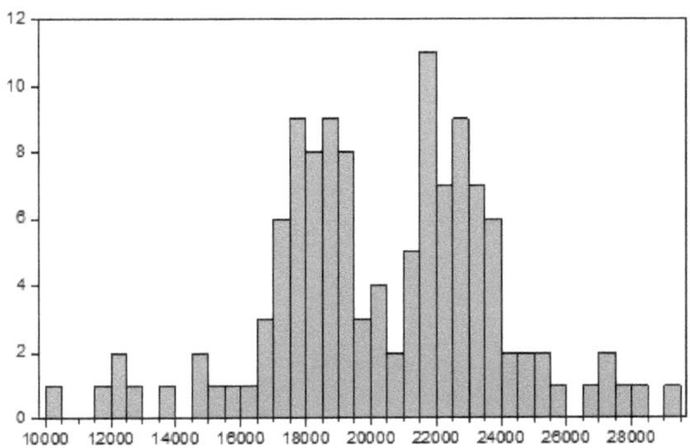

Series: BUX_MESECNE_CENE
Sample 10/04/2005 10/02/2015
Observations 121

Mean	20379.52
Median	20332.83
Maximum	29408.95
Minimum	10033.60
Std. Dev.	3533.328
Skewness	-0.175753
Kurtosis	3.345597
Jarque-Bera	1.225093
Probability	0.541969

Jak wynika z **tabeli 15**, histogram wskazuje na fakt, że w serii danych po kursie zamknięcia na poziomie miesięcznym dla BUX występuje również ujemny układ symetryczny. W związku z tym, współczynnik pochylenia jest ujemny dla indeksu i wynosi
-0.175753. Oznacza to mniejszą ujemną asymetrię w stosunku do danych dziennych i tygodniowych, a tym samym relatywnie większą efektywność w danych miesięcznych.

Tabela 16 - Testy normalności dla WIG20 na podstawie dziennych cen zamknięcia

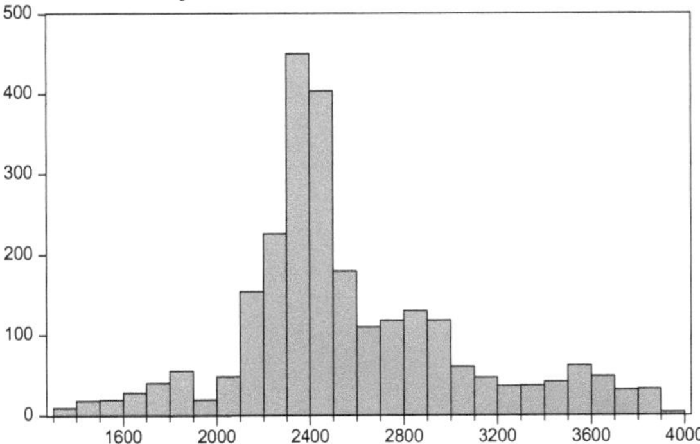

Series: WIG20_CENA
Sample 10/04/2005 10/30/2015
Observations 2524

Mean	2561.228
Median	2445.230
Maximum	3917.870
Minimum	1327.640
Std. Dev.	479.0250
Skewness	0.652522
Kurtosis	3.536395
Jarque-Bera	215.2763
Probability	0.000000

Jak wynika z **Tabeli 16**, histogram wskazuje, że w serii danych po kursie zamknięcia na poziomie miesięcznym dla WIG20 występuje również dodatni układ symetryczny. dla WIG20. W konsekwencji, współczynnik pochylenia jest dodatni w stosunku do poprzedniego indeksu i wynosi 0,652522.

Tabela 17 - Testy normalności dla WIG20 na podstawie tygodniowych cen zamknięcia

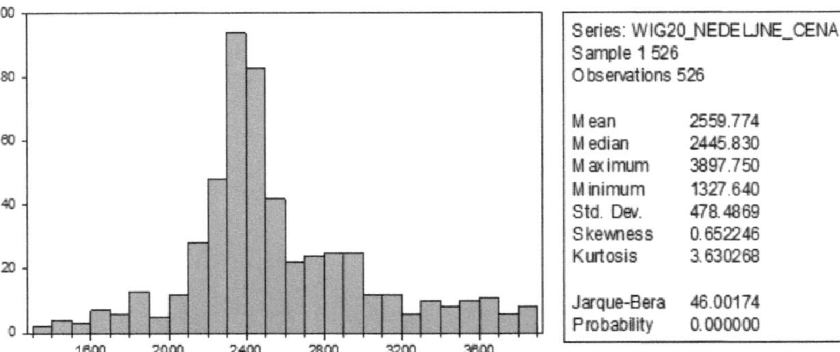

Jak wynika z **tabeli 17**, histogram wskazuje na fakt, że kurs zamknięcia WIG20 w ujęciu tygodniowym również ma dodatnią symetrię. W konsekwencji współczynnik pochylenia jest dodatni dla indeksu przedmiotowego i wynosi 0,652246. Biorąc pod uwagę, że wskaźnik przedmiotowy jest niższy (0,652246) od wskaźnika uzyskanego na podstawie dziennych kursów zamknięcia (0,652522), okazuje się, że w danych tygodniowych występuje mniejsza dodatnia asymetria w porównaniu do danych dziennych, a zatem wskaźnik ten wykazuje stosunkowo większą efektywność w danych tygodniowych.

Tabela 18. - Testy normalności dla WIG20 z zastosowaniem cen zamknięcia montowanego

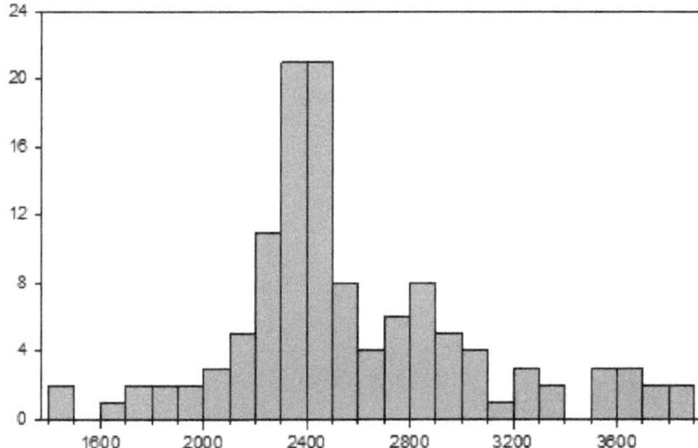

Jak wynika z **tabeli 18**, histogram wskazuje na fakt, że w szeregach danych po miesięcznym kursie zamknięcia dla WIG20 występuje również dodatni układ symetryczny. W konsekwencji współczynnik pochylenia jest dodatni dla danego indeksu i wynosi 0,673634. Oznacza to większą dodatnią asymetrię w stosunku do danych dziennych i tygodniowych, a tym samym relatywnie mniejszą efektywność w danych miesięcznych.

Tabela 19 - Badania normalności dla DJIA na podstawie dziennych cen zamknięcia

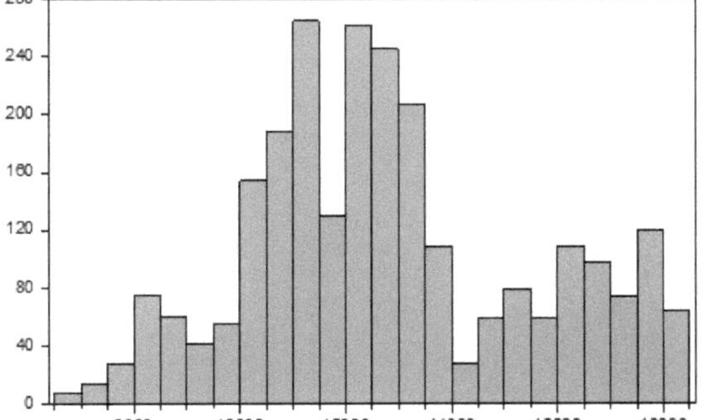

Jak wynika z **tabeli 19**, histogram wskazuje na fakt, że w serii danych dziennych kursów zamknięcia DJIA występuje dodatni układ symetryczny. W konsekwencji, współczynnik pochylenia jest dodatni dla wskaźnika przedmiotowego i wynosi 0,315036.

Tabela 20 - Badania normalności dla DJIA z wykorzystaniem tygodniowych cen zamknięcia

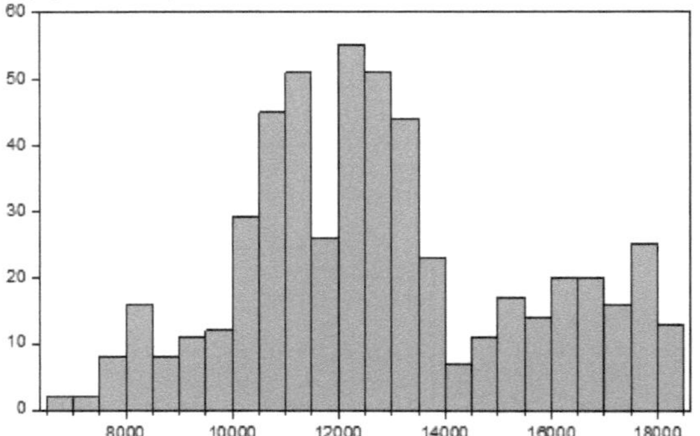

Series: DJIA_NEDELJNE_CENE
Sample 10/04/2005 10/27/2015
Observations 526

Mean	12828.89
Median	12479.94
Maximum	18312.39
Minimum	6726.020
Std. Dev.	2661.578
Skewness	0.319948
Kurtosis	2.413963
Jarque-Bera	16.50116
Probability	0.000261

Jak wynika z **Tabeli 20**, histogram wskazuje na fakt, że cena zamknięcia serii danych na poziomie tygodniowym dla DJIA również ma pozytywny układ symetryczny. W związku z tym współczynnik pochylenia jest dodatni dla wskaźnika przedmiotowego i wynosi 0,319948. Biorąc pod uwagę, że wskaźnik przedmiotowy jest większy od wskaźnika uzyskanego na podstawie dziennych cen zamknięcia, okazuje się, że dla danych tygodniowych występuje większa dodatnia asymetria w stosunku do danych dziennych, a zatem wskaźnik ten wykazuje relatywnie mniejszą efektywność niż dane tygodniowe.

Tabela 21 - Badania normalności dla DJIA przy zastosowaniu cen zamknięcia montowanych

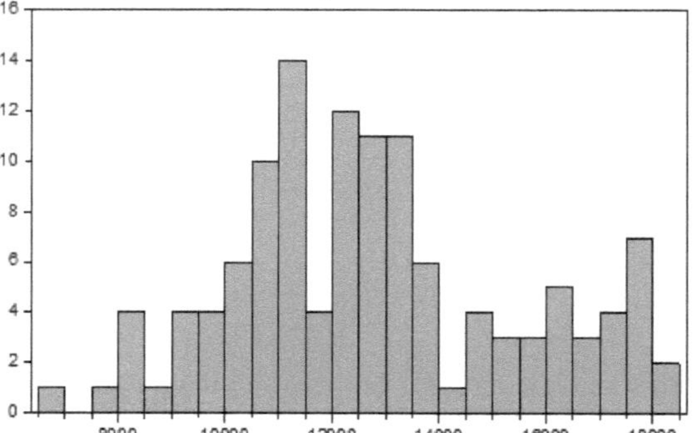

Series: DJIA_MESECNE_CENE
Sample 2005M10 2015M10
Observations 121

Mean	12806.83
Median	12480.69
Maximum	18096.90
Minimum	6875.840
Std. Dev.	2647.864
Skewness	0.336944
Kurtosis	2.436711
Jarque-Bera	3.889245
Probability	0.143041

Jak wynika z **Tabeli 21**, histogram wskazuje, że w serii danych po miesięcznym kursie zamknięcia dla DJIA istnieje również pozytywny układ symetryczny. W konsekwencji, współczynnik pochylenia jest dodatni dla wskaźnika przedmiotowego i wynosi 0,336944. Oznacza to większą dodatnią asymetrię w stosunku do danych dziennych i tygodniowych, a tym samym relatywnie mniejszą efektywność w danych miesięcznych.

Dla łatwiejszego spojrzenia, zostały one podsumowane w **tabeli 22** poniżej.

Tabela 22- Przedstawienie porównawcze środków normalizacji ilościowej

index	prices	mean	median	max	min	st.dev.	skewness	kurtosis	Jarcue-Bera	probability	observations
BELEX15	daily	957,13	660,96	3304,64	354,39	666,19	1,808086	5,279732	1933,985	0	2540
	weekly	956,78	659,67	3283,62	367,6	665,33	1,806531	5,284118	400,4483	0	526
	monthly	960,28	666,69	3261,77	384,5	670,78	1,813396	5,323085	93,52344	0	121
CROBEX	daily	2379,61	1926,29	5392,94	1262,58	967,42	1,627171	4,433006	1326,593	0	2518
	weekly	2376,86	1922,25	5362,86	1288,49	967,69	1.633.476	4.464.051	28,4273	0	527
	monthly	2385,09	1945,6	5279,14	1308,89	977,11	1,619844	4,423139	63,1262	0	121
BUX	daily	20291,69	20623,35	30118,12	9461,29	3546,92	-0,240241	3,435721	44,06991	0	2514
	weekly	20282,25	20592,25	29840,94	9870,31	3552,35	-0,22506	3,438086	8,64672	0,0132255	526
	monthly	20379,52	20332,83	29408,95	10033,6	3533,33	-0,175573	3,345597	1,22509	0,541969	121
WIG20	daily	2561,23	2445,23	3917,87	1327,64	479,03	0,652522	3,586395	215,2763	0	2524
	weekly	2559,77	2445,83	3897,75	1327,64	478,89	0,652246	3,630268	46,00174	0	526
	monthly	2574,41	2457,52	3844,32	1461,22	483,86	0,673634	3,527495	10,55412	0,005107	121
DJIA	daily	12832,18	12472,92	18312,39	6547,05	2670,44	0,315086	2,408114	78,65528	0	2526
	weekly	12828,89	12479,94	18312,39	6726,02	2661,58	0,319948	2,413963	16,50116	0,000261	526
	monthly	12806,83	12480,69	18096,9	6875,84	2647,86	0,336944	2,436711	3,88925	0,143041	121

6.1.2 Współczynnik skośności

Jak wynika z **tabeli 23**, współczynniki są bardzo podobne, prawie identyczne z typową analizą dziennych, tygodniowych i miesięcznych cen zamknięcia. Z przedstawionej tabeli 20 widać, że wszystkie wskaźniki z wyjątkiem Indeksu BUX, mają dodatni współczynnik pochylenia. Bardziej cenowo, współczynnik pochylenia jest większy od 0 dla wszystkich indeksów, co wskazuje na pozytywną symetrię. Pozytywny współczynnik pochylenia oznacza, że tryb<median<oznacza.

Tabela 23 - Prezentacja współczynnika pochylenia

index	prices	mean	median	max	min	st.dev.	skewness	kurtosis	Jarque-Bera	probability	observations
BELEX15	daily	957,13	660,96	3304,64	354,39	666,19	1,808086	5,279732	1933,985	0	2540
	weekly	956,78	659,67	3283,62	367,6	665,33	1,806531	5,284118	400,4483	0	526
	monthly	960,28	666,69	3261,77	384,5	670,78	1,813396	5,323085	93,52344	0	121
CROBEX	daily	2379,61	1926,29	5392,94	1262,58	967,42	1,627171	4,433006	1325,593	0	2518
	weekly	2376,86	1922,25	5362,86	1288,49	967,69	1.633.476	4.464.051	28 4273	0	527
	monthly	2385,09	1945,6	5279,14	1308,89	977,11	1,619844	4,423139	63 1262	0	121
BUX	daily	20291,69	20623,35	30118,12	9461,29	3546,92	-0,240241	3,435721	44,06991	0	2514
	weekly	20282,25	20592,25	29840,94	9870,31	3552,35	-0,22506	3,438086	8,64672	0,0132255	526
	monthly	20379,52	20332,83	29408,95	10033,6	3533,33	-0,175573	3,345597	1,22509	0,541969	121
WIG20	daily	2561,23	2445,23	3917,87	1327,64	479,03	0,652522	3,586395	215,2763	0	2524
	weekly	2559,77	2445,83	3897,75	1327,64	478,89	0,652246	3,630268	46,00174	0	526
	monthly	2574,41	2457,52	3844,32	1461,22	483,86	0,673634	3,527495	10,55412	0,005107	121
DJIA	daily	12832,18	12472,92	18312,39	6547,05	2670,44	0,315086	2,408114	78,65528	0	2526
	weekly	12828,89	12479,94	18312,39	6726,02	2661,58	0,319948	2,413963	16,50116	0,000261	526
	monthly	12806,83	12480,69	18096,9	6875,84	2647,86	0,336944	2,436711	3,83925	0,143041	121

BELEX15 ma największe nachylenie (współczynnik pochylenia) wynoszące +1,808086 *(przy analizie ceny dziennej),* co wskazuje, że wskaźnik ten ma bardziej symetryczny rozkład w porównaniu z innymi wskaźnikami. Ponadto, kod rozkładu/wskaźnik BELEX15 wskazuje na największe nachylenie w prawo. CROBEX nachylenie +1,627171 *(przy analizie ceny dziennej)* i to samo jest najbliższe BELEX15, co wskazuje, że obecny indeks po BELEX15 jest najbardziej oddalony od rozkładu normalnego. Biorąc pod uwagĈ fakt, Īe wspóáczynnik nachylenia wskazuje na brak symetrycznoĞci i odchylenie od zera, to samo w obecnym przypadku wskazuje, Īe dane są niesymetryczne. Stosując szeregi danych dobowych za CROBEXem zastosowano WIG20 ze współczynnikiem pochylenia +,652522, następnie współczynnik pochylenia DJIA +,0315036, a indeks BUX, który ma tylko ujemne nachylenie o wartości -0240241. Choć WIG20 i DJIA wykazują dodatnią asymetrię, to jednak są znacznie bliższe rozkładowi normalnemu. Jak wspomniano powyżej, tylko indeks, który ma ujemne nachylenie, np. BUX odpowiednio wykazuje taką samą ujemną asymetrię.

W związku z tym środki ilościowe potwierdzają również, że współczynnik BUX jest bliski zeru, ale można uznać, że ceny tego wskaźnika są bardzo zbliżone do rozkładu normalnego. Dla wszystkich indeksów współczynnik pochylenia ma ten sam rodzaj asymetrii, niezależnie od tego, czy stosowane są dane dzienne, tygodniowe czy miesięczne. Zatem we wszystkich analizowanych szeregach czasowych *(dziennych, tygodniowych i miesięcznych) współczynnik* pochylenia jest dodatni dla BELEX15, CROBEX, WIG20 i DJIA, natomiast w BUX ujemny.

Analiza szeregów danych dla różnych okresów czasu nie wskazuje na to, że przy dłuższym okresie czasu szeregi danych są bardziej efektywne, biorąc pod uwagę, że wyniki uzyskane w wyniku analizy i badań są różne. Należy zauważyć, że różnice we współczynniku pochylenia w różnych szeregach czasowych są minimalne, biorąc pod uwagę analizowane okresy czasu.

Z analizy i załączonych tabel wynika, że BELEX15 charakteryzuje się najwyższą asymetrią przy zastosowaniu współczynnika pochylenia jako punktu odniesienia w stosunku do wszystkich innych badanych rynków. Co więcej, współczynnik pochylenia jest najwyższy dla wszystkich badanych przedziałów czasowych. Ta największa dodatnia asymetria obecna w indeksie serbskim oznacza, że serbski rynek kapitałowy jest najmniej efektywny w swojej słabej formie.

6.1.3 Współczynnik kurtozy

Tabela 24 przedstawia również współczynnik kurtozy, który jest testem uzupełniającym przy określaniu rozkładu normalnego.

Tabela 24 - Prezentacja współczynnika kurtosis

index	prices	mean	median	max	min	st.dev.	skewness	kurtosis	Jarque-Bera	probability	observations
	daily	957,13	660,96	3304,64	354,39	666,19	1,808086	5,279732	1933,985	0	2540
BELEX15	weekly	956,78	659,67	3283,62	367,6	665,33	1,806531	5,284118	400,4483	0	526
	monthly	960,28	666,69	3261,77	384,5	670,78	1,813396	5,323085	93,52344	0	121
	daily	2379,61	1926,29	5392,94	1262,58	967,42	1,627171	4,433006	1326,593	0	2518
CROBEX	weekly	2376,86	1922,25	5362,86	1288,49	967,69	1.633.476	4.464.051	28,4273	0	527
	monthly	2385,09	1945,6	5279,14	1308,89	977,11	1,619844	4,423139	63,1262	0	121
	daily	20291,69	20623,35	30118,12	9461,29	3546,92	-0,240241	3,435721	44,06991	0	2514
BUX	weekly	20282,25	20592,25	29840,94	9870,31	3552,35	-0,22506	3,438086	8,64672	0,0132255	526
	monthly	20379,52	20332,83	29408,95	10033,6	3533,33	-0,175573	3,345597	1,22509	0,541969	121
	daily	2561,23	2445,23	3917,87	1327,64	479,03	0,652522	3,586395	215,2763	0	2524
WIG20	weekly	2559,77	2445,83	3897,75	1327,64	478,89	0,652246	3,630268	46,00174	0	526
	monthly	2574,41	2457,52	3844,32	1461,22	483,86	0,673634	3,527495	10,55412	0,005107	121
	daily	12832,18	12472,92	18312,39	6547,05	2670,44	0,315086	2,408114	78,65528	0	2526
DJIA	weekly	12828,89	12479,94	18312,39	6726,02	2661,58	0,319948	2,413963	16,50116	0,000261	526
	monthly	12806,83	12480,69	18096,9	6875,84	2647,86	0,336944	2,436711	3,88925	0,143041	121

Podobnie jak w przypadku współczynnika pochylenia, ceny dzienne, tygodniowe i miesięczne są w przybliżeniu takie same, tzn. nie odbiegają od siebie w zależności od horyzontu czasowego.
Współczynnik kurtozy wskazuje, w jakim stopniu harmonogramy obserwowanych serii danych są wydłużone lub bardziej spłaszczone niż normalne spłaszczenia.
W przypadku bardziej płaskiego schematu charakterystyczny jest większy przedział zmienności niż w przypadku mniejszego spłaszczonego (*lub bardziej wydłużonego*) schematu. Ze wszystkich badanych wskaźników tylko DJIA ma współczynnik kurtozy mniejszy niż 3, co wskazuje na rozkład platykurtowy. Wszystkie pozostałe wskaźniki mają współczynnik kurtozy większy niż 3, a więc rozkład leptokurtowy.
W konsekwencji, wszystkie wskaźniki inne niż DJIA wskazują na brak normalnego rozkładu. W związku z tym wskaźniki przedmiotowe, które mają rozkład leptokurtowy, odbiegają od warunków dla losowego spaceru. Przy zryczałtowanej stawce 5,279732 *(przy analizie cen dziennych)*, BELEX15 ma najbardziej rozszerzalny rozkład, co oznacza również najsłabszą formę efektywności.
CROBEX o współczynniku kurtozy 4,433006 *(przy analizie cen dziennych) Oprócz* indeksu BELEX15 istnieje znacznie wyższy rozkład leptokurcji w porównaniu z BUX i WIG20 o współczynnikach kurtozy odpowiednio 3,435721 i 3,586395. Jak wspomniano powyżej, tylko DJIA ma współczynnik mniejszy niż 3, czyli 2,408114, a zatem wskaźnik ten oznacza najwyższą skuteczność. Zgodnie z powyższym, obliczone współczynniki spłaszczenia wskazują na fakt, że BELEX15 ma najmniejszy stopień, a DJIA jest najwyższym stopniem obecności słabej formy efektywności rynkowej.
We wszystkich wskaźnikach współczynnik kurtozy ma ten sam rodzaj asymetrii, niezależnie od tego, czy stosowane są dane dzienne, tygodniowe czy miesięczne. Tak więc we wszystkich analizowanych szeregach czasowych *(dziennym, tygodniowym i miesięcznym)* współczynniki kurtozy powyżej 3, tj. szeregach czasowych mają rozkład leptokurtowy z BELEX15, CROBEX, BUX i WIG20, natomiast współczynnik przedmiotowy jest mniejszy niż 3 w DJIA, odpowiednio tylko ten wskaźnik ma rozkład platykurtowy. Analiza szeregów danych dla różnych okresów czasu nie wskazuje na to, że przy dłuższym okresie czasu szeregi danych są bardziej efektywne, biorąc pod uwagę, że wyniki uzyskane w wyniku analizy i badań są różne. Należy zauważyć, że różnice we współczynnikach kurtozy w różnych szeregach czasowych są minimalne, biorąc pod uwagę analizowane okresy czasu.
Z przeprowadzonej analizy i dołączonych do niej tabel wynika, że BELEX15 charakteryzuje się najwyższą asymetrią przy zastosowaniu współczynnika spłaszczenia / współczynnika kurtozy jako punktu odniesienia w stosunku do wszystkich innych badanych rynków. Co więcej, współczynnik spłaszczenia jest najwyższy dla wszystkich badanych przedziałów czasowych. Ta największa

dodatnia asymetria obecna w indeksie serbskim oznacza, że serbski rynek kapitałowy jest najmniej efektywny w swojej słabej formie.

6.1.4 Test Jarque-Bera

Statystyki testu Jarque-Bera (**tabela 25**) wskazują na niestabilną zmienność w dochodach z indeksów, a zatem wskazują na słabszą efektywność. Jak wynika z **tabeli 26**, statystyki testu Jarque-Bera[157] są:

Tabela 25 - Przykład statystyk testu Jarque-Bera

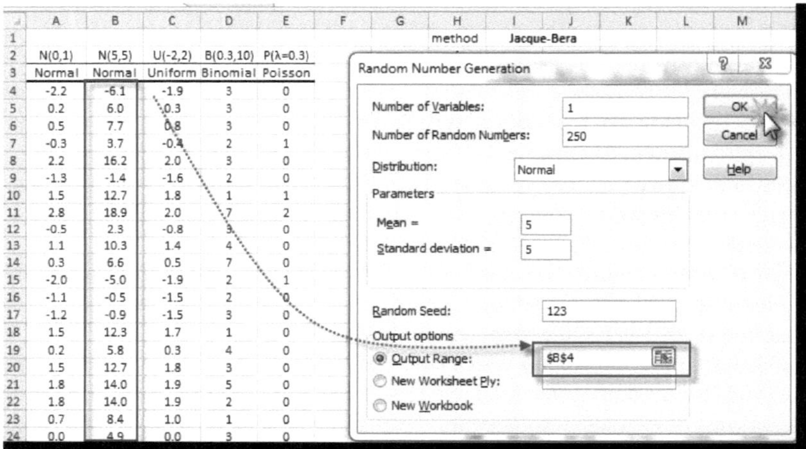

	A	B	C	D	E
1					
2	N(0,1)	N(5,5)	U(-2,2)	B(0.3,10)	P(λ=0.3)
3	Normal	Normal	Uniform	Binomial	Poisson
4	-2.2	-6.1	-1.9	3	0
5	0.2	6.0	0.3	3	0
6	0.5	7.7	0.8	3	0
7	-0.3	3.7	-0.4	2	1
8	2.2	16.2	2.0	3	0
9	-1.3	-1.4	-1.6	2	0
10	1.5	12.7	1.8	1	1
11	2.8	18.9	2.0	7	2
12	-0.5	2.3	-0.8	3	0
13	1.1	10.3	1.4	4	0
14	0.3	6.6	0.5	7	0
15	-2.0	-5.0	-1.9	2	1
16	-1.1	-0.5	-1.5	2	0
17	-1.2	-0.9	-1.5	3	0
18	1.5	12.3	1.7	1	0
19	0.2	5.8	0.3	4	0
20	1.5	12.7	1.8	3	0
21	1.8	14.0	1.9	5	0
22	1.8	14.0	1.9	2	0
23	0.7	8.4	1.0	1	0
24	0.0	4.9	0.0	3	0

znacznie zredukowane w zależności od horyzontu czasowego. W związku z tym, w przypadku korzystania z cen dziennych, statystyka testowa Jarque-Bera jest największa, podczas gdy ta sama jest najmniejsza w przypadku korzystania z cen miesięcznych.

[157]www. xInputData.png.pagespeed.ic.YwP4Mdtjnc.webp

Tabela 26 - Prezentacja statystyk Jarque-Bera

index	prices	mean	median	max	min	st.dev.	skewness	kurtosis	Jarque-Bera	probability	observations
BELEX15	daily	957,13	660,96	3304,64	354,39	666,19	1,808086	5,279732	1933,985	0	2540
	weekly	956,78	659,67	3283,62	367,6	665,33	1,806531	5,284118	400,4483	0	526
	monthly	960,28	666,69	3261,77	384,5	670,78	1,813396	5,323085	93,52344	0	121
CROBEX	daily	2379,61	1926,29	5392,94	1262,58	967,42	1,627171	4,433006	1326,593	0	2518
	weekly	2376,86	1922,25	5362,86	1288,49	967,69	1.633.476	4.464.051	28,4273	0	527
	monthly	2385,09	1945,6	5279,14	1308,89	977,11	1,619844	4,423139	53,1262	0	121
BUX	daily	20291,69	20623,35	30118,12	9461,29	3546,92	-0,240241	3,435721	44,06991	0	2514
	weekly	20282,25	20592,25	29840,94	9870,31	3552,35	-0,22506	3,438086	[illegible],64672	0,0132255	526
	monthly	20379,52	20332,83	29408,95	10033,6	3533,33	-0,175573	3,345597	[illegible],22509	0,541969	121
WIG20	daily	2561,23	2445,23	3917,87	1327,64	479,03	0,652522	3,586395	2[illegible]5,2763	0	2524
	weekly	2559,77	2445,83	3897,75	1327,64	478,89	0,652246	3,630268	46,00174	0	526
	monthly	2574,41	2457,52	3844,32	1461,22	483,86	0,673634	3,527495	10,55412	0,005107	121
DJIA	daily	12832,18	12472,92	18312,39	6547,05	2670,44	0,315086	2,408114	78,65528	0	2526
	weekly	12828,89	12479,94	18312,39	6726,02	2661,58	0,319948	2,413963	16,50116	0,000261	526
	monthly	12806,83	12480,69	18096,9	6875,84	2647,86	0,336944	2,436711	3,88925	0,143041	121

Wskazuje to, że mniejsza zmienność zwrotów jest obecna przy stosowaniu cen z dłuższych okresów czasu. W analizie cen dziennych, BELEX15 jest podkreślony przez wynik testu Jarque-Bera na poziomie 1 933 985, który wykazuje największe odchylenie od rozkładu normalnego i w konsekwencji największe odchylenie od modelu losowego chodu. Test ten pokazuje również, że model BELEX15 charakteryzuje się najbardziej niestabilną zmiennością zwrotów. Z drugiej strony DJIA ma najniższą statystykę testu Jarque-Bera, co oznacza, że ta seria jest zbliżona do rozkładu normalnego, a zatem jest najbardziej efektywna ze wszystkich testowanych indeksów. Tak jak w przypadku innych testów normalności, które zostały wcześniej wyprowadzone, CROBEX, choć pozostaje w tyle za indeksem BELEX15, jest znacznie bliżej do BUX i WIG20.

6.2 Test działania

Badanie "Runs" jest dodatkowym badaniem wykorzystywanym w tym badaniu do zbadania efektywności rynku. Jeśli obliczona wartość Z jest wyższa niż -1,96 lub niższa niż +1,96, to cena wskaźnika sugeruje, że ruch losowy jest taki, że dane poruszają się zgodnie z teorią losowego spaceru. W przeciwnym razie, cena indeksu nie jest losowa, a zatem szeregi danych nie są efektywne. W konsekwencji, hipoteza zerowa zakłada, że dane są rozmieszczone losowo.
Podczas testów serii stosuje się metodę ciągłego, złożonego rocznego tempa wzrostu. Stopa ta jest używana do obliczania wydajności dla danego okresu przy użyciu następującego wzoru:

$$\mathbf{Rt = ln\ (p_t / p_{t-1})}\ \mathbf{(1.}10)$$

Rt reprezentuje rentowność, **ln** jest naturalnym logiem, p_t jest bieżącą ceną zamknięcia, **p** $_{t-1}$ jest poprzednią ceną zamknięcia.

Tabela 27 - Badania wydajności dziennej ln

Nazwa indeksu	Liczba przejazdów	poniższe uwagi oznaczają	Powyższe uwagi oznaczają	zaobserwowana liczba przejazdów	spodziewana liczba przejazdów	st.dev. of runs	Wartość Z:	Wartość P(2 boczne)	Decyzja
BELEX 15	1085	1268	1271	2539	1270,5	25,1892	-7,3642	0,000	odrzucenie X0
CROBEX	1177	1173	1339	2512	1251,52	24,9455	-2,9871	0,003	odrzucenie X0
BUX	1247	1238	1275	2513	1257,23	25,0545	-0,4082	0,683	nie odrzucać X0
WIG20	1330	1237	1286	2523	1262,02	25,1003	2,7082	0,007	odrzucenie X0
DJIA	1321	1198	1327	2525	1260,2	25,0541	2,4266	0,015	odrzucenie X0
Hipoteza **zerowa X0-**									

Tabela 27 daje nam wgląd w wyniki codziennych testów. Hipoteza zerowa (**X0**) zakłada, że dane są alokowane losowo, natomiast hipoteza alternatywna (**X1**) zakłada, że dane nie są alokowane losowo. Jak wynika z Tabeli 27, wartość p dla wszystkich indeksów z wyjątkiem BUX jest mniejsza niż α, czyli 0,05, co oznacza, że wartości statystyki Z nie mieszczą się w przedziale ± 1,96 i odpowiednio dla tych indeksów odrzucamy hipotezę zerową. W związku z tym testowanie przebiegów oznacza, że dzienne kolejne zbiory dla wszystkich testowanych indeksów z wyjątkiem BUX nie są generowane losowo. Jak wynika z tabeli 27, z

-7,3642 BELEX15 ma zdecydowanie największą wartość Z w wartości bezwzględnej, co oznacza, że wskaźnik przedmiotowy jest co najmniej efektywny, biorąc pod uwagę, że odchylenie ± 1,96 jest największe. Ze wszystkich badanych wskaźników, tylko wartość BUX P wynosi 0, lub 0,05, co oznacza, że w tym przypadku nie odrzucymy hipotezy zerowej, że dzienne kolejne zbiory są generowane losowo.

Tabela 28 - Przeprowadzanie badań wydajności tygodniowej ln

Nazwa indeksu	Liczba przejazdów	poniższe uwagi oznaczają	powyższe uwagi oznaczają	zaobserwowana liczba przejazdów	spodziewana liczba przejazdów	st.dev. of runs	Wartość Z:	Wartość(2 boczne)	Decyzja
BELEX15	230	245	280	525	262,3333	11,3945	-2,8376	0,0045	odrzucenie X0
CROBEX	232	262	263	525	263,499	11,4455	-2,7521	0,0059	odrzucenie X0
BUX	266	251	274	525	262,9962	11,4235	0.2630	1,2074	nie odrzucać X0
WIG20	271	255	270	525	263,2857	11,4361	0,6746	1,5000	nie odrzucać X0
DJIA	260	231	294	525	259,72	11,2804	0,0248	1,0198	nie odrzucać X0
Hipoteza **zerowa X0-**									

W trakcie testów, przy wykorzystaniu danych na poziomie tygodniowym, występują znaczne różnice w wynikach. Jak wynika z **tabeli 28**, testy na poziomie tygodniowym pokazują, że oprócz BUX, DJIA i WIG20 mają również dane generowane losowo. Miesięczne dane z testów wydajności ln przedstawiono w **tabeli 29**. Wartości p- wartości 1,2, 1,5 i 1,0 w BUX, WIG20 i DJIA wskazują, że indeksy te nie zostaną odrzucone przez X0, biorąc pod uwagę wartość p większą niż alfa i 0,05.

Z drugiej strony, wartości p dla BELEX15 i CROBEX wynoszą odpowiednio 0,005 i 0,006, a zatem w tych wskaźnikach należy odrzucić hipotezę zerową, że dane są rozmieszczone losowo. A w przypadku testów tygodniowych BELEX15 pokazuje, że jego dane są przynajmniej losowo rozmieszczone i dlatego wskaźnik ten wskazuje najniższą wydajność.

Z analizy i załączonych tabel wynika, że BELEX15 charakteryzuje się najwyższą asymetrią przy zastosowaniu testu JB jako punktu odniesienia w porównaniu do wszystkich innych badanych rynków. Co więcej, statystyki Jarque-Bera są najwyższe dla wszystkich badanych przedziałów czasowych. Ta największa dodatnia asymetria obecna w indeksie serbskim oznacza, że serbski rynek kapitałowy jest najmniej efektywny w swojej słabej formie.

Tabela 29 - Badania wydajności miesięcznej ln

Nazwa indeksu	Liczba przejazdów	poniższe uwagi oznaczają	Powyższe uwagi oznaczają	zaobserwowana liczba przejazdów	spodziewana liczba przejazdów	st.dev. of runs	Wartość Z:	Wartość(2 boczne)	Decyzja
BELEX15	50	53	67	120	60,1833	5,3793	-1,8931	0,0583	nie odrzucać X0
CROBEX	59	60	60	120	61,0000	5,4542	-0,3667	0,7138	nie odrzucać X0
BUX	55	63	57	120	60,8500	5,4404	-1,0753	0,2822	nie odrzucać X0
WIG20	61	59	61	120	60,9833	5,4526	0,0031	1,0024	nie odrzucać X0
DJIA	57	51	69	120	59,6500	5,3304	-0,4971	0,6191	nie odrzucać X0
Hipoteza **zerowa X0-**									

W przypadku badań z wykorzystaniem miesięcznych zbiorów ln, wyniki przedstawione w **tabeli 29** wskazują na fakt, że wszystkie wskaźniki mają wartości Z-statystyki, które mieszczą się w przedziale ± 1,96, co oznacza, że konieczne jest przyjęcie dla nich hipotezy zerowej. Należy jednak podkreślić, że choć wyniki testów BELEX15 wskazują, że nie odrzucimy hipotezy zerowej, to wartość p wskaźnika jest bardzo zbliżona do α (alfa) 0,05 i nadal wskaźnik ten wykazuje wartości wskazujące na najniższą wydajność w stosunku do wszystkich innych wskaźników tematycznych.

Testy wydajności miesięcznej stanowią istotną różnicę w wynikach w porównaniu z testami wydajności dziennej ln. Wskazuje to na fakt, że im dłuższy jest horyzont czasowy stosowany w tego typu testach, tym dane stają się bardziej losowo rozłożone, a co za tym idzie, wskaźniki są bardziej wydajne.

6.3 Jednostkowy test korzeniowy

Jednostkowy test na obecność korzeni jest wykorzystywany do określania serii stacjonarnych lub niestacjonarnych. Szereg czasowy jest uważany za słabo stacjonarny, jeśli średnia, wariancja i kowariancja są niezależne od czasu. W konsekwencji niestacjonarność wskazuje, że szereg czasowy wydaje się być przypadkowy i w związku z tym hipoteza efektywnego rynku może być uznana za ważną w przypadku niestacjonarności. Standardową praktyką w określaniu istnienia pierwiastka jednostkowego jest test Dickey-Fullera lub alternatywnie rozszerzony test Dickey-Fullera, w którym regresja Dickey-Fullera jest rozszerzona o opóźnienie niezależnych zmiennych w celu kontroli ewentualnych autokorelacji w danych (Asteriou i Hall, 2011[158]). Ponadto, biorąc pod uwagę zastosowanie stationaryzacji, stosuje się test Philipsa-Perona, biorąc pod uwagę, że jest to alternatywna metoda kontroli korelacji szeregowej w testach z pierwiastkami jednostkowymi.

Wartości obliczone przez MacKinnon mają ogromne znaczenie w testach korzeni jednostkowych, biorąc pod uwagę, że wskazują one na istnienie stacjonarności (MacKinnon, 2010[159]). W przypadku rozszerzonych testów Dickey-Fuller'a i Phillips-Perona, jeżeli statystyka testu jest większa niż wartości krytyczne, czyli wartości obliczone przez MacKinnona, wówczas przyjęta zostanie hipoteza zerowa, co oznacza, że dane nie są stacjonarne lub że niestacjonarność jest obecna. W tym przypadku dane wydają się losowe lub wydajne. W przeciwnym razie uznaje się, że dane są niestacjonarne lub że szereg nie jest śledzony losowo. W związku z tym, hipoteza zerowa zakłada, że dane mają pierwiastek jednostkowy. Z drugiej strony, ze względu na ADF i PP, czyli rzeczy, w których istniała hipoteza zerowa, KPSS ma hipotezę zerową, która odpowiada stacjonarności hipotezy alternatywnej. Powiedzmy, że jeśli nie odrzucimy hipotezy zerowej, to przy zastosowaniu testu KPSS przetestowane dane są traktowane efektywnie.

6.3.1 Test rozszerzony Dickey-Fuller'a

Powiększony test Dickey'a Fullera służy do określenia obecności pierwiastka jednostkowego w szeregach czasowych próbki. W związku z tym, w celu ustalenia istnienia stacjonarności, w badaniach tych stosuje się rozszerzony test Dickey'a Fullera. Do badania pierwiastka jednostkowego użyto wydajności kłody. W rozszerzonym teście DF, jeśli statystyka testu jest większa niż wartości krytyczne (*wartość tabelaryczna MacKinnona*), wtedy zostanie przyjęta hipoteza zerowa, lub dane nie są stacjonarne. W związku z tym, w tym przypadku dane wydają się być losowe lub wydajne. W przeciwnym razie można powiedzieć, że dane są stacjonarne lub że nie wydają się poruszać losowo. W konsekwencji, hipoteza zerowa zakłada, że dane mają pierwiastek jednostkowy.

---

[158] Asteriou, D i Hall, S (2011). Stosowana ekonometria. Palgrave MacMillan. P. 344

[159] MacKinnon, J (2010). Wartości krytyczne dla testów integracyjnych. Queen's Economics Department Working Paper 1227.

Tabela 30 - Augmented Dicky - Fuller Test dla danych dziennych

Testing weak form efficiency			BELEX15	CROBEX	BUX	WIG20	DJIA
Augmented Dickey-Fuller test daily data	index level	test statistics	-0,7946	-1,0763	-2,3108	-1,8573	-0,6421
		1% level	-3,4327	-3,4328	-3,4328	-3,4328	-3,4328
		5% level	-28625	-2,8625	-2,8625	-2,8625	-2,8625
		10% level	-2,5673	-2,5673	-2,5673	-2,5673	-2,5673
		probability	0,82	0,7272	0,1686	0,3529	0,8588
	1st difference	test statistics	-29,1836	-18,8903	-47,956	-46,3608	-54,6261
		1% level	-3,4327	-3,4328	-3,4328	-3,4328	-3,4328
		5% level	-2,8625	-2,8625	-2,8625	-2,8625	-2,8625
		10% level	-2,5673	-2,5673	-2,5673	-2,5673	-2,5673
		probability	0	0	0,0001	0,0001	0,0001

Tabela 30 przedstawia wyniki rozszerzonego testu DF, który jest wykorzystywany do określenia obecności stacjonarności w danych dziennych. Należy zwrócić uwagę, że podczas analizy i badania *Schwartza* wykorzystano *informacje z* maksymalną liczbą opóźnień wynoszącą 26. Wyniki testu jednostkowo-korzeniowego przekrojowego/interceptowego pokazują, że wszystkie indeksy mają wyższe statystyki w stosunku do wartości krytycznych (wartości obliczone przez MacKinnona) w 1%, 5%, a 10% sugerujące konieczność przyjęcia zerowej hipotezy jednostkowo-korzeniowej. W konsekwencji oznacza to, że dane we wszystkich indeksach są niestacjonarne i że rynki te wykazują cechy losowego chodzenia, a zatem są wydajne w słabej formie. Jednakże, wyniki

test rozszerzonego DF przy testowaniu pierwiastka jednostkowego przy pierwszej różnicy przekrojowej/ pierwszej różnicy ([1.] różnica) pokazuje, że konieczne jest odrzucenie hipotezy zerowej, co oznacza, że dane są stacjonarne, biorąc pod uwagę, że obliczone statystyki testowe są mniejsze od wartości krytycznych.

Tabela 31 Augmented Dicky - Fuller Test dla danych tygodniowych

Testing weak form efficiency			BELEX15	CROBEX	BUX	WIG20	DJIA
Augmented Dickey-Fuller test weekly data	index level	test statistics	-1,5111	-1,4026	-2,2918	-1,9865	-0,6317
		1% level	-3,4427	-3,4426	-3,4426	-3,4426	-3,4426
		5% level	-2,8669	-2,8668	-2,8668	-2,8668	-2,8668
		10% level	-2,5697	-2,5697	-2,5696	-2,5697	-2,5696
		probability	0,5274	0,5818	0,1750	0,2929	0,8606
	1st difference	test statistics	-7,431	-10,0735	-23,005	-34,7699	-24,6657
		1% level	-3,4427	-3,4426	-3,4426	-3,4426	-3,4426
		5% level	-2,8669	-2,8668	-2,8668	-2,8668	-2,8668
		10% level	-2,5697	-2,5697	-2,5697	-2,5697	-2,5697
		probability	0,0000	0,0000	0,0000	0,0000	0,0000

Tabela 31 przedstawia wyniki rozszerzonego testu DF po tygodniowych cenach zamknięcia, przy czym *Schwartz* - informacja z maksymalną liczbą opóźnień 18. Wyniki testu jednostkowego DF na poziomie z przekrojami/przecięciami pokazują, że wszystkie indeksy, jak również w analizie danych dziennych mają wyższe statystyki w porównaniu do wartości krytycznych (wartości wyliczone

przez MacKinnona) w 1%, 5%, i 10% . Sugeruje to, że konieczne jest przyjęcie alternatywnej hipotezy dotyczącej pierwiastka jednostkowego, biorąc pod uwagę, że dane są niestacjonarne, a co za tym idzie, rynki wykazują cechy losowego chodzenia i są wydajne w słabej formie. W analizie pierwiastka jednostkowego w pierwszym przekrojowym zróżnicowaniu / pierwszej różnicy (pierwsza *różnica*), wyniki sugerują, że dane są niestacjonarne, biorąc pod uwagę, że obliczone statystyki testowe są mniejsze niż wartości krytyczne. W związku z tym, przy testowaniu i analizie testu DF rozszerzonego w pierwszym dyferencjale konieczne jest przyjęcie alternatywnej hipotezy o stacjonarności.

Tabela 32 - Augmented Dicky - Fuller Test dla danych montowanych

Testing weak form efficiency			BELEX15	CROBEX	BUX	WIG20	DJIA
Augmented Dickey-Fuller test monthly data	index level	test statistics	-1,8046	-1,1072	-2,308	-1,5686	-0,8103
		1% level	-3,487	-3,4856	-3,4861	-3,4856	-3,4856
		5% level	-2,8863	-2,8857	-2,8859	-2,8857	-2,8857
		10% level	-2,58	-2,5797	-2,5798	-2,5797	-2,5797
		probability	0,3767	0,7115	0,1712	0,4955	-0,8123
	1st difference	test statistics	-4,3166	-5,6754	-9,6141	-11,2444	-11,7339
		1% level	-3,487	-3,4866	-3,4861	-3,4861	-3,4861
		5% level	-2,8863	-2,8861	-2,8859	-2,8859	-2,8859
		10% level	-2,58	-2,5799	-2,5798	-2,5798	-2,5798
		probability	0,0007	0,0000	0,0000	0,0000	0,0000

Podczas badań i analiz wykorzystano maksymalną liczbę 12 opóźnień, wykorzystując dane miesięczne, a także informacje *Schwartza.* Wyniki przedstawione w **tabeli 32** wskazują na istnienie niestacjonarności, biorąc pod uwagę fakt, że statystyki badań są w wartościach bezwzględnych we wszystkich wskaźnikach mniejsze od wartości krytycznych w 1%, 5% i 10%. Powyższa tabela wskazuje również, że wynik uzyskany podczas badania pierwszej różnicy z przekrojami/pierwszą różnicą (pierwsza różnica) jest taki sam jak w przypadku tego samego badania dla danych tygodniowych i dziennych. Dokładniej rzecz biorąc, wynik wskazuje na istnienie stationaryzacji lub brak chodu losowego, biorąc pod uwagę, że bezwzględne wartości statystyki testu są większe niż wartości krytyczne w 1%, 5% i 10%.

Wyniki rozszerzonego testu ADF wskazują, że im dłuższy okres czasu wykorzystany do analizy i testowania serii danych pierwszego przekroju różnicowego, tym mniejsza jest różnica między wartościami bezwzględnymi statystyki testu a wartościami bezwzględnymi obliczonymi przez MacKinnona. Prawidłowo, różnica między wartościami bezwzględnymi statystyk testowych i wartościami krytycznymi jest najmniejsza w analizie i testowaniu miesięcznych kursów zamknięcia, a największa na dziennych kursach zamknięcia. Wskazuje to na fakt, że efektywność indeksu jest większa przy dłuższym okresie czasu.

6.3.2 Test Phillipsa -Peron

Tabela 33 - Phillips - Peron Test dla serii danych dziennych

Testing weak form efficiency			BELEX15	CROBEX	BUX	WIG20	DJIA
Phillips-Peron test daily data	index level	test statistics	-0,9462	-1,1314	-2,3277	-1,8174	-0,5157
		1% level	-3,4327	-3,4328	-3,4328	-3,4327	-3,4327
		5% level	-28625	-2,8625	-2,8625	-2,8625	-2,8625
		10% level	-2,5673	-2,5673	-2,5673	-2,5673	-2,5673
		probability	0,7738	0,7054	0,1633	0,3723	0,8857
	1st difference	test statistics	-33,688	-458678	-47,9111	-49,38	-55,1502
		1% level	-3,4327	-3,4328	-3,4328	-3,4327	-3,4327
		5% level	-2,8625	-2,8625	-2,8625	-2,8625	-2,8625
		10% level	-2,5673	-2,5673	-2,5673	-2,5673	-2,5673
		probability	0,0000	0,0001	0,0001	0,0001	0,0001

Tabela 33 przedstawia wyniki testu Phillips-Peron jako potwierdzenie stacjonarności. Należy zauważyć, że do określenia stationaryzacji serii danych w tym teście użyto serii Newey-West wykorzystującej jądro Bartlett Kernel. Wyniki analizy serii danych przy użyciu testu PP wskazują na istnienie niestacjonarności we wszystkich indeksach. Dokładniej, obliczone statystyki testu dla wszystkich indeksów są większe niż wartości krytyczne dla 1%, 5% i 10% i w związku z tym nie odrzucymy hipotezy zerowej o istnieniu pierwiastka jednostkowego dla odpowiednich indeksów. Jak zauważono wcześniej, słaba forma rynku efektywności wymaga cen losowych, biorąc pod uwagę, że cena losowa oznacza, że szeregi danych nie są stałe. W konsekwencji możemy stwierdzić, że podczas testowania pierwiastka jednostkowego na poziomie przekroju poprzecznego (*tj. z przechwyceniem*) wskaźniki te wykazują słabą formę efektywności rynkowej, która jest zgodna z wynikami testu APD.

Z drugiej strony, podczas testowania serii danych na pierwszej różnicy w całej sekcji, wartość statystyczna testu jest znacznie mniejsza niż wartości tabelaryczne/obliczeniowe MacKinnona. Ponadto wyniki analizy PP pokazują, że wartości p we wszystkich indeksach wynoszą zero lub prawie zero, co oznacza, że konieczne jest przyjęcie alternatywnej hipotezy o stacjonarnym charakterze i stwierdzenie, że dzienne ceny zamknięcia nie zawierają pierwiastka jednostkowego, a zatem rynki te nie są efektywne.

Tabela 34 - Phillips - Peron Test dla serii danych tygodniowych

Testing weak form efficiency			BELEX15	CROBEX	BUX	WIG20	DJIA
Phillips-Perron test weekly data	index level	test statistics	-1,2797	-1,1818	-2,4135	-2,2793	-0,5113
		1% level	-3,4426	-3,4426	-3,4426	-3,4426	-3,4426
		5% level	-2,8668	-2,8668	-2,8668	-2,8668	-2,8668
		10% level	-2,5696	-2,5696	-2,5696	-2,5696	-2,5696
		probability	0,6404	0,6838	0,1385	0,1791	0,8861
	1st difference	test statistics	-24,7074	-20,1511	-23,0048	-36,0237	-24,6701
		1% level	-3,4426	-3,4426	-3,4426	-3,4426	-3,4426
		5% level	-2,8668	-2,8668	-2,8668	-2,8668	-2,8668
		10% level	-2,5697	-2,5696	-2,5697	-2,5697	-2,5697
		probability	0,0000	0,0000	0,0000	0,0000	0,0000

Przy testowaniu tygodniowych cen zamknięcia, wyniki testu PP na poziomie punktu odcięcia pokazują te same wyniki co w teście PP z danymi dziennymi. Dokładniej, chociaż obliczone statystyki testu są bliższe krytycznym poziomom w 1%, 5% i 10% w porównaniu z wynikami testu przy cenach dziennych, statystyki testu są nadal wyższe w stosunku do wartości krytycznej, co oznacza, że konieczne jest przyjęcie zerowej hipotezy o istnieniu pierwiastka jednostkowego. Istnienie pierwiastka jednostkowego we wszystkich wskaźnikach wskazuje na niestabilność serii danych, a tym samym na obecność słabej formy efektywności rynku.

Tabela 34 pokazuje również, że przy testowaniu tygodniowych serii danych na pierwszą różnicę przekrojową/pierwszą różnicę (*[1.] różnica*), konieczne jest odrzucenie hipotezy zerowej o istnieniu pierwiastka jednostkowego. Dokładniej, ponieważ testowe wartości statystyczne dla wszystkich indeksów są mniejsze niż wartości obliczone przez MacKinnona, implikuje to istnienie stacjonarności w seriach danych. Należy również zauważyć, że przy testowaniu szeregów danych z pierwszą różnicą, wartości p wszystkich indeksów są zerowe, co wskazuje na brak słabej formy efektywności rynku.

Tabela 35 - Phillips - Peron Test dla serii danych miesięcznych

Testing weak form efficiency			BELEX15	CROBEX	BUX	WIG20	DJIA
Phillips-Perron test monthly data	index level	test statistics	-1,6094	-1,5256	-2,4693	-1,8401	-0,8908
		1% level	-3,4856	-3,4856	-3,4856	-3,4856	-3,4856
		5% level	-2,8857	-2,8857	-2,8857	-2,8857	-2,8857
		10% level	-2,5797	-2,5797	-2,5797	-2,5797	-2,5797
		probability	0,4747	0,5714	0,1189	0,3596	0,7883
	1st difference	test statistics	-6,9218	-10,7765	-9,6623	-11,298	-11,7095
		1% level	-3,4861	-3,4861	-3,4861	-3,4861	-3,4861
		5% level	-2,8859	-2,8859	-2,8859	-2,8859	-2,8859
		10% level	-2,5798	-2,5798	-2,5798	-2,5798	-2,5798
		probability	0,0000	0,0000	0,0000	0,0000	0,0000

Wyniki jednostkowego testu podstawowego PP w sekcji danych serii danych na poziomie miesięcznym (**tabela 35**) są zgodne z wcześniej wykonanymi testami z serią danych na poziomie dziennym i tygodniowym. W szczególności, biorąc pod uwagę, że statystyki testowe są większe niż wartości krytyczne na poziomie 1 %, 5 % i 10 %, wyniki wskazują na istnienie niestacjonarności i tym samym wskazują na istnienie słabej formy efektywności rynkowej we wszystkich badanych wskaźnikach.
Podczas testowania miesięcznych serii danych przy pierwszej różnicy / pierwszej różnicy (pierwsza różnica), wartości statystyk testowych dla wszystkich indeksów są mniejsze niż wartości obliczone przez MacKinnona. W konsekwencji konieczne jest odrzucenie hipotezy zerowej o istnieniu pierwiastka jednostkowego, ponieważ wyniki wskazują na stacjonarność lub brak słabej formy efektywności rynku.
Podobnie jak w przypadku rozszerzonego testu ADF, wyniki testu PP wskazują na to, że seria danych pierwszej różnicy/ pierwszej różnicy (1. różnica), która ma dłuższy okres czasu, jest bardziej efektywna niż seria danych o krótszym czasie trwania badania przekrojowego. Dokładniej rzecz biorąc, różnica między wartościami bezwzględnymi statystyk badań a wartościami krytycznymi jest mniejsza, niż horyzont czasowy serii danych jest dłuższy. W związku z tym różnica między wartościami bezwzględnymi statystyk dotyczących badań a wartościami krytycznymi jest największa w przypadku analizy i badania miesięcznych cen zamknięcia, a najmniejsza w przypadku dziennych cen zamknięcia. Oznacza to, że im dłuższy okres czasu jest wykorzystywany w analizie i testach, tym większa jest efektywność wskaźnika i spójność danych.

6.3.3 Test Kwiatkowski-Philips-Schmidt-Shin

Tabela 36 - Kwiatkowski-Phillips-Schmidt-Shin do serii danych dziennych

Testing weak form efficiency			BELEX15	CROBEX	BUX	WIG20	DJIA
Kwiatkowski-Phillips-Schmidt-Shin test daily data	index level	test statistics	2,9042	2,8091	1,1573	1,7672	3,7662
		1% level	0,7390	0,7390	0,7390	0,7390	0,7390
		5% level	0,4630	0,4630	0,4630	0,4630	0,4630
		10% level	0,3470	0,3470	0,3470	0,3470	0,3470
	1st difference	test statistics	0,2147	0,1856	0,0674	0,0722	0,1528
		1% level	0,7390	0,7390	0,7390	0,7390	0,7390
		5% level	0,4630	0,4630	0,4630	0,4630	0,4630
		10% level	0,3470	0,3470	0,3470	0,3470	0,3470

Trzecim testem wykorzystanym w tym badaniu do ustalenia istnienia stationarności jest test Kwiatkowskiego-Phillipsa-Schmidta-Shina. W teście KPSS hipoteza zerowa o stacjonarności jest odrzucana dla wszystkich testowanych wskaźników, jeśli obliczona statystyka testu KPSS jest większa od wartości krytycznej na poziomie 1%, 5% i 10%, w którym to przypadku akceptowana jest alternatywna hipoteza niestacjonarności. Jak wynika z **tabeli 36** powyżej, przy testowaniu poziomu pierwiastka jednostkowego, wszystkie testowane rynki są efektywne. Z drugiej strony, załączona tabela wskazuje, że w pierwszej różnicy statystyka testu jest niższa od wartości krytycznych, a następnie nie odrzucamy hipotezy zerowej stacjonarności dla wszystkich wskaźników, biorąc pod uwagę, że test KPSS wskazuje na nieefektywność.

Tabela 37 - Kwiatkowski-Phillips-Schmidt-Shin do serii danych tygodniowych

Testing weak form efficiency			BELEX15	CROBEX	BUX	WIG20	DJIA
Kwiatkowski-Phillips-Schmidt-Shin test weekly data	index level	test statistics	1,3971	1,3695	0,6011	0,8695	1,8248
		1% level	0,7390	0,7390	0,7390	0,7390	0,7390
		5% level	0,4630	0,4630	0,4630	0,4630	0,4630
		10% level	0,3470	0,3470	0,3470	0,3470	0,3470
	1st difference	test statistics	0,1249	0,1753	0,073	0,0506	0,1519
		1% level	0,7390	0,7390	0,7390	0,7390	0,7390
		5% level	0,4630	0,4630	0,4630	0,4630	0,4630
		10% level	0,3470	0,3470	0,3470	0,3470	0,3470

Przy testowaniu danych tygodniowych na poziomie pierwiastka jednostkowego, statystyki testowe KPSS są wyższe niż wartość krytyczna na poziomie 1%, 5% i 10%, i w związku z tym przyjmuje alternatywną hipotezę o istnieniu niestacjonarności. W związku z tym wyniki przedstawione w **tabeli 37** oznaczają, że wszystkie testowane rynki są wydajne. Z drugiej strony, załączona tabela wskazuje, że dla pierwszej różnicy obliczone statystyki są niższe od wartości krytycznych, co oznacza, że nie należy odrzucać hipotezy zerowej niestacjonarności dla wszystkich wskaźników, biorąc pod uwagę, że test KPSS wskazuje na nieefektywność.

Tabela 38 - Szeregi danych miesięcznych Kwiatkowski-Phillips-Schmitt.

Testing weak form efficiency			BELEX15	CROBEX	BUX	WIG20	DJIA
Kwiatkowski-Phillips-Schmidt-Shin test monthly data	index level	test statistics	0,6298	0,6126	0,3522	0,4379	0,8022
		1% level	0,7390	0,7390	0,7390	0,7390	0,7390
		5% level	0,4630	0,4630	0,4630	0,4630	0,4630
		10% level	0,3470	0,3470	0,3470	0,3470	0,3470
	1st difference	test statistics	0,0819	0,1117	0,0543	0,0792	0,1148
		1% level	0,7390	0,7390	0,7390	0,7390	0,7390
		5% level	0,4630	0,4630	0,4630	0,4630	0,4630
		10% level	0,3470	0,3470	0,3470	0,3470	0,3470

W przeciwieństwie do dwóch poprzednich okresów, **Tabela 38** wskazuje, że przy testowaniu danych w ujęciu miesięcznym, konieczne jest przyjęcie przez wszystkie testowane rynki, z wyjątkiem DJIA, hipotezy zerowej stacjonarności, biorąc pod uwagę, że statystyka testowa jest niższa od wartości krytycznej na poziomie 1%, 5% i 10%, co oznacza, że przy testowaniu poziomu pierwiastka jednostkowego, wszystkie testowane rynki są nieefektywne. Tylko w przypadku testów DJIA statystyki są wyższe, co wskazuje, że tylko ten rynek jest efektywny. Z drugiej strony, dla pierwszej różnicy/najpierwszej różnicy ([pierwsza] różnica), statystyki testowe są mniejsze od wartości krytycznych, a następnie nie odrzucamy hipotezy zerowej stacjonarności dla wszystkich indeksów, biorąc pod uwagę, że test KPSS wskazuje nieefektywność

Wyniki badań przekrojowych/przełamujących KPSS wskazują na to, że dłuższy horyzont czasowy oznacza większą skuteczność, ponieważ różnice w wartościach bezwzględnych między statystykami badań KPSS a poziomami krytycznymi maleją.

6.4 Test automatycznej korelacji (AutoCorrelation)

W celu ustalenia istnienia niestacjonarności przeprowadzono analizę korelacji między resztami za pomocą programu EVIEWS. Obecność autokorelacji na danych dziennych, tygodniowych i miesięcznych z wykorzystaniem cen zamknięcia wykazano za pomocą autokorelacji, autokorelacji częściowej oraz testu Lung-Box Q z odpowiednimi wartościami P. Korrelogram przedstawia funkcję autokorelacji i autokorelacji częściowej do 30 linii. Funkcje te charakteryzują się wzorcami zależności czasowych szeregów danych i są prezentowane za pomocą korelogramu na poziomie indeksu. W teście autokorelacji próbuje się określić, czy korelacja szeregowa współczynnika istotnie różni się od zera. Statystycznie, hipotezę o słabej formie efektywności rynku należy odrzucić, jeśli plony są powiązane szeregowo lub jeśli odpowiadające im prawdopodobieństwo jest większe niż poziom 5%. Hipoteza zerowa zakłada, że korelacja szeregowa nie istnieje, dopóki nie zostanie przyjęta hipoteza alternatywna, że korelacja szeregowa istnieje.

Tabela 39 - Korrelogram dla danych dziennych dotyczących poziomu indeksu BELEX15

Sample: 10/04/2005 10/30/2015
Included observations: 2536

BELEX15

Autocorrelation	Partial Correlation		AC	PAC	Q-Stat	Prob
		1	0.001	0.001	0.0015	0.969
		2	-0.002	-0.002	0.0150	0.993
		3	0.001	0.001	0.0176	0.999
		4	0.018	0.018	0.8747	0.928
		5	-0.010	-0.010	1.1227	0.952
		6	0.021	0.021	2.2760	0.893
		7	0.009	0.009	2.4704	0.929
		8	0.074	0.074	16.512	0.036
		9	0.091	0.091	37.380	0.000
		10	0.056	0.057	45.492	0.000
		11	0.042	0.045	49.992	0.000
		12	-0.027	-0.029	51.887	0.000
		13	-0.018	-0.020	52.715	0.000
		14	0.092	0.090	74.277	0.000
		15	0.069	0.067	86.488	0.000
		16	-0.006	-0.010	86.568	0.000
		17	0.029	0.015	88.767	0.000
		18	0.026	0.007	90.508	0.000
		19	0.058	0.046	99.183	0.000
		20	0.048	0.045	105.08	0.000
		21	0.061	0.065	114.74	0.000
		22	0.019	0.014	115.64	0.000
		23	0.047	0.027	121.29	0.000
		24	0.012	-0.006	121.66	0.000
		25	-0.022	-0.041	122.90	0.000
		26	-0.038	-0.046	126.69	0.000
		27	0.018	0.010	127.56	0.000
		28	0.064	0.041	138.07	0.000
		29	-0.006	-0.040	138.16	0.000
		30	-0.049	-0.077	144.22	0.000

Powyższa tabela korelacji (**tabela 39**) dotycząca danych dziennych na poziomie wskaźnika BELEX15 wskazuje na istnienie korelacji szeregowej i dlatego nie możemy przyjąć zerowej hipotezy o braku korelacji szeregowej. Wyniki te są zgodne z badaniem sugerującym, że autokorelacja istnieje w codziennym wskaźniku BELEX15 , co oznacza, że serbski rynek kapitałowy nie jest efektywny w słabej formie. (Rakić i Rađenović, 2013[160]). W związku z tym przedmiotowy korelogram wskazuje na fakt, że wynik rozszerzonego testu Dickey'a Fullera nie może być uznany za prawidłowy, biorąc pod uwagę, że statystycznie istotny współczynnik autokorelacji na poziomie 5% istotności jest pokazany już w ósmym rzędzie.

Tabela 40 - Korrelogram dla danych dziennych na poziomie indeksu CROBEX

[160] Rakić, B. и Radjenović, T. (2013). Importance of Capital Market Efficiency for Economic Growth: the Case of Serbia. Actual Problems of Economics. 140 (2). 318-330.

Sample: 10/04/2005 10/30/2015
Included observations: 2507

CROBEX

Autocorrelation	Partial Correlation		AC	PAC	Q-Stat	Prob
		1	0.003	0.003	0.0256	0.873
		2	-0.002	-0.002	0.0388	0.981
		3	-0.001	-0.001	0.0437	0.998
		4	-0.002	-0.002	0.0532	1.000
		5	-0.007	-0.007	0.1643	0.999
		6	-0.038	-0.038	3.7949	0.704
		7	-0.001	-0.001	3.8004	0.802
		8	0.058	0.058	12.249	0.140
		9	-0.018	-0.018	13.052	0.160
		10	0.048	0.048	18.764	0.043
		11	0.062	0.062	28.405	0.003
		12	0.027	0.025	30.183	0.003
		13	0.028	0.029	32.173	0.002
		14	-0.053	-0.049	39.243	0.000
		15	0.064	0.065	49.690	0.000
		16	0.083	0.085	67.212	0.000
		17	-0.024	-0.017	68.620	0.000
		18	0.033	0.032	71.444	0.000
		19	-0.024	-0.027	72.850	0.000
		20	-0.027	-0.033	74.692	0.000
		21	-0.018	-0.020	75.523	0.000
		22	-0.044	-0.040	80.465	0.000
		23	0.038	0.023	84.152	0.000
		24	-0.037	-0.043	87.557	0.000
		25	-0.005	-0.005	87.616	0.000
		26	-0.037	-0.060	91.149	0.000
		27	0.023	0.015	92.506	0.000
		28	-0.021	-0.034	93.618	0.000
		29	0.005	0.008	93.692	0.000
		30	-0.019	-0.008	94.600	0.000

Przedstawiona powyżej korelacja (**tabela 40**) odbywa się na danych dziennych na poziomie wskaźnika CROBEX wskazującego na niską efektywność z CROBEX. Dokładniej rzecz biorąc, analiza wskazuje na istnienie korelacji szeregowej i dlatego musimy przyjąć alternatywną hipotezę o istnieniu korelacji szeregowej. Również korelogram przedmiotowy wskazuje na fakt, że wynik rozszerzonego testu Dickey'a Fullera nie może być zaakceptowany jako poprawny, biorąc pod uwagę, że statystycznie istotny współczynnik autokorelacji na poziomie 5% istotności jest pokazany już w wierszu 11.

Tabela 41 - Korrelogram dla danych dziennych na poziomie indeksu BUX

Sample: 10/04/2005 10/30/2015
Included observations: 2513

BUX

Autocorrelation	Partial Correlation		AC	PAC	Q-Stat	Prob
		1	0.046	0.046	5.2545	0.022
		2	-0.042	-0.044	9.6788	0.008
		3	-0.035	-0.031	12.676	0.005
		4	0.056	0.058	20.589	0.000
		5	0.017	0.009	21.298	0.001
		6	-0.028	-0.026	23.279	0.001
		7	-0.037	-0.030	26.683	0.000
		8	0.002	0.000	26.691	0.001
		9	0.044	0.038	31.503	0.000
		10	0.021	0.018	32.584	0.000
		11	-0.024	-0.019	34.083	0.000
		12	-0.008	-0.002	34.244	0.001
		13	0.026	0.021	36.019	0.001
		14	-0.001	-0.009	36.023	0.001
		15	-0.025	-0.019	37.583	0.001
		16	0.034	0.043	40.546	0.001
		17	0.039	0.032	44.480	0.000
		18	0.013	0.008	44.890	0.000
		19	-0.028	-0.022	46.846	0.000
		20	-0.013	-0.009	47.252	0.001
		21	0.050	0.046	53.540	0.000
		22	0.021	0.011	54.633	0.000
		23	0.001	0.008	54.639	0.000
		24	0.008	0.019	54.807	0.000
		25	0.026	0.019	56.521	0.000
		26	0.006	-0.005	56.625	0.000
		27	-0.000	0.002	56.625	0.001
		28	-0.041	-0.033	60.826	0.000
		29	-0.037	-0.035	64.353	0.000
		30	-0.022	-0.027	65.610	0.000

Przedstawiona powyżej korelacja (**tabela 41**) odbywa się na danych dziennych na poziomie wskaźnika wskazującego na niską efektywność BUX. Dokładniej rzecz biorąc, analiza wskazuje na istnienie korelacji szeregowej i dlatego musimy odrzucić hipotezę zerową o braku korelacji szeregowej. Również korelacja przedmiotowa wskazuje, że wynik rozszerzonego testu Dickey'a Fullera nie może być uznany za prawidłowy, biorąc pod uwagę, że statystycznie istotny współczynnik autokorelacji na poziomie 5% istotności jest pokazany już w trzecim rzędzie.

Tabela 42 - Korrelogram dla danych dobowych na poziomie indeksu WIG20

Sample: 10/04/2005 10/30/2015
Included observations: 2523

WIG20

Autocorrelation	Partial Correlation		AC	PAC	Q-Stat	Prob
		1	0.019	0.019	0.8809	0.348
		2	-0.037	-0.037	4.3266	0.115
		3	0.001	0.002	4.3282	0.228
		4	0.003	0.001	4.3454	0.361
		5	-0.009	-0.009	4.5360	0.475
		6	-0.004	-0.003	4.5718	0.600
		7	-0.004	-0.005	4.6137	0.707
		8	-0.012	-0.012	4.9987	0.758
		9	0.020	0.020	5.9739	0.743
		10	0.002	0.000	5.9845	0.817
		11	-0.004	-0.002	6.0212	0.872
		12	-0.029	-0.029	8.1712	0.772
		13	0.005	0.006	8.2443	0.827
		14	-0.009	-0.011	8.4438	0.865
		15	0.049	0.050	14.590	0.481
		16	-0.012	-0.015	14.984	0.526
		17	0.020	0.024	15.980	0.525
		18	0.002	-0.001	15.989	0.593
		19	-0.026	-0.025	17.732	0.540
		20	-0.050	-0.049	24.092	0.238
		21	0.020	0.022	25.145	0.241
		22	0.019	0.015	26.058	0.249
		23	-0.012	-0.009	26.439	0.281
		24	-0.017	-0.019	27.208	0.295
		25	-0.001	-0.000	27.209	0.346
		26	0.001	-0.002	27.214	0.398
		27	0.008	0.011	27.390	0.443
		28	-0.016	-0.018	28.038	0.462
		29	0.034	0.041	30.967	0.367
		30	-0.051	-0.058	37.509	0.163

Przedstawiona powyżej korelacja (**tabela 42**) odbywa się na danych dziennych na poziomie indeksu, wskazując na efektywność obecną w WIG20. Dokładniej rzecz biorąc, analiza wskazuje na brak korelacji szeregowej i dlatego przyjmujemy hipotezę zerową o braku korelacji szeregowej. Również korelacja przedmiotowa wskazuje, że wynik rozszerzonego testu Dickey'a Fullera jest akceptowany jako poprawny, biorąc pod uwagę, że statystycznie istotny współczynnik autokorelacji na poziomie 5% istotności nie jest pokazany w pierwszych 30 liniach.

Tabela 43 - Korrelogram dla danych dziennych na poziomie indeksu DJIA

Sample: 1 2526
Included observations: 2524

DJIA

Autocorrelation	Partial Correlation		AC	PAC	Q-Stat	Prob
		1	-0.004	-0.004	0.0320	0.858
		2	-0.038	-0.038	3.7078	0.157
		3	0.030	0.029	5.9286	0.115
		4	-0.039	-0.041	9.8338	0.043
		5	-0.042	-0.041	14.405	0.013
		6	-0.010	-0.015	14.681	0.023
		7	-0.017	-0.019	15.455	0.031
		8	0.016	0.016	16.111	0.041
		9	-0.009	-0.013	16.327	0.060
		10	0.034	0.034	19.252	0.037
		11	-0.011	-0.015	19.541	0.052
		12	0.036	0.039	22.748	0.030
		13	0.015	0.012	23.311	0.038
		14	-0.025	-0.020	24.905	0.036
		15	-0.051	-0.051	31.560	0.007
		16	0.041	0.040	35.810	0.003
		17	-0.001	0.002	35.812	0.005
		18	-0.059	-0.055	44.530	0.000
		19	0.011	0.006	44.851	0.001
		20	0.027	0.020	46.724	0.001
		21	-0.045	-0.039	51.828	0.000
		22	0.034	0.028	54.697	0.000
		23	-0.005	-0.010	54.750	0.000
		24	-0.009	-0.005	54.952	0.000
		25	0.002	-0.000	54.967	0.000
		26	-0.000	-0.001	54.967	0.001
		27	0.028	0.035	57.026	0.001
		28	-0.023	-0.025	58.423	0.001
		29	0.006	0.007	58.529	0.001
		30	-0.000	-0.004	58.529	0.001

Powyższy korelogram (**tabela 43**) jest wykonywany w danych dziennych na poziomie wskaźnika wskazuje na niską efektywność w DJIA. W szczególności, analiza wskazuje na istnienie korelacji szeregowej i dlatego musimy przyjąć alternatywną hipotezę o istnieniu korelacji szeregowej. Również w obrębie korelogramu wskazuje, że wynik rozszerzonego testu Dickey'a Fullera nie może być zaakceptowany jako poprawny, biorąc pod uwagę, że statystycznie istotny współczynnik autokorelacji na poziomie 5% istotności wykazany już w 11 wierszu.

Jeśli zignorujemy WIG20, który nie posiada korelacji szeregowej, analiza porównawcza dziennych danych zróżnicowanych na poziomie indeksu wskazuje, że tylko BUX posiada statystycznie istotny współczynnik autokorelacji w niższej kolejności, podczas gdy wszystkie inne indeksy posiadają statystyki Q w późniejszym rzędzie niż BELEX15. W konsekwencji, patrząc przez wyświetlanie korelacji przy użyciu dziennych cen zamknięcia, BELEX15 ma niski stopień efektywności.

Tabela 44 - Korrelogram danych dziennych z pierwszą różnicą dla indeksu BELEX15

Sample: 10/04/2005 10/30/2015
Included observations: 2536

BELEX15

Autocorrelation	Partial Correlation		AC	PAC	Q-Stat	Prob
		1	0.001	0.001	0.0015	0.969
		2	-0.002	-0.002	0.0150	0.993
		3	0.001	0.001	0.0176	0.999
		4	0.018	0.018	0.8747	0.928
		5	-0.010	-0.010	1.1227	0.952
		6	0.021	0.021	2.2760	0.893
		7	0.009	0.009	2.4704	0.929
		8	0.074	0.074	16.512	0.036
		9	0.091	0.091	37.380	0.000
		10	0.056	0.057	45.492	0.000
		11	0.042	0.045	49.992	0.000
		12	-0.027	-0.029	51.887	0.000
		13	-0.018	-0.020	52.715	0.000
		14	0.092	0.090	74.277	0.000
		15	0.069	0.067	86.488	0.000
		16	-0.006	-0.010	86.568	0.000
		17	0.029	0.015	88.767	0.000
		18	0.026	0.007	90.508	0.000
		19	0.058	0.046	99.183	0.000
		20	0.048	0.045	105.08	0.000
		21	0.061	0.065	114.74	0.000
		22	0.019	0.014	115.64	0.000
		23	0.047	0.027	121.29	0.000
		24	0.012	-0.006	121.66	0.000
		25	-0.022	-0.041	122.90	0.000
		26	-0.038	-0.046	126.69	0.000
		27	0.018	0.010	127.56	0.000
		28	0.064	0.041	138.07	0.000
		29	-0.006	-0.040	138.16	0.000
		30	-0.049	-0.077	144.22	0.000

Przedstawiona powyżej korelacja (**tabela 44**) na danych dziennych z pierwszą różnicą na poziomie wskaźnika BELEX15 wskazuje na istnienie statystycznie istotnego współczynnika autokorelacji na poziomie 5% poziomu istotności przedstawionego w siódmym rzędzie. W związku z tym szeregi danych implikują korelację szeregową i dlatego nie możemy przyjąć zerowej hipotezy o braku korelacji szeregowej, ale musimy przyjąć alternatywną hipotezę o istnieniu korelacji szeregowej.

Tabela 45 - Korrelogram danych dziennych z pierwszą różnicą dla indeksu CROBEX

Sample: 10/04/2005 11/06/2015
Included observations: 2512

CROBEX

Autocorrelation	Partial Correlation		AC	PAC	Q-Stat	Prob
		1	0.003	0.003	0.0261	0.872
		2	-0.002	-0.002	0.0388	0.981
		3	-0.001	-0.001	0.0429	0.998
		4	-0.002	-0.002	0.0513	1.000
		5	-0.006	-0.006	0.1555	1.000
		6	-0.038	-0.038	3.8404	0.698
		7	-0.002	-0.002	3.8486	0.797
		8	0.058	0.058	12.216	0.142
		9	-0.018	-0.019	13.057	0.160
		10	0.047	0.048	18.688	0.044
		11	0.061	0.061	28.216	0.003
		12	0.026	0.025	29.947	0.003
		13	0.028	0.029	31.889	0.002
		14	-0.053	-0.049	39.069	0.000
		15	0.064	0.065	49.392	0.000
		16	0.083	0.085	66.800	0.000
		17	-0.024	-0.018	68.270	0.000
		18	0.033	0.031	71.024	0.000
		19	-0.024	-0.028	72.498	0.000
		20	-0.027	-0.033	74.409	0.000
		21	-0.019	-0.021	75.288	0.000
		22	-0.045	-0.040	80.384	0.000
		23	0.038	0.023	83.966	0.000
		24	-0.037	-0.044	87.505	0.000
		25	-0.005	-0.005	87.579	0.000
		26	-0.038	-0.061	91.227	0.000
		27	0.023	0.015	92.519	0.000
		28	-0.022	-0.034	93.695	0.000
		29	0.005	0.008	93.755	0.000
		30	-0.019	-0.008	94.721	0.000

Opisana powyżej korelacja (**tabela 45**) przeprowadzona na danych dziennych z pierwszą różnicą na poziomie indeksu wskazuje na korelację szeregową dla CROBEX. Dokładniej rzecz biorąc, w dziewiątym rzędzie znajdują się statystycznie istotne współczynniki autokorelacji na poziomie istotności 5%. W związku z tym nie możemy przyjąć zerowej hipotezy o braku korelacji szeregowej, ale musimy przyjąć alternatywną hipotezę o istnieniu korelacji szeregowej.

Tabela 46 - Korrelogram danych dziennych z pierwszą różnicą dla Indeksu BUX

Sample: 10/04/2005 10/30/2015
Included observations: 2512

BUX

Autocorrelation	Partial Correlation		AC	PAC	Q-Stat	Prob
		1	0.001	0.001	0.0013	0.971
		2	-0.045	-0.045	5.0959	0.078
		3	-0.037	-0.037	8.5508	0.036
		4	0.056	0.054	16.336	0.003
		5	0.013	0.010	16.789	0.005
		6	-0.031	-0.028	19.263	0.004
		7	-0.039	-0.034	23.056	0.002
		8	0.000	-0.004	23.057	0.003
		9	0.041	0.034	27.198	0.001
		10	0.017	0.017	27.887	0.002
		11	-0.026	-0.019	29.602	0.002
		12	-0.011	-0.007	29.886	0.003
		13	0.026	0.019	31.539	0.003
		14	-0.003	-0.009	31.560	0.005
		15	-0.027	-0.023	33.468	0.004
		16	0.031	0.037	35.906	0.003
		17	0.036	0.032	39.220	0.002
		18	0.012	0.010	39.564	0.002
		19	-0.029	-0.022	41.675	0.002
		20	-0.015	-0.013	42.263	0.003
		21	0.048	0.043	48.106	0.001
		22	0.016	0.010	48.731	0.001
		23	-0.002	0.006	48.739	0.001
		24	0.005	0.017	48.794	0.002
		25	0.023	0.018	50.159	0.002
		26	0.004	-0.005	50.193	0.003
		27	-0.000	0.002	50.194	0.004
		28	-0.040	-0.032	54.259	0.002
		29	-0.036	-0.036	57.607	0.001
		30	-0.023	-0.030	58.921	0.001

Przedstawiona powyżej korelacja (**tabela 46**) odbywa się na danych bieżących z pierwszą różnicą na poziomie indeksu wskazującą na niską wydajność BUX. Dokładniej mówiąc, analiza wskazuje na istnienie korelacji szeregowej i dlatego musimy odrzucić hipotezę zerową ze względu na brak korelacji szeregowej. Wniosek ten wynika z faktu, że statystycznie istotny współczynnik autokorelacji na poziomie 5% istotności znajduje się w drugim rzędzie.

Tabela 47 - Korrelogram danych dobowych z pierwszą różnicą dla indeksu WIG20

Sample: 10/04/2005 10/30/2015
Included observations: 2522

WIG20

	AC	PAC	Q-Stat	Prob
1	-0.000	-0.000	0.0005	0.982
2	-0.039	-0.039	3.8039	0.149
3	-0.000	-0.000	3.8039	0.283
4	0.002	0.000	3.8119	0.432
5	-0.011	-0.011	4.0919	0.536
6	-0.006	-0.006	4.1898	0.651
7	-0.005	-0.006	4.2657	0.749
8	-0.014	-0.014	4.7509	0.784
9	0.018	0.018	5.6165	0.778
10	-0.000	-0.002	5.6168	0.846
11	-0.004	-0.003	5.6630	0.895
12	-0.031	-0.031	8.0704	0.780
13	0.005	0.004	8.1288	0.835
14	-0.011	-0.013	8.4356	0.865
15	0.048	0.049	14.286	0.504
16	-0.016	-0.017	14.902	0.532
17	0.019	0.023	15.798	0.538
18	0.001	-0.001	15.800	0.607
19	-0.026	-0.025	17.506	0.556
20	-0.051	-0.051	24.130	0.237
21	0.020	0.019	25.116	0.242
22	0.017	0.013	25.877	0.257
23	-0.014	-0.011	26.372	0.284
24	-0.019	-0.021	27.250	0.293
25	-0.002	-0.003	27.258	0.343
26	-0.000	-0.004	27.258	0.396
27	0.007	0.010	27.386	0.443
28	-0.018	-0.020	28.219	0.453
29	0.034	0.040	31.243	0.354
30	-0.052	-0.059	38.221	0.144

Opisana powyżej korelacja (**tabela 47**) odbywa się na danych dziennych z pierwszą różnicą (1. różnica) na poziomie indeksu wskazuje na efektywność obecną w WIG20. Dokładniej rzecz biorąc, analiza wskazuje, że w pierwszych 30 wierszach nie występuje korelacja szeregowa, biorąc pod uwagę, że statystycznie istotny współczynnik autokorelacji na poziomie istotności 5% nie jest wykazany w pierwszych 30 wierszach. Przyjmujemy jednak zerową hipotezę o braku korelacji szeregowej.

Tabela 48 - Korrelogram danych dziennych z pierwszą różnicą dla indeksu DJIA

Sample: 10/04/2005 10/30/2015
Included observations: 2524

DJIA

	AC	PAC	Q-Stat	Prob
1	-0.004	-0.004	0.0329	0.856
2	-0.039	-0.039	3.8001	0.150
3	0.029	0.029	5.9567	0.114
4	-0.040	-0.041	9.9502	0.041
5	-0.043	-0.041	14.620	0.012
6	-0.011	-0.015	14.920	0.021
7	-0.018	-0.019	15.729	0.028
8	0.016	0.015	16.353	0.038
9	-0.010	-0.014	16.587	0.056
10	0.034	0.033	19.445	0.035
11	-0.011	-0.015	19.754	0.049
12	0.035	0.038	22.898	0.029
13	0.015	0.012	23.433	0.037
14	-0.025	-0.020	25.081	0.034
15	-0.052	-0.051	31.839	0.007
16	0.041	0.040	36.012	0.003
17	-0.001	0.001	36.016	0.005
18	-0.059	-0.055	44.850	0.000
19	0.011	0.005	45.150	0.001
20	0.027	0.019	46.976	0.001
21	-0.045	-0.039	52.154	0.000
22	0.033	0.028	54.966	0.000
23	-0.005	-0.010	55.027	0.000
24	-0.009	-0.005	55.244	0.000
25	0.002	-0.001	55.254	0.000
26	-0.001	-0.001	55.256	0.001
27	0.028	0.034	57.266	0.001
28	-0.024	-0.026	58.704	0.001
29	0.006	0.006	58.798	0.001
30	-0.001	-0.005	58.800	0.001

Powyższy korelogram (**tabela 48**) został wykonany na danych dobowych, przy czym pierwsza różnica na poziomie wskaźnika wskazuje na niską efektywność w

DJIA, biorąc pod uwagę fakt, że statystycznie istotny współczynnik autokorelacji na poziomie istotności 5% wykazany już w 11 wierszu.
W związku z tym analiza wskazuje na istnienie korelacji szeregowej i dlatego musimy przyjąć alternatywną hipotezę o istnieniu korelacji szeregowej.
W przypadku zignorowania WIG20, który nie posiada korelacji szeregowej, analiza porównawcza dziennych danych zróżnicowanych/ z pierwszą różnicą na poziomie indeksu wskazuje, że tylko BUX posiada statystycznie istotny współczynnik autokorelacji w dolnych wierszach, podczas gdy wszystkie inne indeksy posiadają statystyki Q w późniejszej kolejce/wierszu niż BELEX15. W konsekwencji, patrząc poprzez prezentację korelacji przy użyciu dziennych cen zamknięcia, BELEX15 ma niski stopień efektywności i dlatego rynek kapitałowy w Serbii nie spełnia hipotezy o istnieniu słabej formy efektywności rynku.

Tabela 49 - Korrelogram dla szeregów danych tygodniowych indeksu BELEX15

Sample: 10/04/2005 10/27/2015
Included observations: 521

Belex15

Autocorrelation	Partial Correlation		AC	PAC	Q-Stat	Prob
		1	-0.003	-0.003	0.0056	0.941
		2	0.015	0.015	0.1241	0.940
		3	0.007	0.007	0.1513	0.985
		4	0.026	0.026	0.5043	0.973
		5	0.007	0.007	0.5322	0.991
		6	-0.124	-0.125	8.6911	0.192
		7	0.051	0.050	10.056	0.185
		8	-0.054	-0.052	11.602	0.170
		9	-0.057	-0.058	13.347	0.148
		10	-0.028	-0.021	13.776	0.183
		11	0.027	0.029	14.166	0.224
		12	0.128	0.119	23.000	0.028
		13	0.033	0.051	23.589	0.035
		14	0.046	0.030	24.707	0.038
		15	-0.016	-0.029	24.842	0.052
		16	0.052	0.040	26.274	0.050
		17	0.061	0.063	28.278	0.042
		18	-0.044	-0.028	29.316	0.045
		19	0.111	0.111	36.015	0.011
		20	0.032	0.054	36.588	0.013
		21	-0.052	-0.049	38.045	0.013
		22	0.007	0.035	38.072	0.018
		23	0.036	0.041	38.798	0.021
		24	-0.025	-0.060	39.138	0.026
		25	0.064	0.099	41.365	0.021
		26	0.022	0.021	41.643	0.027
		27	0.034	0.024	42.297	0.031
		28	0.017	0.035	42.464	0.039
		29	-0.013	-0.022	42.556	0.050
		30	0.038	0.012	43.357	0.054

Przedstawiona powyżej korelacja (**tabela 49**) na danych tygodniowych na poziomie indeksu wskazuje na brak korelacji szeregowej z BELEX15. W związku z tym przyjmujemy zerową hipotezę o istnieniu korelacji szeregowej. Również korelacja przedmiotowa wskazuje, że wynik rozszerzonego testu Dickey'a Fullera jest uznawany za prawidłowy, biorąc pod uwagę, że statystycznie istotny współczynnik autokorelacji na poziomie istotności 5% nie jest pokazany w pierwszych 30 wierszach.

Tabela 50 - Korrelogram dla serii danych tygodniowych indeksu CROBEX

Sample: 10/04/2005 11/03/2015
Included observations: 523

CROBEX

Autocorrelation	Partial Correlation		AC	PAC	Q-Stat	Prob
		1	0.005	0.005	0.0152	0.902
		2	0.013	0.013	0.1085	0.947
		3	0.021	0.021	0.3348	0.953
		4	-0.019	-0.019	0.5164	0.972
		5	-0.073	-0.074	3.3760	0.642
		6	-0.093	-0.093	7.9929	0.239
		7	-0.083	-0.081	11.679	0.112
		8	0.065	0.071	13.914	0.084
		9	0.096	0.103	18.846	0.027
		10	0.092	0.090	23.340	0.010
		11	0.135	0.120	33.072	0.001
		12	0.131	0.116	42.316	0.000
		13	-0.042	-0.050	43.281	0.000
		14	0.006	0.014	43.299	0.000
		15	-0.105	-0.076	49.220	0.000
		16	0.002	0.045	49.221	0.000
		17	-0.059	-0.021	51.110	0.000
		18	-0.049	-0.033	52.435	0.000
		19	0.035	0.011	53.083	0.000
		20	0.204	0.158	75.796	0.000
		21	0.006	-0.034	75.812	0.000
		22	0.153	0.120	88.574	0.000
		23	0.032	0.007	89.124	0.000
		24	-0.004	-0.003	89.132	0.000
		25	-0.037	-0.013	89.892	0.000
		26	-0.113	-0.071	96.959	0.000
		27	-0.029	0.028	97.410	0.000
		28	-0.078	-0.087	100.59	0.000
		29	-0.046	-0.040	101.79	0.000
		30	0.085	0.042	105.79	0.000

Powyższa korelacja (**tabela 50**) przeprowadzona na danych tygodniowych na poziomie wskaźnika wskazuje na brak korelacji szeregowej w CROBEX-ie. W związku z tym przyjmujemy zerową hipotezę o istnieniu korelacji szeregowej. Również korelacja przedmiotowa wskazuje, że wynik rozszerzonego testu Dickey'a Fullera jest akceptowany jako poprawny, biorąc pod uwagę, że statystycznie istotny współczynnik autokorelacji na poziomie istotności 5% nie jest pokazany w pierwszych 30 wierszach.

Tabela 51 - Korrelogram dla serii danych tygodniowych indeksu BUX

Sample: 1 526
Included observations: 525

BUX

Autocorrelation	Partial Correlation		AC	PAC	Q-Stat	Prob
		1	0.005	0.005	0.0146	0.904
		2	-0.021	-0.021	0.2498	0.883
		3	0.089	0.089	4.4672	0.215
		4	0.030	0.029	4.9490	0.293
		5	0.081	0.086	8.4674	0.132
		6	-0.114	-0.123	15.382	0.017
		7	-0.046	-0.047	16.500	0.021
		8	0.024	0.003	16.805	0.032
		9	0.045	0.063	17.898	0.036
		10	-0.014	-0.005	18.010	0.055
		11	0.008	0.031	18.043	0.081
		12	-0.040	-0.062	18.926	0.090
		13	0.075	0.065	21.955	0.056
		14	0.137	0.129	32.175	0.004
		15	-0.006	0.022	32.196	0.006
		16	-0.048	-0.060	33.424	0.006
		17	0.070	0.051	36.091	0.004
		18	-0.004	-0.041	36.098	0.007
		19	-0.007	0.001	36.121	0.010
		20	0.016	0.045	36.255	0.014
		21	-0.031	-0.008	36.799	0.018
		22	0.051	0.018	38.215	0.017
		23	-0.006	-0.008	38.235	0.024
		24	-0.026	-0.024	38.605	0.030
		25	-0.017	-0.026	38.774	0.039
		26	-0.024	-0.012	39.088	0.048
		27	-0.000	-0.018	39.088	0.062
		28	-0.032	-0.049	39.651	0.071
		29	-0.010	0.010	39.709	0.089
		30	0.002	0.006	39.710	0.111

Przedstawiona powyżej korelacja (**tabela 51**) na danych tygodniowych na poziomie indeksu wskazuje na brak korelacji szeregowej w BUX. W związku z tym przyjmujemy zerową hipotezę o istnieniu korelacji szeregowej. Również korelacja przedmiotowa wskazuje, że wynik rozszerzonego testu Dickey'a Fullera jest akceptowany jako poprawny, biorąc pod uwagę, że statystycznie istotny współczynnik autokorelacji na poziomie 5% istotności nie jest pokazany w pierwszych 30 liniach.

Tabela 52 - Korrelogram dla serii danych tygodniowych indeksu WIG20

Sample: 1 526
Included observations: 524

WIG20

Autocorrelation	Partial Correlation		AC	PAC	Q-Stat	Prob
		1	-0.037	-0.037	0.7296	0.393
		2	-0.075	-0.077	3.7032	0.157
		3	0.030	0.025	4.1916	0.242
		4	0.005	0.001	4.2040	0.379
		5	0.066	0.071	6.4927	0.261
		6	-0.038	-0.034	7.2789	0.296
		7	-0.087	-0.081	11.319	0.125
		8	0.000	-0.016	11.319	0.184
		9	0.056	0.046	13.009	0.162
		10	-0.052	-0.049	14.459	0.153
		11	0.027	0.037	14.836	0.190
		12	-0.009	-0.008	14.884	0.248
		13	0.030	0.032	15.371	0.285
		14	0.086	0.073	19.351	0.152
		15	0.039	0.061	20.187	0.165
		16	0.051	0.066	21.586	0.157
		17	0.005	0.008	21.598	0.201
		18	0.001	0.003	21.599	0.250
		19	0.065	0.061	23.876	0.201
		20	0.018	0.023	24.048	0.240
		21	-0.016	0.010	24.181	0.284
		22	0.028	0.037	24.611	0.316
		23	0.038	0.047	25.424	0.329
		24	-0.019	-0.015	25.627	0.372
		25	-0.002	-0.001	25.629	0.428
		26	-0.012	-0.003	25.713	0.479
		27	-0.027	-0.036	26.105	0.513
		28	0.034	0.012	26.755	0.532
		29	0.010	0.011	26.812	0.582
		30	-0.032	-0.036	27.367	0.604

Przedstawiona powyżej korelacja (**tabela 52**) na danych tygodniowych na poziomie indeksu wskazuje na brak korelacji szeregowej z WIG20. W związku z tym przyjmujemy zerową hipotezę o istnieniu korelacji szeregowej. Korelacja przedmiotowa wskazuje również, że wynik rozszerzonego testu Dickey'a Fullera jest akceptowany jako poprawny, biorąc pod uwagę, że statystycznie istotny współczynnik autokorelacji na poziomie istotności 5% nie jest pokazany w pierwszych 30 liniach.

Tabela 53 - Korrelogram dla serii danych tygodniowych indeksu DJIA

Sample: 10/04/2005 10/27/2015
Included observations: 525

DJIA

Autocorrelation	Partial Correlation		AC	PAC	Q-Stat	Prob
		1	-0.075	-0.075	2.9945	0.084
		2	-0.053	-0.059	4.4755	0.107
		3	0.021	0.013	4.7144	0.194
		4	-0.003	-0.003	4.7191	0.317
		5	0.017	0.019	4.8728	0.432
		6	-0.049	-0.047	6.1383	0.408
		7	0.002	-0.003	6.1413	0.523
		8	0.083	0.078	9.8552	0.275
		9	0.010	0.025	9.9066	0.358
		10	-0.076	-0.067	13.030	0.222
		11	-0.017	-0.028	13.177	0.282
		12	0.017	0.004	13.330	0.346
		13	0.050	0.051	14.682	0.328
		14	-0.012	0.004	14.764	0.394
		15	0.063	0.071	16.899	0.325
		16	0.054	0.051	18.476	0.297
		17	0.016	0.028	18.616	0.351
		18	-0.020	-0.004	18.841	0.402
		19	0.000	0.010	18.841	0.467
		20	0.001	-0.009	18.841	0.532
		21	0.083	0.079	22.650	0.363
		22	-0.063	-0.049	24.825	0.306
		23	0.060	0.061	26.812	0.264
		24	-0.012	-0.022	26.896	0.309
		25	0.071	0.087	29.660	0.237
		26	-0.025	-0.014	30.007	0.267
		27	-0.073	-0.055	32.955	0.199
		28	0.023	-0.010	33.240	0.227
		29	-0.083	-0.102	37.053	0.145
		30	-0.022	-0.041	37.319	0.168

Opisana powyżej korelacja (**tabela 53**) dokonana na danych tygodniowych na poziomie indeksu wskazuje na brak korelacji szeregowej w DJIA. W związku z tym przyjmujemy zerową hipotezę o istnieniu korelacji szeregowej. Również korelacja przedmiotowa wskazuje, że wynik rozszerzonego testu Dickey'a Fullera jest akceptowany jako poprawny, biorąc pod uwagę, że statystycznie istotny współczynnik autokorelacji na poziomie istotności 5% nie jest pokazany w pierwszych 30 wierszach.

Tabela 54 - Korrelogram dla serii danych tygodniowych z pierwszą różnicą dla BELEX15

Sample: 10/04/2005 10/27/2015
Included observations: 521

BELEX15

Autocorrelation	Partial Correlation		AC	PAC	Q-Stat	Prob
		1	-0.003	-0.003	0.0033	0.954
		2	0.016	0.016	0.1350	0.935
		3	0.009	0.010	0.1817	0.980
		4	0.028	0.028	0.5975	0.963
		5	0.005	0.005	0.6121	0.987
		6	-0.125	-0.127	8.9413	0.177
		7	0.049	0.048	10.200	0.178
		8	-0.056	-0.053	11.854	0.158
		9	-0.060	-0.060	13.757	0.131
		10	-0.031	-0.023	14.266	0.161
		11	0.024	0.026	14.583	0.202
		12	0.125	0.117	22.999	0.028
		13	0.031	0.048	23.505	0.036
		14	0.043	0.027	24.505	0.040
		15	-0.018	-0.033	24.673	0.055
		16	0.050	0.037	26.011	0.054
		17	0.059	0.060	27.862	0.047
		18	-0.046	-0.031	29.015	0.048
		19	0.109	0.109	35.438	0.012
		20	0.030	0.051	35.934	0.016
		21	-0.054	-0.052	37.522	0.015
		22	0.005	0.032	37.535	0.021
		23	0.034	0.038	38.178	0.024
		24	-0.028	-0.062	38.598	0.030
		25	0.061	0.096	40.616	0.025
		26	0.020	0.018	40.834	0.032
		27	0.031	0.021	41.367	0.038
		28	0.014	0.032	41.475	0.049
		29	-0.015	-0.025	41.607	0.061
		30	0.035	0.010	42.288	0.068

Badanie istnienia autokorelacji za pomocą testu autokorelacji Lung-Box Q na cotygodniowo zróżnicowanych/ z pierwszą różnicą danych pokazano na powyższym korelogramie (**tabela 54**). Wskazują one, że w pierwszych 30 wierszach nie zaobserwowano istotnych statystycznie współczynników autokorelacji na poziomie 5% istotności dla BELEX15. Oznacza to, Ie moIemy przyjĊü jako dokáadne wyniki testu istnienia pierwiastka jednostkowego dla danych tygodniowych na poziomie indeksu, a co za tym idzie, speánia siĊ hipoteza o staniu siĊ sáabą formą efektywnoĞci rynkowej w analizie danych tygodniowych.

Tabela 55 - Korrelogram dla szeregów danych tygodniowych z pierwszą różnicą dla indeksu CROBEX

Sample: 10/04/2005 11/03/2015
Included observations: 523

CROBEX

Autocorrelation	Partial Correlation		AC	PAC	Q-Stat	Prob
		1	0.006	0.006	0.0175	0.895
		2	0.014	0.014	0.1188	0.942
		3	0.022	0.021	0.3660	0.947
		4	-0.022	-0.022	0.6136	0.962
		5	-0.076	-0.077	3.7049	0.593
		6	-0.096	-0.096	8.5981	0.197
		7	-0.086	-0.084	12.564	0.083
		8	0.062	0.068	14.604	0.067
		9	0.094	0.101	19.283	0.023
		10	0.089	0.087	23.531	0.009
		11	0.133	0.116	32.959	0.001
		12	0.129	0.112	41.843	0.000
		13	-0.045	-0.054	42.928	0.000
		14	0.003	0.010	42.933	0.000
		15	-0.108	-0.079	49.240	0.000
		16	-0.002	0.042	49.243	0.000
		17	-0.062	-0.023	51.317	0.000
		18	-0.052	-0.034	52.815	0.000
		19	0.032	0.010	53.378	0.000
		20	0.201	0.156	75.534	0.000
		21	0.003	-0.036	75.539	0.000
		22	0.150	0.118	87.918	0.000
		23	0.029	0.004	88.381	0.000
		24	-0.007	-0.005	88.407	0.000
		25	-0.040	-0.015	89.309	0.000
		26	-0.117	-0.074	96.868	0.000
		27	-0.032	0.027	97.444	0.000
		28	-0.079	-0.088	100.93	0.000
		29	-0.050	-0.040	102.30	0.000
		30	0.082	0.041	106.04	0.000

Opisana powyżej korelacja (**tabela 55**) przeprowadzona na dziennych różnicach zróżnicowanych/1 st na poziomie indeksu wskazuje na korelację szeregową dla CROBEX. Wskazują one, że w pierwszych 30 wierszach nie zaobserwowano istotnych statystycznie współczynników autokorelacji na poziomie 5% istotności dla CROBEXu. Oznacza to, że możemy przyjąć wyniki testu na istnienie pierwiastka jednostkowego dla tygodniowych danych indeksowych jako dokładne, a co za tym idzie, hipoteza o staniu się słabą formą efektywności rynku w analizie danych tygodniowych jest spełniona.

Tabela 56 - Korrelogram dla tygodniowych szeregów danych z pierwszą różnicą indeksu BUX

Sample: 1 526
Included observations: 524

BUX

Autocorrelation	Partial Correlation		AC	PAC	Q-Stat	Prob
		1	-0.010	-0.010	0.0490	0.825
		2	-0.032	-0.033	0.6037	0.739
		3	0.082	0.081	4.1522	0.245
		4	0.025	0.026	4.4846	0.344
		5	0.069	0.075	7.0187	0.219
		6	-0.123	-0.128	15.026	0.020
		7	-0.052	-0.055	16.482	0.021
		8	0.013	-0.010	16.567	0.035
		9	0.038	0.055	17.342	0.044
		10	-0.022	-0.011	17.608	0.062
		11	-0.002	0.022	17.609	0.091
		12	-0.047	-0.068	18.787	0.094
		13	0.074	0.064	21.752	0.059
		14	0.132	0.125	31.207	0.005
		15	-0.012	0.021	31.284	0.008
		16	-0.056	-0.066	33.002	0.007
		17	0.065	0.045	35.297	0.006
		18	-0.011	-0.047	35.367	0.008
		19	-0.005	0.008	35.382	0.013
		20	0.009	0.041	35.425	0.018
		21	-0.039	-0.012	36.272	0.020
		22	0.041	0.008	37.177	0.023
		23	-0.006	-0.005	37.195	0.031
		24	-0.032	-0.029	37.747	0.037
		25	-0.021	-0.021	37.998	0.046
		26	-0.024	-0.014	38.329	0.056
		27	-0.003	-0.021	38.334	0.073
		28	-0.033	-0.053	38.941	0.082
		29	-0.013	0.008	39.040	0.101
		30	0.003	0.007	39.045	0.125

Przedstawiona powyżej korelacja (**Tabela 56**) na danych bieżących z pierwszą różnicą na poziomie indeksu wskazuje na korelację szeregową dla BUX . Wskazują one, że statystycznie istotne współczynniki autokorelacji na poziomie 5% istotności dla BUX nie zostały zaobserwowane w pierwszych 30 liniach. Oznacza to, że możemy przyjąć wyniki testu na istnienie pierwiastka jednostkowego dla tygodniowych danych indeksowych jako dokładne, a co za tym idzie, hipoteza o staniu się słabą formą efektywności rynku w analizie danych tygodniowych jest spełniona.

Tabela 57 - Korrelogram dla tygodniowych szeregów danych z pierwszą różnicą dla indeksu WIG20

Sample: 1 526
Included observations: 524

WIG20

Autocorrelation	Partial Correlation		AC	PAC	Q-Stat	Prob
		1	-0.041	-0.041	0.8959	0.344
		2	-0.086	-0.088	4.7910	0.091
		3	0.023	0.016	5.0667	0.167
		4	-0.003	-0.009	5.0712	0.280
		5	0.058	0.062	6.8778	0.230
		6	-0.047	-0.043	8.0306	0.236
		7	-0.096	-0.090	12.942	0.074
		8	-0.007	-0.026	12.970	0.113
		9	0.049	0.035	14.248	0.114
		10	-0.059	-0.059	16.142	0.096
		11	0.019	0.026	16.338	0.129
		12	-0.016	-0.019	16.483	0.170
		13	0.023	0.023	16.779	0.210
		14	0.080	0.064	20.226	0.123
		15	0.033	0.053	20.827	0.142
		16	0.045	0.060	21.903	0.146
		17	-0.002	0.003	21.905	0.188
		18	-0.005	-0.001	21.920	0.236
		19	0.059	0.056	23.823	0.203
		20	0.012	0.019	23.902	0.247
		21	-0.022	0.006	24.156	0.286
		22	0.023	0.035	24.440	0.325
		23	0.033	0.045	25.057	0.347
		24	-0.024	-0.017	25.307	0.385
		25	-0.007	-0.002	25.416	0.439
		26	-0.018	-0.005	25.586	0.486
		27	-0.032	-0.038	26.146	0.510
		28	0.030	0.010	26.630	0.538
		29	0.005	0.008	26.646	0.591
		30	-0.037	-0.038	27.394	0.603

Opisana powyżej korelacja (**Tabela 57**) przeprowadzona na danych bieżących z pierwszą różnicą na poziomie indeksu wskazuje na korelację szeregową dla WIG20

. Wskazują one, że statystycznie istotne współczynniki autokorelacji na poziomie 5% istotności dla WIG20 nie zostały zaobserwowane w pierwszych 30 wierszach. Oznacza to, że możemy przyjąć wyniki testu na istnienie pierwiastka jednostkowego dla tygodniowych danych na poziomie indeksu jako dokładne, a co za tym idzie, hipoteza o staniu się słabą formą efektywności rynku w analizie danych tygodniowych jest spełniona.

Tabela 58 - Korrelogram dla tygodniowych szeregów danych z pierwszą różnicą dla indeksu DJIA

Sample: 10/04/2005 10/27/2015
Included observations: 524

DJIA

Autocorrelation	Partial Correlation		AC	PAC	Q-Stat	Prob
		1	-0.005	-0.005	0.0119	0.913
		2	-0.060	-0.060	1.8962	0.387
		3	0.015	0.015	2.0160	0.569
		4	-0.002	-0.005	2.0174	0.733
		5	0.012	0.014	2.0985	0.835
		6	-0.049	-0.049	3.3631	0.762
		7	0.003	0.005	3.3684	0.849
		8	0.083	0.077	7.0641	0.530
		9	0.008	0.011	7.1018	0.627
		10	-0.079	-0.071	10.456	0.401
		11	-0.024	-0.025	10.766	0.463
		12	0.018	0.008	10.935	0.534
		13	0.050	0.049	12.263	0.506
		14	-0.007	0.002	12.286	0.583
		15	0.063	0.071	14.460	0.491
		16	0.059	0.046	16.326	0.430
		17	0.016	0.022	16.454	0.491
		18	-0.020	-0.005	16.685	0.545
		19	-0.004	0.007	16.693	0.611
		20	0.004	-0.007	16.702	0.672
		21	0.077	0.073	19.962	0.524
		22	-0.054	-0.051	21.583	0.485
		23	0.053	0.062	23.128	0.453
		24	-0.006	-0.023	23.145	0.511
		25	0.066	0.085	25.575	0.431
		26	-0.029	-0.028	26.031	0.461
		27	-0.076	-0.056	29.235	0.350
		28	0.008	-0.015	29.273	0.399
		29	-0.086	-0.106	33.381	0.263
		30	-0.028	-0.033	33.823	0.288

Opisana powyżej korelacja (**tabela 58**) przeprowadzona na danych dziennych z pierwszą różnicą na poziomie indeksu wskazuje na korelację szeregową dla DJIA . Wskazują one, że w pierwszych 30 wierszach nie zaobserwowano istotnych statystycznie współczynników autokorelacji na poziomie 5% istotności dla DJIA. Oznacza to, że możemy przyjąć wyniki testu na istnienie pierwiastka jednostkowego dla tygodniowych danych indeksowych jako dokładne, a co za tym idzie, hipoteza o staniu się słabą formą efektywności rynku w analizie danych tygodniowych jest spełniona.

Korelogram autokorelacji dla danych dotyczących pozostałości z pierwszym poziomem różnicy, dane dotyczące pozostałości z szeregów danych niezorientowanych na trendy wskazują, że nie ma znaczących współczynników autokorelacji w pierwszych 30 opóźnieniach lub dla żadnego z analizowanych wskaźników. W związku z tym można stwierdzić, że rynek kapitałowy w Serbii spełnia hipotezę o istnieniu słabej formy efektywności rynkowej.

Tabela 59 - Korrelogram przedstawiony na danych miesięcznych indeksu BELEX15

Sample: 10/04/2005 10/02/2015
Included observations: 117

BELEX15

Autocorrelation	Partial Correlation		AC	PAC	Q-Stat	Prob
		1	-0.029	-0.029	0.0998	0.752
		2	-0.052	-0.053	0.4251	0.809
		3	-0.006	-0.010	0.4301	0.934
		4	0.034	0.031	0.5715	0.966
		5	0.129	0.131	2.6519	0.753
		6	0.169	0.185	6.2532	0.395
		7	-0.162	-0.140	9.5778	0.214
		8	-0.030	-0.027	9.6909	0.287
		9	0.061	0.039	10.173	0.337
		10	-0.014	-0.046	10.198	0.423
		11	0.015	-0.018	10.227	0.510
		12	-0.067	-0.062	10.818	0.545
		13	-0.006	0.049	10.822	0.626
		14	0.004	-0.024	10.824	0.700
		15	-0.004	-0.023	10.826	0.765
		16	0.109	0.150	12.454	0.712
		17	-0.029	-0.016	12.575	0.764
		18	-0.192	-0.193	17.765	0.471
		19	-0.143	-0.200	20.669	0.355
		20	-0.005	-0.033	20.673	0.417
		21	0.037	0.014	20.876	0.467
		22	-0.004	-0.045	20.879	0.528
		23	-0.028	0.097	20.999	0.581
		24	-0.095	0.032	22.342	0.559
		25	0.040	0.034	22.579	0.602
		26	0.015	-0.045	22.613	0.655
		27	-0.045	-0.057	22.927	0.689
		28	0.034	0.069	23.111	0.727
		29	0.014	-0.030	23.142	0.770
		30	0.023	0.006	23.226	0.806

Przedstawiona powyżej korelacja (**tabela 59**) z danymi miesięcznymi na poziomie indeksu wskazuje na brak korelacji szeregowej z indeksem BELEX15. W związku z tym przyjmujemy zerową hipotezę o istnieniu korelacji szeregowej. Również korelogram przedmiotowy wskazuje na fakt, że wynik rozszerzonego testu Dickey'a Fullera jest akceptowany jako poprawny, biorąc pod uwagę, że statystycznie istotny współczynnik autokorelacji na poziomie 5% istotności nie jest pokazany w pierwszych 30 wierszach.

Tabela 60 - Korrelogram przedstawiony na danych miesięcznych Indeksu CROBEX

Sample: 10/04/2005 10/02/2015
Included observations: 120

CROBEX

Autocorrelation	Partial Correlation		AC	PAC	Q-Stat	Prob
		1	0.050	0.050	0.3033	0.582
		2	0.273	0.271	9.5431	0.008
		3	0.152	0.139	12.421	0.006
		4	0.044	-0.039	12.664	0.013
		5	0.247	0.186	20.402	0.001
		6	-0.178	-0.232	24.452	0.000
		7	0.200	0.124	29.636	0.000
		8	0.175	0.253	33.655	0.000
		9	0.006	-0.066	33.660	0.000
		10	0.011	-0.200	33.675	0.000
		11	-0.103	-0.054	35.112	0.000
		12	0.023	-0.043	35.187	0.000
		13	-0.023	0.044	35.260	0.001
		14	-0.214	-0.136	41.597	0.000
		15	0.091	0.083	42.743	0.000
		16	-0.104	-0.086	44.255	0.000
		17	-0.091	-0.137	45.423	0.000
		18	-0.169	-0.102	49.544	0.000
		19	-0.164	0.034	53.434	0.000
		20	-0.041	-0.079	53.677	0.000
		21	-0.096	0.123	55.030	0.000
		22	-0.127	-0.070	57.429	0.000
		23	-0.071	-0.112	58.191	0.000
		24	0.002	0.073	58.192	0.000
		25	-0.078	0.045	59.137	0.000
		26	-0.072	-0.036	59.944	0.000
		27	-0.083	0.006	61.018	0.000
		28	0.010	-0.049	61.035	0.000
		29	-0.041	-0.036	61.306	0.000
		30	-0.025	0.033	61.408	0.001

Przedstawiona powyżej korelacja (**tabela 60**) na danych miesięcznych na poziomie indeksu wskazuje na brak korelacji szeregowej w indeksie CROBEX. W związku z tym przyjmujemy zerową hipotezę o istnieniu korelacji szeregowej. Również korelogram przedmiotowy wskazuje na fakt, że wynik rozszerzonego testu Dickey'a Fullera jest akceptowany jako poprawny, biorąc pod uwagę, że statystycznie istotny współczynnik autokorelacji na poziomie 5% istotności nie jest pokazany w pierwszych 30 wierszach.

Tabela 61 - Korrelogram przedstawiony na danych miesięcznych indeksu BUX

Sample: 10/04/2005 10/02/2015
Included observations: 119

BUX

Autocorrelation	Partial Correlation		AC	PAC	Q-Stat	Prob
		1	-0.002	-0.002	0.0004	0.983
		2	-0.000	-0.000	0.0004	1.000
		3	0.129	0.129	2.0646	0.559
		4	0.098	0.100	3.2710	0.514
		5	-0.052	-0.051	3.6084	0.607
		6	-0.041	-0.061	3.8250	0.700
		7	-0.045	-0.074	4.0863	0.770
		8	0.134	0.143	6.4310	0.599
		9	-0.121	-0.098	8.3500	0.499
		10	0.062	0.088	8.8613	0.545
		11	0.001	-0.034	8.8615	0.635
		12	0.012	0.009	8.8815	0.713
		13	-0.156	-0.159	12.176	0.513
		14	-0.077	-0.092	12.996	0.527
		15	0.092	0.118	14.164	0.513
		16	-0.054	-0.044	14.579	0.556
		17	-0.221	-0.144	21.485	0.205
		18	-0.052	-0.131	21.865	0.238
		19	-0.019	-0.019	21.916	0.288
		20	-0.043	-0.010	22.186	0.330
		21	-0.126	-0.044	24.520	0.269
		22	-0.095	-0.115	25.871	0.257
		23	0.049	0.011	26.237	0.290
		24	-0.060	-0.031	26.789	0.314
		25	-0.051	-0.016	27.193	0.346
		26	-0.132	-0.204	29.902	0.272
		27	0.068	0.057	30.635	0.286
		28	-0.061	-0.033	31.229	0.307
		29	0.059	0.131	31.787	0.329
		30	0.077	0.005	32.738	0.334

Przedstawiona powyżej korelacja (**tabela 61**) na danych miesięcznych na poziomie indeksu wskazuje na brak korelacji szeregowej w indeksie BUX. W związku z tym przyjmujemy zerową hipotezę o istnieniu korelacji szeregowej. Również korelogram przedmiotowy wskazuje na fakt, że wynik rozszerzonego testu Dickey'a Fullera jest akceptowany jako poprawny, biorąc pod uwagę, że statystycznie istotny współczynnik autokorelacji na poziomie 5% istotności nie jest pokazany w pierwszych 30 wierszach.

Tabela 62 - Korrelogram na danych miesięcznych Indeksu WIG20

Sample: 10/04/2005 10/02/2015
Included observations: 120

WIG20

Autocorrelation	Partial Correlation		AC	PAC	Q-Stat	Prob
		1	-0.015	-0.015	0.0270	0.869
		2	0.061	0.061	0.4934	0.781
		3	0.082	0.084	1.3316	0.722
		4	0.134	0.134	3.5982	0.463
		5	0.147	0.148	6.3612	0.273
		6	-0.150	-0.159	9.2342	0.161
		7	0.090	0.045	10.283	0.173
		8	0.066	0.048	10.853	0.210
		9	0.009	-0.011	10.863	0.285
		10	-0.078	-0.079	11.672	0.308
		11	0.154	0.185	14.859	0.189
		12	-0.028	-0.083	14.968	0.243
		13	-0.132	-0.156	17.360	0.183
		14	-0.051	-0.038	17.720	0.220
		15	-0.040	-0.043	17.940	0.266
		16	0.049	0.006	18.281	0.308
		17	-0.219	-0.105	25.123	0.092
		18	0.008	0.042	25.133	0.121
		19	-0.032	-0.057	25.279	0.152
		20	-0.033	-0.010	25.437	0.185
		21	-0.119	-0.067	27.514	0.154
		22	-0.248	-0.247	36.720	0.025
		23	0.049	0.011	37.088	0.032
		24	-0.128	-0.014	39.582	0.024
		25	-0.035	0.019	39.769	0.031
		26	-0.163	-0.116	43.893	0.016
		27	-0.052	-0.054	44.316	0.019
		28	0.040	0.052	44.567	0.024
		29	-0.033	0.027	44.746	0.031
		30	-0.008	-0.005	44.757	0.041

Przedstawiona powyżej korelacja (**tabela 62**) na danych miesięcznych na poziomie indeksu wskazuje na brak korelacji szeregowej w indeksie WIG20. W związku z tym przyjmujemy zerową hipotezę o istnieniu korelacji szeregowej. Również korelogram przedmiotowy wskazuje na fakt, że wynik rozszerzonego testu Dickey'a Fullera jest akceptowany jako poprawny, biorąc pod uwagę, że statystycznie istotny współczynnik autokorelacji na poziomie 5% istotności nie jest pokazany w pierwszych 30 liniach.

Tabela 63 - Korrelogram przedstawiony na danych miesięcznych indeksu DJIA

Sample: 2005M10 2015M10
Included observations: 120

DJIA

Autocorrelation	Partial Correlation		AC	PAC	Q-Stat	Prob
		1	-0.073	-0.073	0.6600	0.417
		2	0.007	0.002	0.6665	0.717
		3	0.087	0.088	1.5079	0.658
		4	0.154	0.169	4.6048	0.330
		5	0.065	0.094	5.1495	0.398
		6	-0.099	-0.100	6.4185	0.378
		7	0.052	0.002	6.7711	0.453
		8	0.121	0.092	8.6899	0.369
		9	-0.086	-0.078	9.6758	0.377
		10	-0.115	-0.122	11.441	0.324
		11	0.123	0.099	13.472	0.264
		12	0.080	0.082	14.333	0.280
		13	-0.084	-0.047	15.300	0.289
		14	-0.075	-0.051	16.068	0.309
		15	0.178	0.140	20.490	0.154
		16	0.063	0.047	21.049	0.177
		17	-0.177	-0.146	25.510	0.084
		18	-0.041	-0.059	25.753	0.106
		19	0.109	0.041	27.486	0.094
		20	-0.075	-0.103	28.304	0.102
		21	-0.088	-0.012	29.461	0.103
		22	-0.200	-0.182	35.448	0.035
		23	0.157	0.065	39.166	0.019
		24	0.034	0.125	39.339	0.025
		25	-0.129	0.021	41.909	0.018
		26	-0.055	-0.110	42.383	0.022
		27	-0.018	-0.135	42.433	0.030
		28	-0.021	-0.007	42.504	0.039
		29	-0.053	0.060	42.956	0.046
		30	0.162	0.199	47.241	0.024

Opisana powyżej korelacja (**tabela 63**) przeprowadzona na danych miesięcznych na poziomie indeksu wskazuje na brak korelacji szeregowej w indeksie DJIA. W związku z tym przyjmujemy zerową hipotezę o istnieniu korelacji szeregowej. Również korelogram przedmiotowy wskazuje na fakt, że wynik rozszerzonego testu Dickey'a Fullera jest uznawany za prawidłowy, biorąc pod uwagę, że statystycznie istotny współczynnik autokorelacji na poziomie 5% istotności nie jest wykazany w pierwszych 30 wierszach.

Testowanie miesięcznych danych autokorelacji oznacza, że niestacjonarne szeregi czasowe na poziomie indeksu dla wszystkich analizowanych indeksów jako potwierdzone i tym samym rozszerzony test Dickey-Fuller. Brak istotnych statystycznie współczynników w pierwszych 30 rzędach wskazuje, że istnieje słaba forma efektywności rynkowej na danych rynkach.

Tabela 64 - Korrelogram danych miesięcznych z pierwszą różnicą na poziomie wskaźnika dla wskaźnika BELEX15

Sample: 10/04/2006 10/02/2015
Included observations: 109

BELEX15

Autocorrelation	Partial Correlation		AC	PAC	Q-Stat	Prob
		1	0.010	0.010	0.0120	0.913
		2	-0.114	-0.115	1.4944	0.474
		3	0.069	0.073	2.0438	0.563
		4	-0.018	-0.034	2.0800	0.721
		5	-0.080	-0.064	2.8237	0.727
		6	0.034	0.027	2.9623	0.814
		7	-0.003	-0.017	2.9631	0.888
		8	-0.124	-0.110	4.7911	0.780
		9	0.058	0.055	5.1942	0.817
		10	0.025	-0.006	5.2718	0.872
		11	-0.140	-0.115	7.6869	0.741
		12	-0.076	-0.084	8.3842	0.754
		13	0.012	-0.028	8.4010	0.817
		14	0.038	0.047	8.5623	0.858
		15	-0.132	-0.146	10.815	0.766
		16	0.039	0.022	11.013	0.809
		17	0.106	0.086	12.534	0.767
		18	-0.085	-0.077	13.484	0.762
		19	-0.043	-0.064	13.738	0.799
		20	0.173	0.146	17.786	0.602
		21	-0.173	-0.183	21.920	0.404
		22	-0.056	-0.029	22.356	0.439
		23	0.166	0.072	26.201	0.291
		24	-0.029	-0.016	26.317	0.337
		25	-0.136	-0.102	28.981	0.265
		26	0.166	0.105	33.020	0.162
		27	-0.047	-0.085	33.347	0.186
		28	-0.168	-0.096	37.581	0.107
		29	0.069	0.006	38.291	0.116
		30	-0.079	-0.137	39.240	0.120

Przedstawiona powyżej korelacja (**tabela 64**) na danych miesięcznych z pierwszą różnicą na poziomie wskaźnika BELEX15 wskazuje, że nie występuje korelacja szeregowa, biorąc pod uwagę, że statystycznie istotny współczynnik autokorelacji na poziomie 5% istotności nie jest wykazany w pierwszych 30 wierszach. W związku z tym przyjmujemy hipotezę zerową o braku korelacji szeregowej, co oznacza, że rynek kapitałowy w Serbii napotyka na słabą formę efektywności rynkowej.

Tabela 65 - Korrelogram danych miesięcznych z pierwszą różnicą na poziomie indeksu dla CROBEX-u

Sample: 10/04/2005 10/02/2015
Included observations: 118

CROBEX

Autocorrelation	Partial Correlation		AC	PAC	Q-Stat	Prob
		1	-0.035	-0.035	0.1519	0.697
		2	0.009	0.008	0.1615	0.922
		3	0.081	0.082	0.9675	0.809
		4	0.012	0.017	0.9839	0.912
		5	0.189	0.190	5.4377	0.365
		6	-0.285	-0.290	15.710	0.015
		7	0.155	0.164	18.766	0.009
		8	0.248	0.241	26.657	0.001
		9	-0.025	0.008	26.741	0.002
		10	-0.044	-0.127	26.996	0.003
		11	-0.120	-0.069	28.899	0.002
		12	0.086	-0.047	29.894	0.003
		13	-0.023	0.000	29.965	0.005
		14	-0.228	-0.125	37.067	0.001
		15	0.152	0.132	40.255	0.000
		16	-0.008	-0.084	40.264	0.001
		17	-0.075	-0.117	41.044	0.001
		18	-0.147	-0.107	44.111	0.001
		19	-0.135	-0.034	46.700	0.000
		20	0.037	-0.106	46.902	0.001
		21	-0.041	0.149	47.146	0.001
		22	-0.136	-0.112	49.885	0.001
		23	-0.025	-0.094	49.978	0.001
		24	0.057	0.037	50.475	0.001
		25	-0.051	0.014	50.872	0.002
		26	-0.081	-0.013	51.881	0.002
		27	-0.076	0.010	52.791	0.002
		28	0.033	-0.069	52.960	0.003
		29	-0.017	-0.021	53.007	0.004
		30	-0.018	0.036	53.061	0.006

Powyższy korelogram (**tabela 65**) wykonany na danych miesięcznych z pierwszą różnicą dla indeksu CROBEX wskazuje na nieistnienie korelacji szeregowej, ponieważ statystycznie istotny współczynnik autokorelacji na poziomie 5% istotności nie jest wyświetlany w pierwszych 30 wierszach. Dlatego przyjmujemy zerową hipotezę o braku korelacji szeregowej, co oznacza, że rynek kapitałowy w Chorwacji napotyka na słabą formę efektywności rynkowej.

Tabela 66 - Korrelogram danych miesięcznych z pierwszą różnicą na poziomie indeksu dla indeksu BUX

Sample: 10/04/2005 10/02/2015
Included observations: 119

BUX

Autocorrelation	Partial Correlation		AC	PAC	Q-Stat	Prob
		1	0.003	0.003	0.0012	0.973
		2	-0.030	-0.030	0.1138	0.945
		3	0.100	0.100	1.3485	0.718
		4	0.071	0.070	1.9875	0.738
		5	-0.082	-0.077	2.8358	0.725
		6	-0.069	-0.076	3.4392	0.752
		7	-0.064	-0.084	3.9633	0.784
		8	0.116	0.128	5.7234	0.678
		9	-0.128	-0.110	7.8750	0.547
		10	0.054	0.085	8.2608	0.603
		11	0.000	-0.039	8.2608	0.690
		12	0.006	0.004	8.2650	0.764
		13	-0.161	-0.164	11.793	0.545
		14	-0.075	-0.087	12.569	0.562
		15	0.099	0.118	13.924	0.531
		16	-0.051	-0.057	14.293	0.577
		17	-0.221	-0.152	21.171	0.219
		18	-0.049	-0.137	21.507	0.255
		19	-0.008	-0.027	21.517	0.309
		20	-0.031	-0.021	21.661	0.359
		21	-0.118	-0.061	23.693	0.308
		22	-0.085	-0.130	24.765	0.308
		23	0.062	-0.004	25.336	0.333
		24	-0.047	-0.050	25.669	0.370
		25	-0.048	-0.044	26.022	0.405
		26	-0.125	-0.230	28.453	0.337
		27	0.072	0.028	29.261	0.348
		28	-0.052	-0.066	29.689	0.378
		29	0.067	0.102	30.407	0.394
		30	0.088	-0.022	31.673	0.383

Powyższy korelogram (**tabela 66**) wykonany na danych miesięcznych z pierwszą różnicą dla indeksu BUX wskazuje na nieistnienie korelacji szeregowej, ponieważ statystycznie istotny współczynnik autokorelacji na poziomie 5% istotności nie jest wyświetlany w pierwszych 30 wierszach. W związku z tym przyjmujemy hipotezę zerową o braku korelacji szeregowej, co oznacza, że rynek kapitałowy na Węgrzech napotyka na słabą formę efektywności rynkowej.

Tabela 67 - Korrelogram danych miesięcznych z pierwszą różnicą na poziomie indeksu dla indeksu WIG20

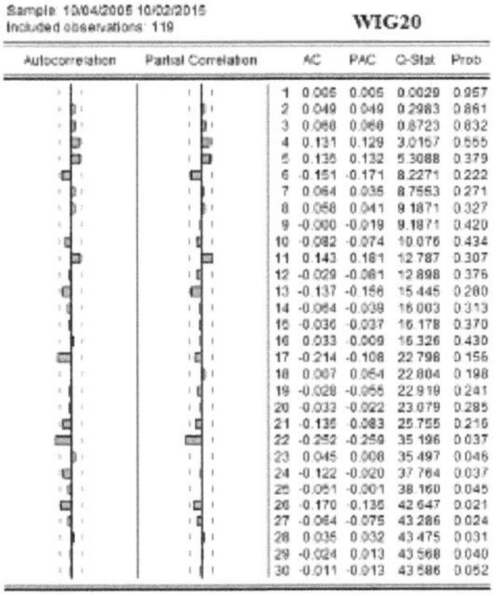

Sample: 10/04/2005 10/02/2015
Included observations: 119

WIG20

Autocorrelation	Partial Correlation		AC	PAC	Q-Stat	Prob
		1	0.005	0.005	0.0029	0.957
		2	0.049	0.049	0.2983	0.861
		3	0.068	0.068	0.8723	0.832
		4	0.131	0.129	3.0167	0.555
		5	0.135	0.132	5.3088	0.379
		6	-0.151	-0.171	8.2271	0.222
		7	0.064	0.035	8.7553	0.271
		8	0.058	0.041	9.1871	0.327
		9	-0.000	-0.019	9.1871	0.420
		10	-0.082	-0.074	10.076	0.434
		11	0.143	0.161	12.787	0.307
		12	-0.029	-0.061	12.898	0.376
		13	-0.137	-0.156	15.445	0.280
		14	-0.064	-0.038	16.003	0.313
		15	-0.036	-0.037	16.178	0.370
		16	0.033	-0.009	16.326	0.430
		17	-0.214	-0.108	22.798	0.156
		18	0.007	0.064	22.804	0.198
		19	-0.028	-0.055	22.919	0.241
		20	-0.033	-0.022	23.079	0.285
		21	-0.135	-0.083	25.755	0.216
		22	-0.252	-0.259	35.196	0.037
		23	0.045	0.008	35.497	0.046
		24	-0.122	-0.020	37.764	0.037
		25	-0.051	-0.001	38.160	0.045
		26	-0.170	-0.135	42.647	0.021
		27	-0.064	-0.075	43.286	0.024
		28	0.035	0.032	43.475	0.031
		29	-0.024	0.013	43.568	0.040
		30	-0.011	-0.013	43.586	0.052

Wykazana powyżej korelacja (**tabela 67**) przeprowadzona na danych miesięcznych z pierwszą różnicą na poziomie indeksu WIG20 wskazuje, że nie występuje korelacja szeregowa, biorąc pod uwagę, że statystycznie istotny współczynnik autokorelacji na poziomie 5% istotności nie występuje w pierwszych 30 liniach. W związku z tym przyjmujemy hipotezę zerową o braku korelacji szeregowej, co oznacza, że rynek kapitałowy w Polsce napotyka na słabą formę efektywności rynkowej.

Tabela 68 - Korrelogram danych miesięcznych z pierwszą różnicą na poziomie indeksu dla indeksu DJIA

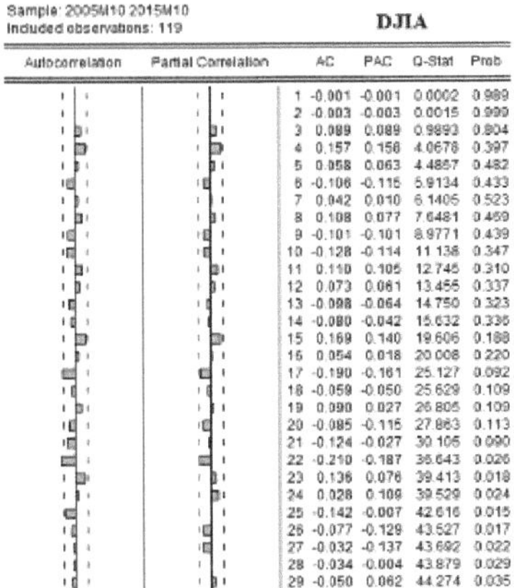

Sample: 2005M10 2015M10
Included observations: 119

DJIA

Autocorrelation	Partial Correlation		AC	PAC	Q-Stat	Prob
		1	-0.001	-0.001	0.0002	0.989
		2	-0.003	-0.003	0.0015	0.999
		3	0.089	0.089	0.9893	0.804
		4	0.157	0.158	4.0678	0.397
		5	0.058	0.063	4.4857	0.482
		6	-0.106	-0.115	5.9134	0.433
		7	0.042	0.010	6.1405	0.523
		8	0.108	0.077	7.6481	0.469
		9	-0.101	-0.101	8.9771	0.439
		10	-0.128	-0.114	11.138	0.347
		11	0.110	0.105	12.745	0.310
		12	0.073	0.061	13.455	0.337
		13	-0.098	-0.064	14.750	0.323
		14	-0.080	-0.042	15.632	0.336
		15	0.169	0.140	19.606	0.188
		16	0.054	0.018	20.008	0.220
		17	-0.190	-0.161	25.127	0.092
		18	-0.059	-0.050	25.629	0.109
		19	0.090	0.027	26.805	0.109
		20	-0.085	-0.115	27.863	0.113
		21	-0.124	-0.027	30.105	0.090
		22	-0.210	-0.187	36.643	0.026
		23	0.136	0.076	39.413	0.018
		24	0.028	0.109	39.529	0.024
		25	-0.142	-0.007	42.616	0.015
		26	-0.077	-0.129	43.527	0.017
		27	-0.032	-0.137	43.692	0.022
		28	-0.034	-0.004	43.879	0.029
		29	-0.050	0.062	44.274	0.035
		30	0.150	0.174	47.914	0.020

Przedstawiona powyżej korelacja (**tabela 68**) przeprowadzona na danych miesięcznych z pierwszą różnicą (tj. danymi na poziomie wskaźnika **(rt)** oraz danymi z pierwszą różnicą **(Δrt), wykres39**[161]).

[161] Ekonometria 2 - Jesień 2005 r., niestacjonarne szeregi czasowe i podstawowe testy jednostkowe

Wykres 39 - Wykres danych o poziomie indeksu i pierwszej różnicy z wykorzystaniem prezentacji stopy procentowej obligacji

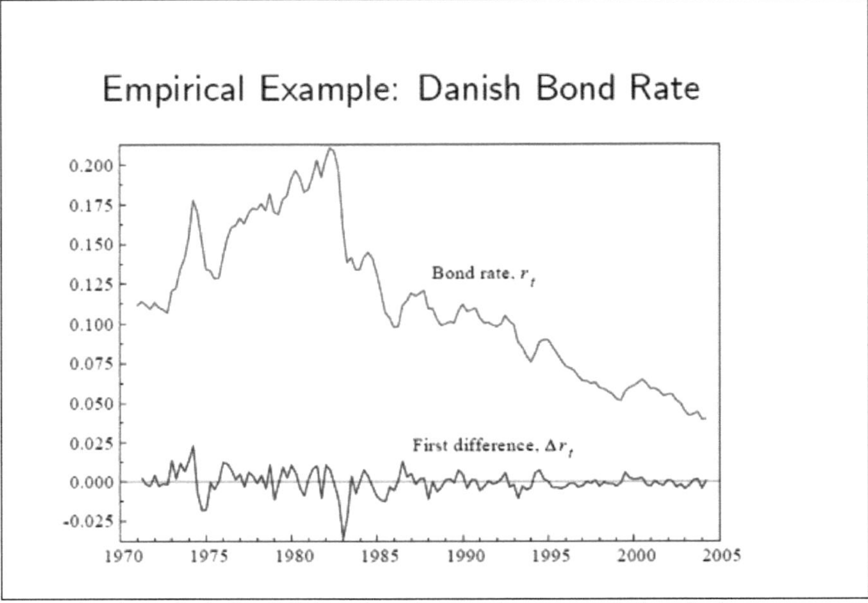

na poziomie wskaźnika DJIA wskazuje, że nie występuje korelacja szeregowa, biorąc pod uwagę, że statystycznie istotny współczynnik autokorelacji na poziomie istotności 5% nie jest pokazany w pierwszych 30 wierszach. W związku z tym przyjmujemy hipotezę zerową o braku korelacji szeregowej, co oznacza, że rynek kapitałowy w Stanach Zjednoczonych napotyka na słabą formę efektywności rynkowej.

Wszystkie korelogramy autokorelacji dla reszt szeregów danych miesięcznych z pierwszą różnicą na pierwszym poziomie indeksu, bez uwzględnienia trendów, wskazują również na brak istotnych współczynników autokorelacji w pierwszych 30 opóźnieniach. W związku z tym można stwierdzić, że wszystkie rynki kapitałowe spełniają hipotezę o istnieniu słabej formy efektywności rynku.

6.5 Analiza techniczna

Analiza techniczna jest formą analizy danych opartą na badaniu cen i wolumenu handlu, a wszystko to w celu osiągnięcia ponadprzeciętnych zysków poprzez identyfikację trendów cenowych. Analiza techniczna jest sprzeczna z teorią efektywnego rynku, biorąc pod uwagę, że to samo dotyczy możliwości prześcignięcia/pokonania rynku na podstawie analizy danych historycznych.

Heino Bohn Nielsen

W tej pracy zostaną wykorzystane następujące wskaźniki analizy technicznej: analiza wykresowa, wykładnicze średnie kroczące (EMA) z 10, 40 i 200 dni, wskaźnik siły względnej, Bollinger Bands i Williams% R, wszystkie w celu potwierdzenia ważności przedmiotowych wskaźników technicznych i ostatecznego określenia rynków efektywności. Wstęgi Bollingera nie są wyświetlane dla cen dziennych, ponieważ wyświetlanie tych samych parametrów pozwoli na wyraźne dostrzeżenie innych parametrów analizy technicznej na wykresie. W związku z tym wstęgi Bollingera są przedstawione w cenach tygodniowych i miesięcznych indeksów tematycznych, wraz ze wszystkimi innymi wyżej wymienionymi wskaźnikami analizy technicznej.
Rysowanie wykresów i wskaźników tematycznych odbywało się za pomocą publicznej stacji internetowej Tele Trader. Biorąc pod uwagę, że nie było możliwe określenie w samej pracy okresu wykorzystanego podczas innych testów, należy zauważyć, że okres wykorzystany podczas testowania danych na potrzeby analizy technicznej od 03 stycznia 2006 r. do 03 stycznia 2016 r. uważamy zatem, że różnice te nie są istotne statystycznie i nie wpływają znacząco na wynik przeprowadzonej analizy.
W ciągu ostatnich 10 lat modele były wykorzystywane do tworzenia serii danych codziennie, tygodniowo i miesięcznie.

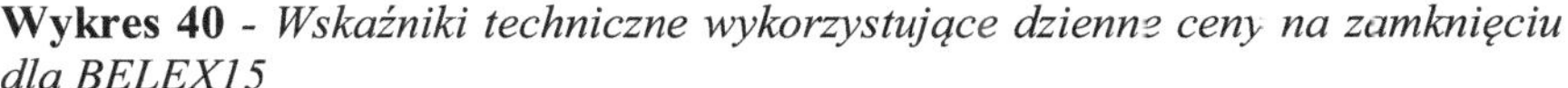

Wykres 40 - *Wskaźniki techniczne wykorzystujące dzienne ceny na zamknięciu dla BELEX15*

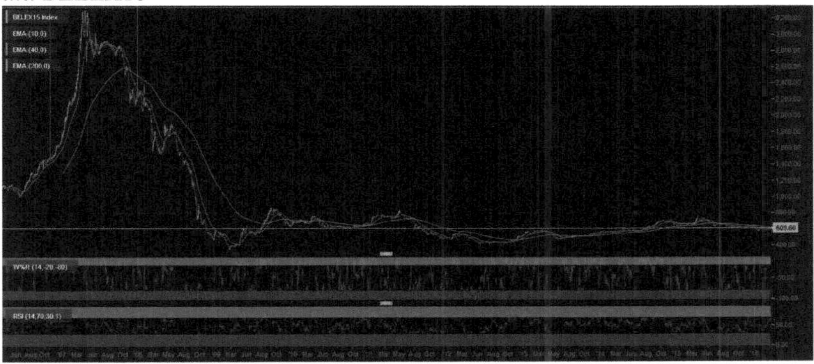

**source: Publiczna stacja internetowa Tele Trader*

Patrząc na **wykres 40** codziennych ruchów indeksu BELEX15 w ciągu ostatnich 10 lat, można zauważyć, że rynek kapitałowy w Serbii nie odbudował się po światowym kryzysie gospodarczym. Wykładnicza średnia krocząca podkreśla ostatnie zmiany w cenie papierów wartościowych. Porównując wykładniczą średnią kroczącą o różnych długościach, ogólna zasada jest taka, że jeśli EMA z dłuższym okresem czasu zyskuje większą wartość niż EMA z krótszym okresem czasu, wtedy cena papierów wartościowych spada i na odwrót. Łącząc wykładniczą średnią kroczącą z 20, 40 i 200 okresów z BELEX15, wykres 40 pozwala nam zauważyć, że na przekrojach/przejęciach następuje zmiana trendu

w ruchu papierów wartościowych. Dokładniej rzecz biorąc, jeśli działały one zgodnie z założeniami tego wskaźnika lub jeśli kupowały, gdy EMA 200 przekraczało EMA 40 i stawało się większe, a sprzedawały, gdy EMA 200 przekraczało EMA 40 i stawało się mniejsze, inwestor był w stanie osiągnąć zysk bez uwzględniania kosztów transakcji. Wskaźnik ten wskazuje zatem, że rynek kapitałowy w Serbii nie jest zgodny z hipotezą efektywnego rynku.
Wskaźnik względnej siły nabywczej **(RSI)** jest pokazany na **wykresie 41** poniżej wykresu cenowego i jego poziom jest miarą siły ostatniego trendu, według którego dokonuje się obrotu zapasami. *Krzywizna względnego indeksu siły* jest wprost proporcjonalna do tempa zmian trendu, podczas gdy długość trendu jest proporcjonalna do wielkości ruchu. To samo jest ustawione tak, że jego górna granica wynosi 70 i dolna 30. Ogólnie rzecz biorąc, zasada z relatywnym indeksem siły jest taka, że papiery wartościowe/akupy powinny być sprzedawane, gdy przekroczą górną granicę 70 i kupowane, gdy przekroczą dolną granicę 30. Jeśli powyższe założenia są spełnione, powyższy wykres pokazuje, że inwestor byłby w stanie osiągnąć zysk bez uwzględniania kosztów transakcji, co oznacza nieefektywność. Dokładniej, w większości przypadków, kiedy RSI łamie górną granicę, cena wskaźnika spadłaby i odwrotnie, co jest zgodne z zasadą RSI i przeciwne do teorii efektywnego rynku.
Williams'% R lub tylko% R jest wskaźnikiem dynamiki wskazującym pozycję ceny zamknięcia w stosunku do maksymalnej i najniższej ceny w określonym z góry okresie czasu, który zazwyczaj wynosi 14 dni. W związku z tym wskaźnik ten służy do określenia pozycji wejściowych i wyjściowych danego papieru. Wartości% R mogą zawierać się w przedziale od 0 do -100, przy czym więcej niż 80 oznacza papiery wartościowe, na które jest zbyt duży popyt (*wykup*), a poniżej 20 punktów papiery wartościowe, których cena jest niższa od rzeczywistej wartości (*wyprzedanie*). W związku z tym oczekuje się, że cena spadnie po przekroczeniu górnej granicy i odwrotnie, że skoczy po przekroczeniu dolnej granicy. Wykres 40 pokazuje, że ceny są generalnie zgodne z powyższymi zasadami, a zatem można powiedzieć, że inwestorzy są w stanie osiągać dodatnie zyski tylko w oparciu o% R. Na podstawie wszystkich powyższych danych można stwierdzić, że BELEX15 nie ma słabej formy efektywności rynkowej.

Wykres 41 - *Wskaźniki techniczne wykorzystujące ceny tygodniowe na zamknięciu dla* BELEX15

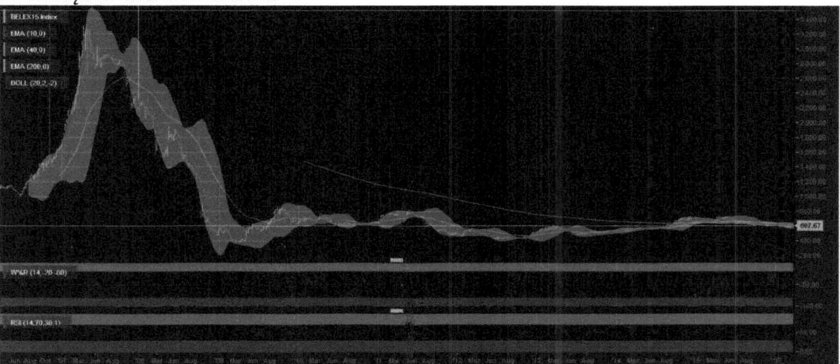

**source: Publiczna stacja internetowa Tele Trader*

Podczas wyświetlania cen tygodniowych, wyświetlana jest również opcja Bollinger Band. Wstęga Bollingera wyświetlana jest jako wstęga/taśma, które są dwoma standardowymi odchyleniami od prostej średniej ruchomej. Kiedy ceny indeksu są niestabilne, wstęga/taśma jest szersza, podczas gdy ta sama zmniejsza się przy niskiej niestabilności. W momentach, gdy cena znajduje się na górnej granicy pasma/taśmy Bollingera, uważa się, że istnieje nadmierny popyt na dany papier wartościowy i że jego cena nie ma oparcia w analizie fundamentalnej. W konsekwencji, w tych momentach inwestorzy próbują sprzedać część lub całość swojej pozycji. Zgodnie z przedstawionym powyżej wykresem tygodniowym BELEX15 **Wykres 41,** w większości przypadków zachowują się oni zgodnie z postulatami Bollingera, wskazując na brak słabej formy efektywności rynku. Oczywiste jest również, że popyt na BELEX15 jest znacznie niższy w ciągu ostatnich kilku miesięcy.

Średnie kroczące 10, 40 i 200 dni wskazują na to, że podczas przekraczania (przechwytywania) dłuższa średnia krocząca staje się większa niż krótsza średnia krocząca, cena indeksu rośnie i odwrotnie. Nie jest to zgodne z postulatami analizy technicznej średnich kroczących i wskazuje na efektywny serbski rynek kapitałowy.

Z drugiej strony, względny wskaźnik siły wskazuje na nieefektywność rynku. W szczególności, jeżeli miałyby być przestrzegane zasady analizy technicznej i w odniesieniu do wskaźnika względnej siły, powyższy wykres 41 wskazuje na fakt, że inwestor byłby w stanie osiągnąć zysk bez uwzględniania kosztów transakcji. Dokładniej rzecz biorąc, w większości przypadków, gdy wskaźnik względnej siły przekracza górną granicę, cena wskaźnika spadłaby i na odwrót, co jest zgodne z zasadami analizy technicznej i sprzeczne z teorią efektywnego rynku.

Williams'% R lub tylko % R w cenach tygodniowych również wskazuje na brak wydajności. Dokładniej, jak widać na wykresie 41 powyżej, ceny są generalnie zgodne z zasadami% R, lub gdy% R powyżej 80, wskazuje to na fakt, że wskaźnik ten jest zbyt mocno wykupowany, a poniżej 20 wskazuje na fakt, że wskaźnik ten jest poniżej rzeczywistej wartości *(wyprzedany). W związku z* tym, wykres pokazuje, że w większości przypadków cena spada po przekroczeniu górnej granicy i odwrotnie - skacze po przekroczeniu dolnej granicy. Wskazuje to na zdolność inwestora do osiągania dodatnich zysków w oparciu o% R, a tym samym na brak efektywności rynkowej.

Wykres 42 - *Wskaźniki techniczne wykorzystujące ceny montowane na zamknięciu dla BELEX15*

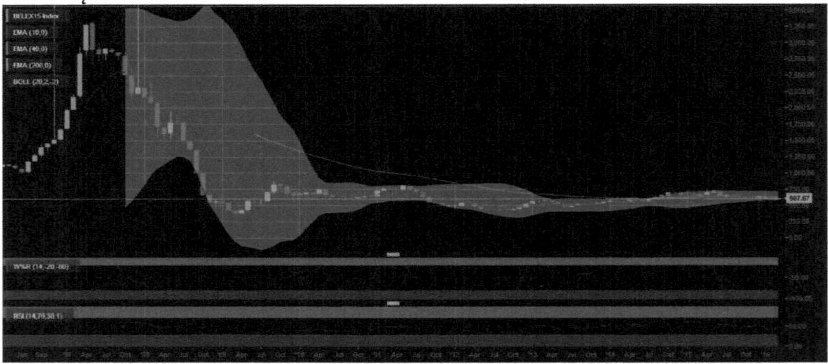

**source: Publiczna stacja internetowa Tele Trader*

Z przedstawionego powyżej **Wykresu 42**, miesięczne ceny BELEX15 sześciokrotnie łamały taśmy/taśmy Bollingera, czterokrotnie taśmy dolne i dwukrotnie taśmy górne. Kiedy dolna taśma została złamana, trend spadkowy w tym przypadku był kontynuowany, podczas gdy po złamaniu górnej taśmy, trend spadkowy nastąpił raz, podczas gdy trend wzrostowy został raz wznowiony. W konsekwencji, postrzegane jedynie jako pojedyncze zjawisko, rejestrator taśm Bollinger nie może przyczynić się do projekcji przyszłych cen i wskazuje na efektywność rynku. Z drugiej strony, gdy EMA 10 przekraczało EMA 40, nastąpił wzrost ceny papieru wartościowego, co wskazuje na nieefektywność rynku. Ściślej rzecz biorąc, zjawisko to jest zgodne z teorią średniej kroczącej, że gdy przekrój poprzeczny/przejęcie z krótszym okresem przekracza przekrój poprzeczny kroczący z dłuższym okresem czasu, cena papieru powinna wzrosnąć. Inne wskaźniki analizy technicznej użyte w niniejszym opracowaniu, % R i wskaźnik względnej siły wskazują również na istnienie słabej formy efektywności rynku BELEX15 , biorąc pod uwagę, że inwestorzy handlujący na podstawie tych parametrów technicznych nie są w stanie przewidzieć przyszłego ruchu cen indeksu, ponieważ cena ta nie działała zgodnie z oczekiwanymi zasadami analizy technicznej. Dokładniej rzecz biorąc, jeśli przekroczyłaby ona górne granice, nadal by rosła, a po przełamaniu dolnych granic kontynuowałaby tendencję spadkową, co oznacza efektywność.

Wykres 43 - *Wskaźniki techniczne wykorzystujące dzienne ceny na zamknięcie indeksu CROBEX*

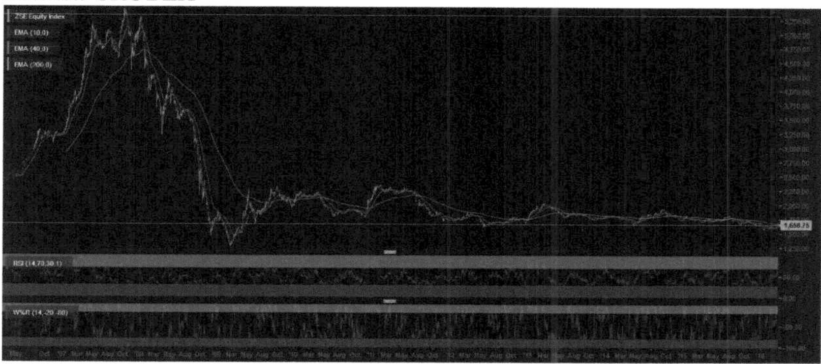

**source: Publiczna stacja internetowa Tele Trader*

Jak wynika z przedstawionego powyżej **Wykresu 43**, CROBEX nie odnotował ożywienia na rynku po światowym kryzysie gospodarczym, ale w istocie w ostatnich kilku latach cena indeksu uległa stagnacji. Ponadto, analizując wskaźniki techniczne możemy stwierdzić, że CROBEX ma słabą formę efektywności rynkowej. Analiza średnich kroczących wskazuje na efektywność CROBEX-u, biorąc pod uwagę, że wskazują one na to, iż cena CROBEX-u zachowuje się niezgodnie z oczekiwaniami inwestorów. Dokładniej mówiąc, cena wzrosłaby, gdyby EMA200 przekroczył średnie kroczące z krótszym terminem, co jest sprzeczne z postulatami analizy technicznej. Ponadto, powyższy wykres wskazuje, że wskaźnik względnej siły wskazuje na efektywność rynku, dopiero po przekroczeniu górnych granic, cena wskaźnika będzie nadal rosła, a po przekroczeniu dolnych granic, będzie nadal spadać. Ten trend zachowania się cen obowiązuje również przy analizie% R, tzn. cena zachowywałaby się niezgodnie z postulatami tego wskaźnika technicznego.

Wykres 44 - *Wskaźniki techniczne wykorzystujące ceny tygodniowe na zamknięciu dla indeksu CROBEX*

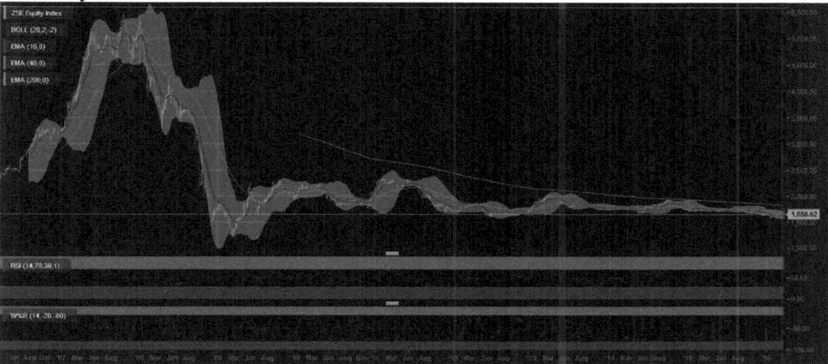

**source: Publiczna stacja internetowa Tele Trader*

Analiza tygodniowego **wykresu** cenowego **44** dla CROBEX wskazuje również na efektywność danego rynku. Dokładniej mówiąc, Wstęgi Bollingera wskazują, że inwestorzy nie są w stanie przewidzieć przyszłych ruchów cen, biorąc pod uwagę, że cena danego indeksu utrzymywała się wbrew oczekiwaniom po podziale górnych i dolnych limitów. Efektywność ta została również potwierdzona przez wskaźnik względnej siły, biorąc pod uwagę, że po załamaniu się górnych limitów ceny nadal rosły, podczas gdy po załamaniu się dolnych limitów nadal spadały zgodnie z zasadami tego wskaźnika technicznego. Wskaźnik% R Williamsa wskazuje również na efektywność rynku, biorąc pod uwagę, że ten wskaźnik techniczny nie jest zgodny z zasadami, których oczekiwałby inwestor, tj. przy obniżaniu limitów cenowych cena nadal rośnie, podczas gdy po przekroczeniu dolnych limitów ceny nadal spadają. Jedynym wskaźnikiem wskazującym na istnienie nieefektywności są średnie kroczące, biorąc pod uwagę, że wskazują one, iż gdy średnia krocząca z dłuższym okresem czasu staje się większa niż średnia krocząca z krótszym okresem czasu, wówczas cena spada. Zgodnie z powyższym można powiedzieć, że CROBEX ma słabą formę efektywności rynkowej.

Wykres 45 - *Wskaźniki techniczne wykorzystujące miesięczną cenę na zamknięciu dla indeksu CROBEX*

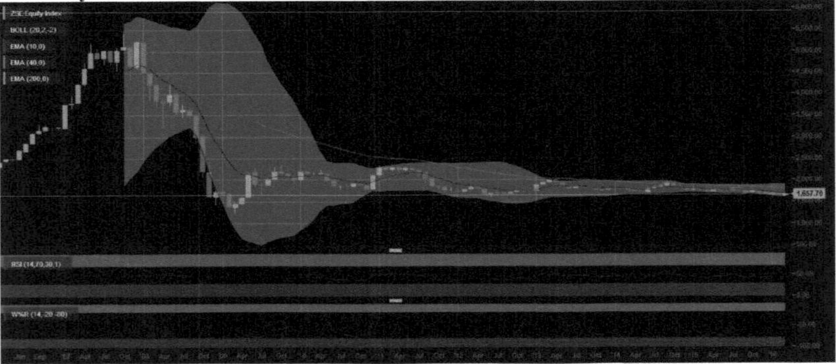

**source: Publiczna stacja internetowa Tele Trader*

Z wyjątkiem 2008 r., kiedy to wystąpiła silna tendencja spadkowa i kiedy cena CROBEX po przełamaniu dolnych bambd/tape'ów Bollingera nadal spadała, wszystkie inne przypadki pokazują, że ceny CROBEX zachowywały się zgodnie z postulatami tego wskaźnika analizy technicznej. Przełom ten można przypisać silnemu trendowi spadkowemu, który wówczas istniał, zgodnie z **wykresem 45**. Należy zauważyć, że Wstęgi Bollingera wskazują na mniejszą zmienność w ciągu ostatnich kilku miesięcy, biorąc pod uwagę, że wstęgi/taśmy są bliżej siebie. Również analiza powyższego wykresu pokazuje, że przy wskaźniku o relatywnej sile po przekroczeniu dolnej granicy ceny wskaźnika na krótko zmieniła swój kierunek i wzrosła, co implikuje nieefektywność rynku. Należy jednak podkreślić, że w obserwowanym okresie cena tylko raz dotknęła dolnej granicy wskaźnika względnej siły, aż do momentu dotarcia do górnej granicy tego wskaźnika technicznego. W związku z tym wyniki tego parametru powinny być brane pod uwagę z zastrzeżeniem. Z drugiej strony, ceny nie zachowywały się zgodnie z oczekiwanym poglądem poprzez analizę wskaźnika technicznego % R. Dokładniej rzecz biorąc, łamiąc górne granice, ceny nadal by rosły, a po rozbiciu dolnych granic, cena nadal by spadała. Analiza średniej kroczącej nie wskazuje na żaden pozór, biorąc pod uwagę fakt, że w analizowanym przekroju czasowym średnia krocząca o różnych długościach nie przecina się. W związku z powyższym moĪna powiedzieü, Īe na podstawie ruchu tygodniowych cen CROBEX nie moĪna okreĞliü z pewnoĞcią efektywnoĞci rynku biorąc pod uwagĊ wczeĞniej wymienione wskaźniki techniczne.

Wykres 46 - *Wskaźniki techniczne wykorzystujące dzienne ceny na zamknięcie dla indeksu BUX*

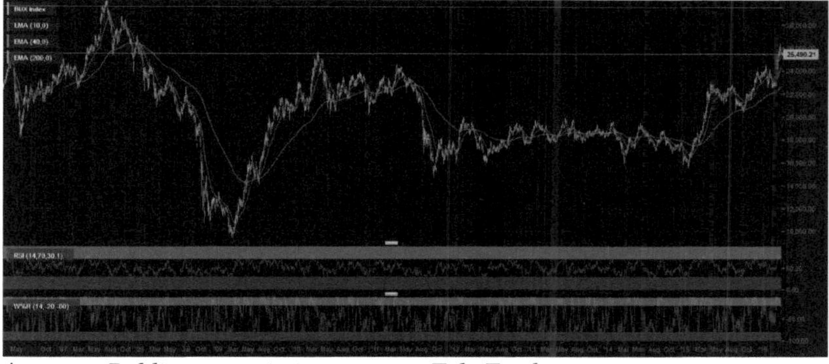

**source: Publiczna stacja internetowa Tele Trader*

Patrząc przez pryzmat czasu, na **wykresie 46** możemy stwierdzić, że w BUX nastąpiło znaczne ożywienie po światowym kryzysie gospodarczym. Poruszająca się analiza średnich cen dziennych BUX-u wskazuje na nieefektywność rynku. Dokładniej mówiąc, analiza średniej kroczącej na poziomie dziennym jest zgodna z postulatami analizy technicznej. Wskaźnik względnej siły i Williams% R również wskazują, że inwestor w pewnych momentach był w stanie przewidzieć przyszły ruch kursu indeksu BUX, biorąc pod uwagę, że ceny spadały natychmiast po przekroczeniu górnych i rosły po przekroczeniu dolnych limitów. Zgodnie z tym wszystkim można powiedzieć, że przy dziennych cenach BUX nie ma słabej formy efektywności rynku.

Wykres 47 - *Wskaźniki techniczne wykorzystujące ceny tygodniowe na zamknięciu dla indeksu BUX*

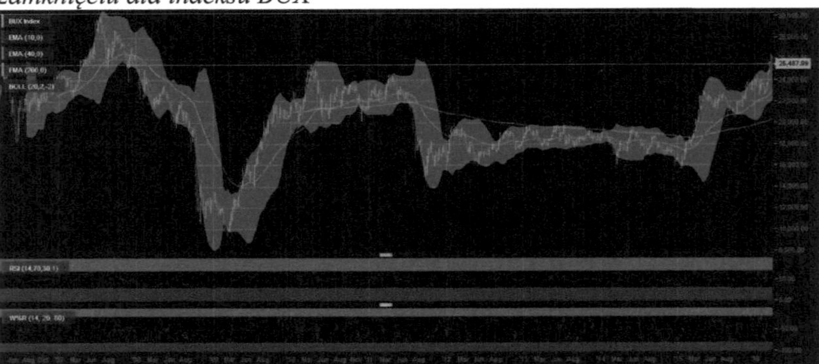

**source: Publiczna stacja internetowa Tele Trader*

Analiza **Wykresu 47**, który pokazuje ruch cen tygodniowych w aspekcie wskaźników technicznych, wskazuje, że BUX ma słabą formę efektywności rynkowej. Wykres 45 wskazuje, że ceny BUX przełamują wstęgi Bollingera i w wielu przypadkach nie zmieniają kierunku podczas przełamywania ich. Z drugiej strony, średnie kroczące wskazują, że cena jest zgodna z oczekiwanymi zasadami analizy technicznej, podczas gdy wskaźnik% R i wskaźnik względnej siły potwierdzają fakt, że inwestorzy nie są w stanie przewidzieć przyszłych trendów w cenie indeksu, biorąc pod uwagę, że po obcięciu dolnych i górnych limitów ceny, indeks nie rośnie, czyli nie spada szacunkowo.

Wykres 48 - *Wskaźniki techniczne wykorzystujące miesięczne ceny na zamknięciu dla indeksu BUX*

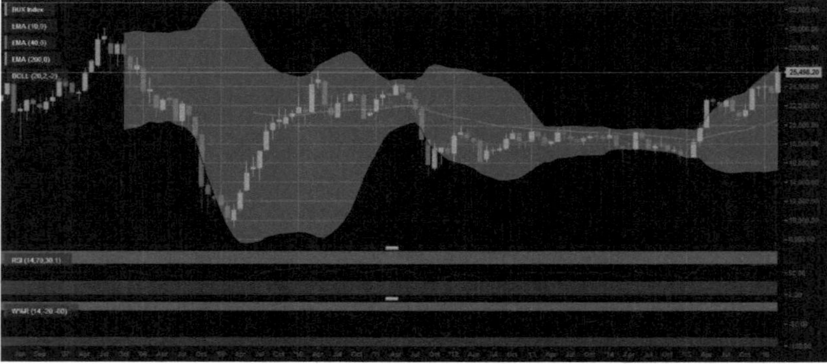

**source: Publiczna stacja internetowa Tele Trader*

Wskaźniki techniczne dla miesięcznych cen BUX wskazują na istnienie efektywności wskaźnika (**wykres 48**). Dokładniej mówiąc, wstęgi Bollingera wskazują, że podczas cięcia dolnej taśmy, cena nadal spada, podczas gdy podczas przekraczania górnej taśmy nadal rośnie, co implikuje efektywność rynku. Również niezdolność do przewidzenia ceny znajduje odzwierciedlenie w analizie wskaźnika względnej siły. Dokładniej, kiedy cena indeksu przekracza górną granicę tego parametru technicznego, cena kontynuuje swoją ścieżkę wzrostu i nie zmienia swojego kierunku. Williams% R również nie wspiera podstawowych zasad tego wskaźnika technicznego, na podstawie których inwestorzy przewidują przyszłe ceny. Analiza średnich kroczących daje zróżnicowane wyniki. Dokładniej, w pewnych sytuacjach średnie kroczące wskazują, że cena wskaźnika porusza się zgodnie z postulatami analizy technicznej, a w innych przypadkach, że zasada średnich kroczących dotyczących ruchu cen nie jest przestrzegana. Zgodnie z tym wszystkim, analiza cen miesięcznych wskazuje, że BUX ma słabą formę efektywności rynkowej.

Wykres 49 - *Wskaźniki techniczne wykorzystujące dzienne kursy na zamknięcie dla indeksu WIG20*

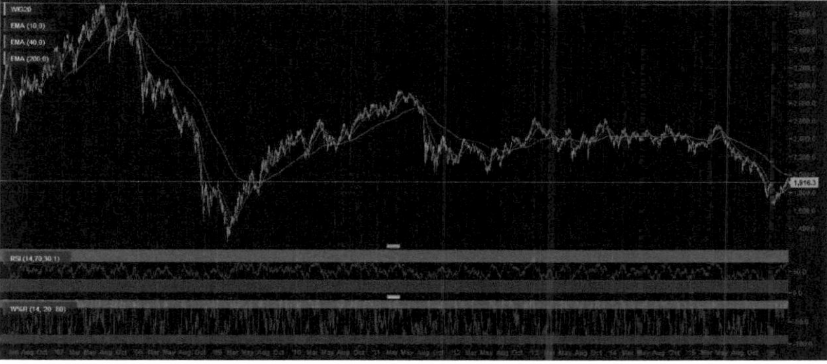

**source: Publiczna stacja internetowa Tele Trader*

Wykres 49 pokazuje, że kiedy względny wskaźnik siły przekracza granicę 70, wskaźnik cen zmienia swój trend i zaczyna spadać. Również, gdy przekroczony zostanie dolny limit tego wskaźnika, cena porusza się w kierunku wzrostu. Oznacza to nieefektywność rynku. Jednak inny przypadek ma miejsce w analizie% R. Dokładniej mówiąc, przy łamaniu dolnej granicy, cena wskaźnika nie idzie w górę, podczas gdy przy łamaniu górnej granicy ceny wskaźnika, w większości przypadków, jego tendencja spadkowa nie zaczyna się. W przypadku wykładniczych średnich kroczących wykres 47 wskazuje na to, że gdy przekrój 200-dniowy przekracza średnie kroczące 40 i 10 dni, ceny tego wskaźnika nie poruszały się zgodnie z postulatami wskaźników analizy technicznej, tzn. ceny działały wbrew oczekiwaniom. W związku z tym, postrzegane jako całość, wskaźniki techniczne są pokazane dla dziennych cen indeksu WIG20 i wskazują efektywność przedmiotowego indeksu.

Wykres 50 - *Wskaźniki techniczne wykorzystujące ceny tygodniowe na zamknięciu dla WIG20*

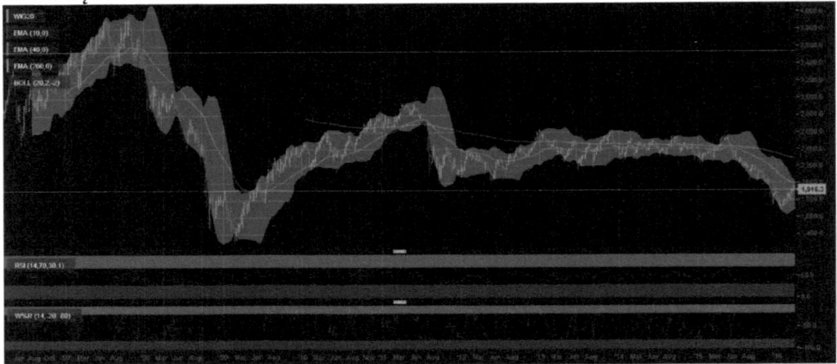

**source: Publiczna stacja internetowa Tele Trader*

Z **wykresu 50 widać,** że korzystając ze wskaźników analizy technicznej, inwestor nie jest w stanie przewidzieć dalszego ruchu ceny indeksu, co dodatkowo implikuje efektywność rynkową. Bollinger Bands wskazują na to, że cena indeksu nie zawsze zachowuje się zgodnie z postulatami, których wymaga ten wskaźnik. W dużej liczbie przypadków, kiedy przerywa on dolną wstęgę, cena nadal spada, wskazując na efektywność rynku, lub niezdolność inwestora do realizacji zysków z handlu tylko na podstawie tego parametru. Również wskaźnik względnej siły potwierdza ten wniosek, biorąc pod uwagę, że cena indeksu nadal spada, a kiedy łamie dolną granicę tego wskaźnika technicznego. Chociaż analiza średnich kroczących w większości przypadków wskazuje na dokładność postulatów analizy technicznej, ogólny obraz wskaźników technicznych sugeruje, że rynek jest efektywny przy użyciu cen tygodniowych.

Wykres 51 - *Wskaźniki techniczne wykorzystujące miesięczne kursy na zamknięcie dla indeksu WIG20*

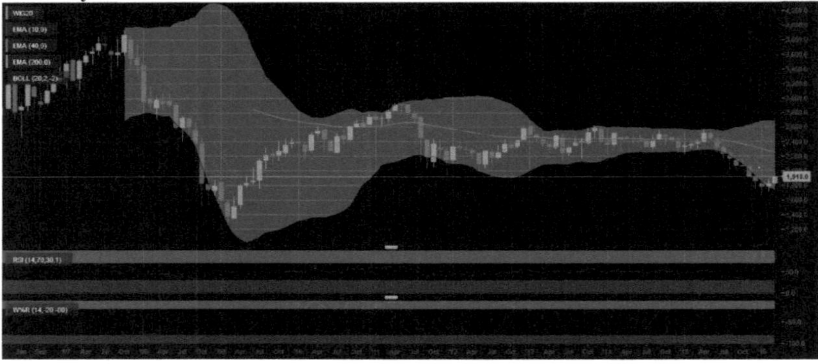

**source: Publiczna stacja internetowa Tele Trader*

Wskaźniki analizy technicznej przedstawione na **wykresie 51** wskazują na efektywność WIG20 z wykorzystaniem miesięcznych cen zamknięcia. Obserwując taśmy Bollingera, można zauważyć, że cena papieru spada, gdy dotyka górnej taśmy, lub w większości przypadków skacze, gdy łamie dolną granicę. Jednak w lipcu 2015 roku cena złamała dolne ograniczenie i kontynuowała trend spadkowy. W związku z tym zasada taśmy Bollingera nie może być uznana za prawidłową, biorąc pod uwagę, ze powyższy wykres pokazuje, że w niektórych sytuacjach zasada taśmy Bollingera nie jest ważna.
W obserwowanym okresie cena nie dotykała górnej granicy wskaźnika względnej siły, natomiast w przypadku przekroczenia dolnej granicy nadal spadała, co jest niezgodne z postulatami tego wskaźnika technicznego i wskazuje na istnienie efektywności rynku. Ponadto, łamiąc górną granicę ceny% R, w większości przypadków cena nadal rośnie, podczas gdy łamiąc dolną granicę marży% R, w większości przypadków cena zmienia swój trend i przechodzi do wzrostu. W związku z tym inwestorzy stosujący marżę % R nie są w stanie przewidzieć dalszych ruchów cen, które potwierdzają efektywność rynku.
Wykładnicze średnie kroczące wskazują również na efektywność faktu, że przy przekroczeniu EMA 40 i EMA 200 w czasie, gdy EMA 200 staje się większy, cena wskaźnika rośnie, co jest sprzeczne z postulatami analizy technicznej i sprzyja efektywnemu rynkowi.

Wykres 52 - *Wskaźniki techniczne wykorzystujące dzienne ceny na zamknięcie dla indeksu DJIA*

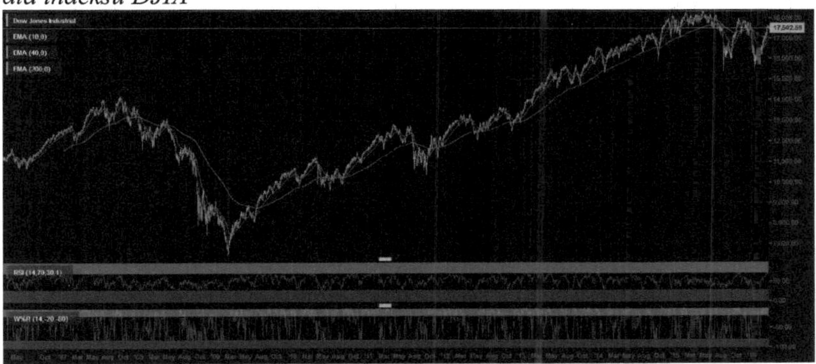

**source: Publiczna stacja internetowa Tele Trader*

Graficzne przedstawienie dziennych cen indeksu DJIA (**wykres 52**) wskazuje na znaczący trend wzrostowy od 2009 roku do połowy 2015 roku. Dokładniej mówiąc, cena DJIA przekroczyła poziom sprzed światowego kryzysu gospodarczego. Jeśli chodzi o wskaźniki analizy technicznej, średnie kroczące wskazują na to, że gdy EMA 200 staje się większy niż EMA 40 i EMA10, cena papierów wartościowych skacze zamiast spadać, co jest sprzeczne z założeniami analizy technicznej tego wskaźnika i tym samym sugeruje efektywność rynku.

Również w momencie, gdy wskaźnik względnej siły przekracza granicę 70, cena wskaźnika nadal rośnie, a gdy spada poniżej 30, cena wskaźnika również rośnie. Zjawisko to implikuje niezdolność inwestora do zrealizowania nierealnych korzyści w oparciu o ten parametr. Również efektywność rynkowa jest potwierdzona przez% R. Dokładniej mówiąc, przy przekroczeniu dolnej granicy ceny wskaźnika nie przesuwa się on w kierunku wzrostu, a przekroczenie górnej granicy ceny wskaźnika nie rozpoczyna jego tendencji spadkowej. Tylko przy średniej ruchomej istnieją różne wyniki. Zgodnie z tym wszystkim można powiedzieć, że w przypadku dziennych cen indeksu DJIA istnieje słaba forma efektywności rynku.

Wykres 53 - *Wskaźniki techniczne wykorzystujące proces cotygodniowy przy zamykaniu dla indeksu DJIA*

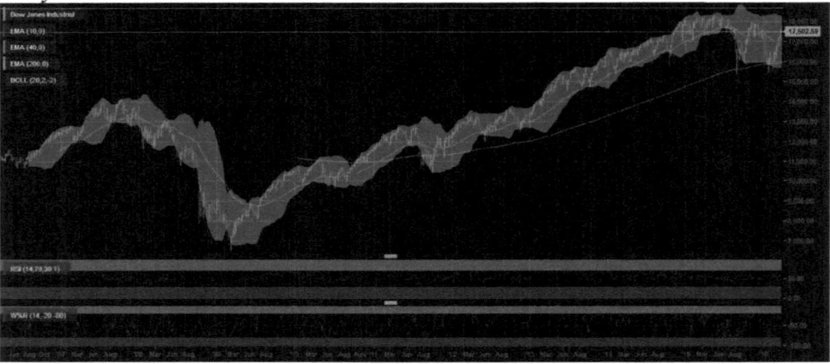

**source: Publiczna stacja internetowa Tele Trader*

Przedstawione powyżej wskaźniki techniczne dla cen tygodniowych DJIA (**wykres 53**) wskazują, że wydajność DJIA jest obecna w cenach tygodniowych. W taśmie Bollingera analiza wskazuje na różne interpretacje wyników. Dokładniej rzecz biorąc, przed i w okresie światowego kryzysu gospodarczego wskaźnik cen nie był zgodny z zasadami wahań cen, które były zgodne z taśmami post-Bollingera, podczas gdy po tym okresie cena działała zgodnie z oczekiwaniami inwestora. Wskaźnik względnej siły i% R implikuje również efektywność, biorąc pod uwagę, że przy przełamywaniu górnych limitów cenowych, cena nadal rosła, podczas gdy przy obniżaniu dolnych granic nadal spadała, co jest sprzeczne z oczekiwaniami inwestora.

Wykładnicze średnie kroczące również wskazują na to, że ceny z EMA nie były zgodne z postulatami analizy technicznej, lecz przeciwnie do nich i są korzystne dla efektywnego rynku.

Wykres 54 - *Wskaźniki techniczne wykorzystujące miesięczne ceny na zamknięciu dla indeksu DJIA*

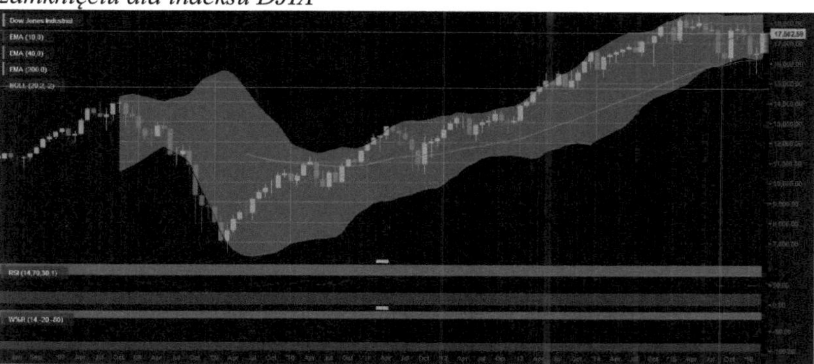

**sourrce: Publiczna stacja internetowa Tele Trader*

Wskaźniki techniczne dla miesięcznych cen DJIA (**wykres 54**) wskazują na istnienie efektywności danego wskaźnika. Dokładniej, powyższy wykres wskazuje, że ceny tego wskaźnika nie poruszały się zgodnie z postulatami Bollinger's Band, tj. że prawie nadal spadały przy załamaniu dolnego pasma Bollingera, podczas gdy nadal rosły przy załamaniu górnych granic. W związku z tym wskaźnik ten nadal wskazuje na fakt, że DJIA szanuje słabą formę efektywności rynku.

W momencie, gdy względny wskaźnik siły przekracza granicę 70, wskaźnik cen kontynuuje swój trend wzrostowy, który nie jest zgodny z zasadą tego wskaźnika technicznego i wskazuje na efektywność rynku. Również efektywność rynku jest potwierdzona przez% R. Dokładniej mówiąc, przy przekroczeniu dolnej granicy, cena wskaźnika nie rośnie, podczas gdy w przypadku przekroczenia górnej granicy ceny wskaźnika, w większości przypadków nie rozpoczyna się jego tendencja spadkowa. Tylko w przypadku przekrojów istnieją różne wyniki. Dokładniej mówiąc, EMA 10 wyciął EMA 40 na początku 2011 roku, a indeks nadal rósł. Należy to jednak przypisać obecnemu wcześniej silnemu trendowi wzrostowemu, a także nie tylko obserwacji tego parametru, ale również ustaleniu go w ujęciu porównawczym z innymi parametrami analizy technicznej. Zgodnie z powyższym można powiedzieć, że miesięczne ceny dla DJIA respektują Słaba forma efektywności rynku

Należy zauważyć, że konieczne jest, aby wszystkie wskaźniki nie były traktowane jako pojedyncze zjawiska, ale jako część i w ramach innych wskaźników analizy technicznej. Gdyby były one monitorowane w ten sposób, w większości przypadków inwestor byłby w stanie przewidzieć ruch rynku BELEX15, biorąc pod uwagę, że ruchy cen tego wskaźnika są sprzeczne z postrynkową teorią efektywnego rynku, podczas gdy ruchy cen CROBEX, BUX, WIG20a i DJIA implikują obecność słabych form efektywności rynku. Bardziej szczegółowa analiza techniczna wskaźników technicznych przedstawionych na powyższych wykresach wskazuje na fakt, że BELEX15 jest najmniej efektywny, a DJIA najbardziej efektywny. Również przy tej okazji należy zauważyć, że na efektywnych rynkach efektywność jest silniejsza, tzn. kilka parametrów wskaźników technicznych nie zachowuje się zgodnie z oczekiwaną analizą cen z dłuższym okresem czasu. W konsekwencji, analiza wykresów z cenami miesięcznymi wskazuje na większą efektywność w stosunku do wykresów z cenami dziennymi.

WYNIKI BADAŃ I REZULTATY DLA RYNKU SERBSKIEGO

Chociaż w 1886 r. król Serbii Milan Obrenovic przyjął ustawę o giełdach publicznych, to w styczniu 1895 r. rozpoczęła działalność Belgradzka Giełda Papierów Wartościowych **(BSE), która później, w** kwietniu 1941 r., przestała istnieć. Wraz z kontynuacją prac Belgradzkiej Giełdy Papierów Wartościowych w 1989 r., utworzeniem Komisji Papierów Wartościowych w 1990 r. i utworzeniem Centralnego Rejestru w 2002 r., Serbia otrzymała instytucjonalne ramy działalności na rynku kapitałowym (BELEX, 2015 r.[162]). Idąc za przykładem rynków kapitałowych krajów rozwiniętych, w 2004 r. Belgradzka Giełda Papierów Wartościowych opublikowała indeks BELEXFM dla akcji, które były przedmiotem obrotu na rynku regulowanym. Wartość początkowa wynosiła 1000 i indeks ten stanowił podstawowy indeks Belgradzkiej Giełdy Papierów Wartościowych, którego celem było opisanie ruchu na rynku kapitałowym. W październiku 2005 r. został wydany indeks BELEX15, a we wrześniu 2015 r. został zdefiniowany i metodycznie przetworzony o wartości początkowej 1000. BELEX15 jest wiodącym indeksem Belgradzkiej Giełdy Papierów Wartościowych i ma na celu określenie ruchu 15 najbardziej płynnych akcji na serbskim rynku kapitałowym. W kwietniu 2007 roku BELEXFM został zastąpiony przez indeks BELEXLINE. Oba indeksy są wykorzystywane jako wskaźniki aktywności krajowej gospodarki na rynku finansowym.
Jak widać na **wykresie 55**. Wartości indeksów na giełdzie w Belgradzie podzieliły losy krajów regionu pod względem wpływu światowego kryzysu gospodarczego, który rozpoczął się w 2007 roku. Wskaźniki te nie uległy jednak poprawie, podobnie jak kraje regionu, które z kolei odnotowały w ostatnich latach znaczne wzrosty. Rynek kapitałowy w Serbii nie osiągnął jeszcze wystarczającego poziomu rozwoju, a co za tym idzie, do jego głównych cech należą: niewystarczająca liczba uczestników rynku, brak papierów wartościowych, słaba płynność, stosunkowo kosztowny handel, słaba przejrzystość i niewystarczający stopień liberalizacji samego rynku kapitałowego. W związku z tym wszystkie te czynniki oznaczają, że rynek ten jest nieefektywny, co zostanie udowodnione w niniejszym badaniu.

[162] Belgradzka Giełda Papierów Wartościowych, (2015). Odebrane z www.belex.rs.

Wykres 55. Wartości indeksów na giełdzie w Belgradzie

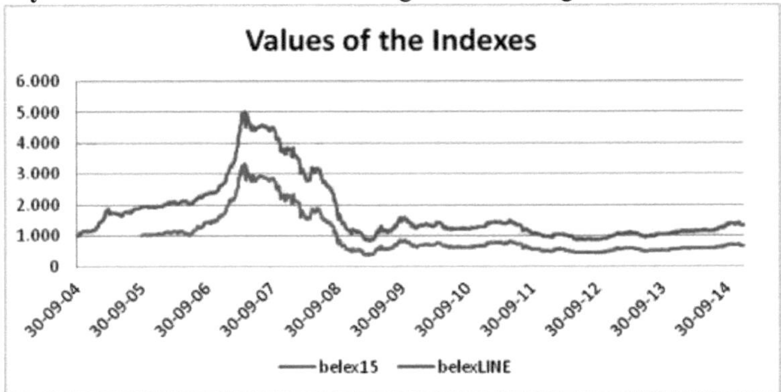

Graficzna reprezentacja prawdopodobieństwa normalnego pokazana na **wykresie 56** pozwala na uzyskanie wglądu w fakt, że wartości dzienne obu wskaźników nie są rozkładane normalnie. W związku z tym wartości te nie są pozornie niezależne i normalnie rozłożone, co zostanie później potwierdzone przez wartości współczynników pochylenia i kurtosis.

Wykres 56. Przedstawienie normalnego prawdopodobieństwa indeksów BELEX15 i BELEXLINE

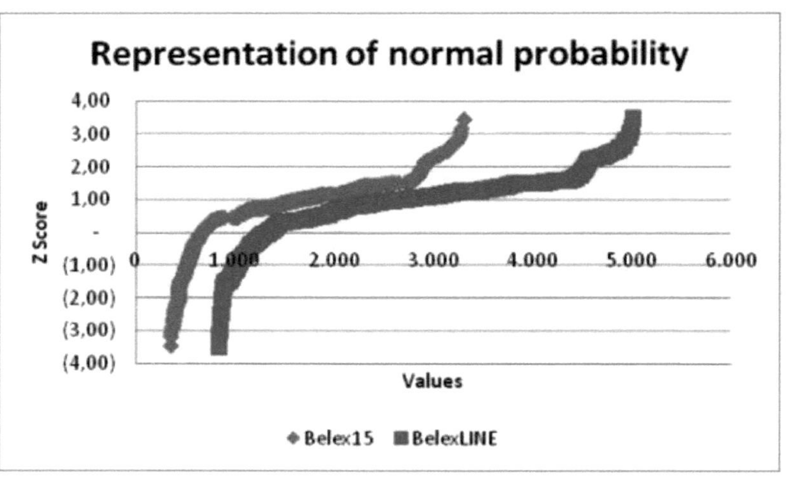

Jak wynika z **tabeli 69**., współczynnik pochylenia jest dodatni dla BELEX15, co oznacza, że wartość średnia jest większa niż jego mediana i tryb. Ta pozytywna symetria wskazuje, że BELEX15 nie ma rozkładu normalnego i oznacza, że wskaźnik ten nie jest słabą formą efektywną. Z drugiej strony, współczynnik kurtozy jest dodatni i więcej niż 3, co implikuje rozkład leptokurtyczny, sugerując potencjalnie niską wydajność.

Tabela 69. - Parametry statystyczne dla BELEX 15 oparte na dziennych wartościach/cenach wskaźnika

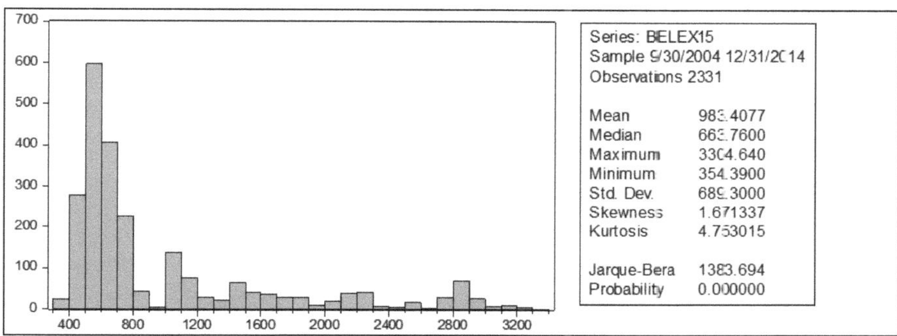

Parametry statystyczne BELEXLINE przedstawione są w **tabeli 70**. Jak wynika z tabeli 70. mieszek, współczynnik pochylenia jest dodatni, co oznacza dodatnią asymetrię i fakt, że wskaźnik ten nie jest normalnie rozłożony. Co więcej, kurtoza jest większa niż 3, co wskazuje, że niewielkie zmiany wartości wskaźnika są rzadsze ze względu na fakt, że ceny historyczne są bardziej skoncentrowane wokół średniej. Wskazuje to jednak również na fakt, że duże wahania są prawdopodobnie skoncentrowane w ogonach. Również rozkład leptokurtowy w przypadku BELEXLINE oznacza słabą stabilność efektywnej hipotezy rynkowej.

Tabela 70. Parametry statystyczne dla BELEXLINE w oparciu o dzienne wartości/ceny indeksu

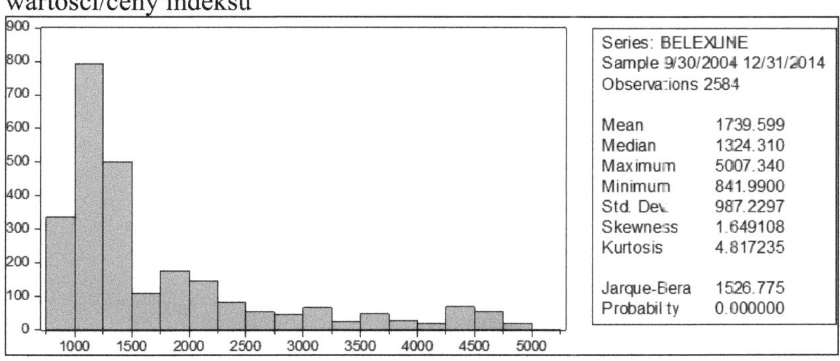

Ponadto należy zauważyć, że oba wskaźniki mają wysokie wartości testowe Jarque-Bera, co oznacza, że rozkład pozostałości odbiega od rozkładu normalnego i dlatego odrzucamy hipotezę zerową, że analizowane serie są rozkładem normalnym.

W celu ustalenia istnienia stacjonarności użyto testu rozszerzonego Dickey-Fuller'a (DF). Rzeczywiste wartości wskaźników zostały wykorzystane podczas testowania pierwiastka jednostkowego. Należy również zauważyć, że w analizie i testach wykorzystano informacje Schwartza. Jak wynika z **tabeli 71**. wynik rozszerzonego testu DF dla indeksu Belex15 wskazuje, że obliczona statystyka testu jest większa niż wartości krytyczne na poziomie 1%, 5% i 10%, co oznacza, że hipoteza zerowa o istnieniu pierwiastka jednostkowego nie powinna być odrzucana. Jednak w przypadku testowania danych z różnicą 1sr (**Tabela 72**.), obliczona statystyka testu jest niższa od wartości krytycznych na poziomach 1%, 5% i 10%, co oznacza, że należy odrzucić hipotezę zerową o istnieniu pierwiastka jednostkowego, a zatem przyjąć alternatywną hipotezę o stacjonarności szeregów czasowych.

Tabela 71 - *Wyniki testu rozszerzonego na podstawie danych dziennych o poziomie indeksu BELEX15 z przechwyceniem*

Null Hypothesis: BELEX15 has a unit root
Exogenous: Constant
Lag Length: 3 (Automatic - based on SIC, maxlag=26)

		t-Statistic	Prob.*
Augmented Dickey-Fuller test statistic		-0.794596	0.8200
Test critical values:	1% level	-3.432735	
	5% level	-2.862480	
	10% level	-2.567315	

*MacKinnon (1996) one-sided p-values.

Augmented Dickey-Fuller Test Equation
Dependent Variable: D(BELEX15)
Method: Least Squares
Date: 11/04/15 Time: 14:36
Sample (adjusted): 10/10/2005 10/30/2015
Included observations: 2536 after adjustments

Variable	Coefficient	Std. Error	t-Statistic	Prob.
BELEX15(-1)	-0.000404	0.000509	-0.794596	0.4269
D(BELEX15(-1))	0.388752	0.019691	19.74279	0.0000
D(BELEX15(-2))	0.004607	0.021152	0.217810	0.8276
D(BELEX15(-3))	-0.135396	0.019693	-6.875340	0.0000
C	0.268494	0.593269	0.452567	0.6509

R-squared	0.160029	Mean dependent var	-0.158304
Adjusted R-squared	0.158701	S.D. dependent var	18.60260
S.E. of regression	17.06274	Akaike info criterion	8.513641
Sum squared resid	736867.9	Schwarz criterion	8.525152
Log likelihood	-10790.30	Hannan-Quinn criter.	8.517817
F-statistic	120.5496	Durbin-Watson stat	1.998446
Prob(F-statistic)	0.000000		

Tabela 72 - *Wyniki testu rozszerzonego na podstawie danych dziennych z pierwszą różnicą indeksu BELEX15 z przechwyceniem*

Null Hypothesis: D(BELEX15) has a unit root
Exogenous: Constant
Lag Length: 2 (Automatic - based on SIC, maxlag=26)

		t-Statistic	Prob.*
Augmented Dickey-Fuller test statistic		-29.18363	0.0000
Test critical values:	1% level	-3.432735	
	5% level	-2.862480	
	10% level	-2.567315	

*MacKinnon (1996) one-sided p-values.

Augmented Dickey-Fuller Test Equation
Dependent Variable: D(BELEX15,2)
Method: Least Squares
Date: 11/04/15 Time: 14:35
Sample (adjusted): 10/10/2005 10/30/2015
Included observations: 2536 after adjustments

Variable	Coefficient	Std. Error	t-Statistic	Prob.
D(BELEX15(-1))	-0.742693	0.025449	-29.18363	0.0000
D(BELEX15(-1),2)	0.131331	0.022986	5.713611	0.0000
D(BELEX15(-2),2)	0.135725	0.019687	6.894043	0.0000
C	-0.118460	0.338821	-0.349625	0.7266

R-squared	0.325971	Mean dependent var	-0.005532
Adjusted R-squared	0.325173	S.D. dependent var	20.76925
S.E. of regression	17.06150	Akaike info criterion	8.513102
Sum squared resid	737051.8	Schwarz criterion	8.522310
Log likelihood	-10790.61	Hannan-Quinn criter.	8.516443
F-statistic	408.1725	Durbin-Watson stat	1.998523
Prob(F-statistic)	0.000000		

Z drugiej strony, testowanie wskaźnika BELEXLINE (**tabela 73/74**.) sugeruje również, że statystyka testowa jest bardziej krytyczna niż wartości krytyczne na poziomie 1%, 5% i 10%, co oznacza, że konieczne jest przyjęcie hipotezy zerowej o istnieniu pierwiastka jednostkowego (tabela 73.). Wyniki rozszerzonego testu DF z odmiennymi danymi na pierwszym poziomie (tabela 74.) wskazują na konieczność odrzucenia hipotezy zerowej i przyjęcia alternatywnej hipotezy o istnieniu stacjonarności.

Tabela 73. - *Wyniki testu rozszerzonego na danych dziennych na poziomie indeksu BELEXLINE z przechwyceniem*

Null Hypothesis: VREDNOSTI_BELEX15 has a unit root
Exogenous: Constant
Lag Length: 3 (Automatic - based on SIC, maxlag=25)

		t-Statistic	Prob.*
Augmented Dickey-Fuller test statistic		-0.773505	0.8258
Test critical values:	1% level	-3.432965	
	5% level	-2.862581	
	10% level	-2.567370	

*MacKinnon (1996) one-sided p-values.

Augmented Dickey-Fuller Test Equation
Dependent Variable: D(VREDNOSTI_BELEX15)
Method: Least Squares
Date: 04/21/15 Time: 23:33
Sample (adjusted): 10/10/2005 12/31/2014
Included observations: 2327 after adjustments

Variable	Coefficient	Std. Error	t-Statistic	Prob.
VREDNOSTI_BELEX15(-1)	-0.000413	0.000534	-0.773505	0.4393
D(VREDNOSTI_BELEX15(-1))	0.389042	0.020556	18.92583	0.0000
D(VREDNOSTI_BELEX15(-2))	0.004269	0.022084	0.193318	0.8467
D(VREDNOSTI_BELEX15(-3))	-0.136091	0.020559	-6.619574	0.0000
C	0.294002	0.641975	0.457965	0.6470

R-squared	0.160360	Mean dependent var	-0.151547
Adjusted R-squared	0.158914	S.D. dependent var	19.37663
S.E. of regression	17.77046	Akaike info criterion	8.595098
Sum squared resid	733262.2	Schwarz criterion	8.607458
Log likelihood	-9995.396	Hannan-Quinn criter.	8.599602
F-statistic	110.8680	Durbin-Watson stat	1.998451
Prob(F-statistic)	0.000000		

Tabela 74. - *Wyniki testu rozszerzonego na danych dziennych z 1. różnicą indeksu BELEXLINE z przechwyceniem*

Null Hypothesis: D(VREDNOSTI_BELEX15) has a unit root
Exogenous: Constant
Lag Length: 2 (Automatic - based on SIC, maxlag=25)

		t-Statistic	Prob.*
Augmented Dickey-Fuller test statistic		-27.98343	0.0000
Test critical values:	1% level	-3.432965	
	5% level	-2.862581	
	10% level	-2.567370	

*MacKinnon (1996) one-sided p-values.

Augmented Dickey-Fuller Test Equation
Dependent Variable: D(VREDNOSTI_BELEX15,2)
Method: Least Squares
Date: 04/21/15 Time: 23:35
Sample (adjusted): 10/10/2005 12/31/2014
Included observations: 2327 after adjustments

Variable	Coefficient	Std. Error	t-Statistic	Prob.
D(VREDNOSTI_BELEX15(-1))	-0.743448	0.026567	-27.98343	0.0000
D(VREDNOSTI_BELEX15(-1),2)	0.132375	0.023991	5.517685	0.0000
D(VREDNOSTI_BELEX15(-2),2)	0.136426	0.020552	6.637928	0.0000
C	-0.112666	0.368373	-0.305847	0.7597

R-squared	0.326058	Mean dependent var	-0.001251
Adjusted R-squared	0.325188	S.D. dependent var	21.63065
S.E. of regression	17.76892	Akaike info criterion	8.594496
Sum squared resid	733451.2	Schwarz criterion	8.604384
Log likelihood	-9995.696	Hannan-Quinn criter.	8.598099
F-statistic	374.6288	Durbin-Watson stat	1.998527
Prob(F-statistic)	0.000000		

Do określenia stanu stacjonarnego wykorzystano test Phillipsa-Perrona (PP). Dzienne ceny indeksów na poziomie logu zostały wykorzystane do testowania pierwiastka jednostkowego (**tabela 75/76.**). Należy również zauważyć, że w analizie i testach wykorzystano wybór pasma Newey-West przy użyciu Bartlett Kernel. Jak wynika z Tabeli 75. wyniki testu PP dla indeksu BELEX15 wskazują, że wartość testu PP jest większa niż wartości krytyczne na poziomach 1%, 5% i 10%, co wskazuje, że nie odrzuca hipotezy zerowej o istnieniu pierwiastka jednostkowego. Ponadto, prawdopodobieństwo jest większe niż 0,05, co oznacza, że nie możemy odrzucić hipotezy zerowej, a zatem możemy powiedzieć, że seria jest niestacjonarna. Jednakże, gdy testujemy na pierwiastek jednostkowy z pierwszej różnicy (Tabela 76.), wartość testu PP jest niższa od krytycznej na poziomach 1%, 5% i 10% wskazując, że konieczne jest odrzucenie hipotezy zerowej o istnieniu pierwiastka jednostkowego i w związku z tym przyjęcie alternatywnej hipotezy na stacjonarnym szeregu czasowym.

Tabela 75 - *Wyniki testu PP z cenami dobowymi na poziomie wskaźnika BELEX 15 z przechwyceniem*

Null Hypothesis: LOG_VREDNOSTI_BELEX15 has a unit root
Exogenous: Constant
Bandwidth: 14 (Newey-West automatic) using Bartlett kernel

		Adj. t-Stat	Prob.*
Phillips-Perron test statistic		-0.715746	0.8409
Test critical values:	1% level	-3.433299	
	5% level	-2.862729	
	10% level	-2.567449	

*MacKinnon (1996) one-sided p-values.

Residual variance (no correction)	0.000214
HAC corrected variance (Bartlett kernel)	0.000466

Phillips-Perron Test Equation
Dependent Variable: D(LOG_VREDNOSTI_BELEX15)
Method: Least Squares
Date: 10/28/15 Time: 13:20
Sample (adjusted): 10/05/2005 12/31/2013
Included observations: 2078 after adjustments

Variable	Coefficient	Std. Error	t-Statistic	Prob.
LOG_VREDNOSTI_BELEX15(-1)	-0.000209	0.000555	-0.377421	0.7059
C	0.001133	0.003758	0.301337	0.7632

R-squared	0.000069	Mean dependent var	-0.000281
Adjusted R-squared	-0.000413	S.D. dependent var	0.014631
S.E. of regression	0.014634	Akaike info criterion	-5.610027
Sum squared resid	0.444561	Schwarz criterion	-5.604600
Log likelihood	5830.818	Hannan-Quinn criter.	-5.608038
F-statistic	0.142446	Durbin-Watson stat	1.348306
Prob(F-statistic)	0.705900		

Tabela 76 - *Wyniki testu PP z cenami dziennymi z danymi dotyczącymi pierwszej różnicy dla indeksu BELEX 15 z przechwyceniem*

Null Hypothesis: D(LOG_VREDNOSTI_BELEX15) has a unit root
Exogenous: Constant
Bandwidth: 3 (Newey-West automatic) using Bartlett kernel

		Adj. t-Stat	Prob.*
Phillips-Perron test statistic		-32.55490	0.0000
Test critical values:	1% level	-3.433300	
	5% level	-2.862729	
	10% level	-2.567449	

*MacKinnon (1996) one-sided p-values.

Residual variance (no correction)	0.000191
HAC corrected variance (Bartlett kernel)	0.000194

Phillips-Perron Test Equation
Dependent Variable: D(LOG_VREDNOSTI_BELEX15,2)
Method: Least Squares
Date: 10/28/15 Time: 13:21
Sample (adjusted): 10/06/2005 12/31/2013
Included observations: 2077 after adjustments

Variable	Coefficient	Std. Error	t-Statistic	Prob.
D(LOG_VREDNOSTI_BELEX15(-...	-0.674285	0.020758	-32.48304	0.0000
C	-0.000187	0.000304	-0.616458	0.5377

R-squared	0.337092	Mean dependent var	5.19E-06
Adjusted R-squared	0.336773	S.D. dependent var	0.016994
S.E. of regression	0.013840	Akaike info criterion	-5.721606
Sum squared resid	0.397433	Schwarz criterion	-5.716177
Log likelihood	5943.888	Hannan-Quinn criter.	-5.719615
F-statistic	1055.148	Durbin-Watson stat	2.029661
Prob(F-statistic)	0.000000		

Z drugiej strony, testowanie wskaźnika BELEXLINE (**tabela 77/78.**) wskazuje również na fakt, że statystyka testowa jest większa od wartości krytycznych na poziomie 1%, 5% i 10%, co wskazuje na konieczność przyjęcia hipotezy zerowej o istnieniu pierwiastka jednostkowego (tabela 77). W przypadku testu na pierwiastek jednostkowy z pierwszej różnicy (Tabela 78.), wartość wynikowa testu PP wskazuje, że konieczne jest odrzucenie hipotezy zerowej i zaakceptowanie alternatywnej hipotezy o istnieniu stanu stacjonarnego.

Tabela 77 - *Wyniki testu PP z cenami dobowymi na poziomie wskaźnika BELEXLINE z przechwyceniem*

Null Hypothesis: LOG_VREDNOSTI_BELEXLINE has a unit root
Exogenous: Constant
Bandwidth: 26 (Newey-West automatic) using Bartlett kernel

		Adj. t-Stat	Prob.*
Phillips-Perron test statistic		-1.099788	0.7181
Test critical values:	1% level	-3.432960	
	5% level	-2.862579	
	10% level	-2.567369	

*MacKinnon (1996) one-sided p-values.

Residual variance (no correction)	9.60E-05
HAC corrected variance (Bartlett kernel)	0.000402

Phillips-Perron Test Equation
Dependent Variable: D(LOG_VREDNOSTI_BELEXLINE)
Method: Least Squares
Date: 10/28/15 Time: 13:08
Sample (adjusted): 10/01/2004 12/31/2013
Included observations: 2331 after adjustments

Variable	Coefficient	Std. Error	t-Statistic	Prob.
LOG_VREDNOSTI_BELEXLINE(-1)	-0.000286	0.000424	-0.674337	0.5002
C	0.002151	0.003132	0.686583	0.4924

R-squared	0.000195	Mean dependent var	4.28E-05
Adjusted R-squared	-0.000234	S.D. dependent var	0.009799
S.E. of regression	0.009800	Akaike info criterion	-6.411995
Sum squared resid	0.223681	Schwarz criterion	-6.407058
Log likelihood	7475.180	Hannan-Quinn criter.	-6.410196
F-statistic	0.454730	Durbin-Watson stat	1.258589
Prob(F-statistic)	0.500164		

Tabela 78 - *Wyniki testu PP z cenami dziennymi z danymi dotyczącymi* pierwszej *różnicy dla indeksu BELEXLINE z przechwyceniem*

Null Hypothesis: D(LOG_VREDNOSTI_BELEXLINE) has a unit root
Exogenous: Constant
Bandwidth: 21 (Newey-West automatic) using Bartlett kernel

		Adj. t-Stat	Prob.*
Phillips-Perron test statistic		-37.37956	0.0000
Test critical values:	1% level	-3.432961	
	5% level	-2.862580	
	10% level	-2.567369	

*MacKinnon (1996) one-sided p-values.

Residual variance (no correction)	8.28E-05
HAC corrected variance (Bartlett kernel)	0.000144

Phillips-Perron Test Equation
Dependent Variable: D(LOG_VREDNOSTI_BELEXLINE,2)
Method: Least Squares
Date: 10/28/15 Time: 12:44
Sample (adjusted): 10/04/2004 12/31/2013
Included observations: 2330 after adjustments

Variable	Coefficient	Std. Error	t-Statistic	Prob.
D(LOG_VREDNOSTI_BELEXLINE(-1))	-0.629532	0.019257	-32.69093	0.0000
C	2.63E-05	0.000189	0.139421	0.8891

R-squared	0.314628	Mean dependent var	2.79E-06
Adjusted R-squared	0.314334	S.D. dependent var	0.010996
S.E. of regression	0.009105	Akaike info criterion	-6.559081
Sum squared resid	0.193003	Schwarz criterion	-6.554142
Log likelihood	7643.330	Hannan-Quinn criter.	-6.557282
F-statistic	1068.697	Durbin-Watson stat	2.056452
Prob(F-statistic)	0.000000		

Test Lung-Box stosowany jest do określenia stopnia korelacji, w celu określenia obecności słabych punktów efektywności rynkowej (Lung i Box 1978[163]). W celu określenia istnienia niestacjonarności przeprowadzono analizę istnienia korelacji pomiędzy resztami (**tabela 79/80.**). Poniżej przedstawiono korrelogram dla odpowiednich wskaźników.

W przypadku wskaźnika BELEX15 korelogram przedstawiony w tabeli 79. wskazuje, że wynik rozszerzonego testu DF nie może być uznany za prawidłowy, biorąc pod uwagę, że istotne statystycznie współczynniki autokorelacji są przedstawione w wierszu 9. Z drugiej strony, jak pokazano w tabeli 80., wskaźnik BELEXLINE wskazuje, że pierwsze 30 ruchów nie posiada istotnych statystycznie współczynników autokorelacji, co wskazuje na fakt, że wynik rozszerzonego testu DF dla BELEXLINE może być zaakceptowany jako dokładny.

[20] Ljung, G. and Box, G. (1978) On a Measure of Lack of Fit in Time Series Models, Biometrika, 65(2): 297-303.

Tabela 79 - *Korrelogram autokorelacji, częściowa autokorelacja i wartość Q-statystyki dla indeksu BELEX 15*

Autocorrelation	Partial Correlation		AC	PAC	Q-Stat	Prob
		1	0.001	0.001	0.0013	0.971
		2	-0.002	-0.002	0.0135	0.993
		3	0.001	0.001	0.0164	0.999
		4	0.018	0.018	0.7884	0.940
		5	-0.010	-0.010	1.0032	0.962
		6	0.022	0.022	2.0973	0.911
		7	0.009	0.009	2.2881	0.942
		8	0.074	0.074	15.209	0.055
		9	0.091	0.092	34.731	0.000
		10	0.057	0.058	42.290	0.000
		11	0.043	0.045	46.538	0.000
		12	-0.027	-0.029	48.267	0.000
		13	-0.018	-0.020	49.010	0.000
		14	0.093	0.090	69.117	0.000
		15	0.069	0.067	80.282	0.000
		16	-0.006	-0.010	80.354	0.000
		17	0.030	0.015	82.486	0.000
		18	0.026	0.007	84.058	0.000
		19	0.059	0.046	92.145	0.000
		20	0.049	0.045	97.677	0.000
		21	0.061	0.065	106.55	0.000
		22	0.019	0.014	107.36	0.000
		23	0.047	0.027	112.53	0.000
		24	0.012	-0.005	112.88	0.000
		25	-0.022	-0.041	114.05	0.000
		26	-0.039	-0.047	117.59	0.000
		27	0.018	0.010	118.36	0.000
		28	0.064	0.041	128.07	0.000
		29	-0.006	-0.040	128.15	0.000
		30	-0.048	-0.077	133.67	0.000

Tabela 80 - *Korrelogram autokorelacji, autokorelacji częściowej i wartości Q-statystyki dla indeksu BElEXLINE*

Autocorrelation	Partial Correlation		AC	PAC	Q-Stat	Prob
		1	0.001	0.001	0.0049	0.944
		2	0.001	0.001	0.0092	0.995
		3	-0.005	-0.005	0.0795	0.994
		4	-0.007	-0.007	0.1950	0.996
		5	-0.003	-0.003	0.2144	0.999
		6	-0.004	-0.004	0.2655	1.000
		7	-0.010	-0.010	0.5265	0.999
		8	-0.009	-0.009	0.7395	0.999
		9	-0.007	-0.007	0.8539	1.000
		10	-0.001	-0.001	0.8580	1.000
		11	-0.006	-0.006	0.9477	1.000
		12	-0.014	-0.014	1.4417	1.000
		13	-0.012	-0.012	1.7967	1.000
		14	0.004	0.003	1.8315	1.000
		15	-0.009	-0.010	2.0487	1.000
		16	-0.014	-0.015	2.5499	1.000
		17	0.039	0.039	6.5654	0.989
		18	0.025	0.024	8.1327	0.977
		19	0.011	0.010	8.4493	0.982
		20	0.036	0.036	11.895	0.920
		21	0.058	0.059	20.678	0.479
		22	0.036	0.036	23.962	0.349
		23	0.041	0.043	28.414	0.201
		24	-0.045	-0.043	33.694	0.090
		25	-0.027	-0.026	35.651	0.077
		26	-0.021	-0.019	36.790	0.078
		27	-0.021	-0.020	37.889	0.080
		28	0.018	0.019	38.692	0.086
		29	0.009	0.012	38.884	0.104
		30	-0.041	-0.038	43.226	0.056

Biorąc pod uwagę wyniki testów dwóch najważniejszych indeksów na Belgradzkiej Giełdzie Papierów Wartościowych, **BELEX15** i **BELEXLINE**, możemy stwierdzić, że warunki niezbędne do obecności na rynku słabej formy nie są w pełni spełnione. Testowanie sprawności rynkowej słabej formy zostało przeprowadzone w oparciu o testy normalności oraz test pierwiastków jednostkowych i autokorelacji.

Test na normalność wskazuje na odchylenie od rozkładu normalnego, co sugeruje nieefektywność.

Test rozszerzony Dickey-Fuller został wykorzystany w celu zbadania niestacjonarności szeregów czasowych danych, co jest zgodne z hipotezą losowego chodzenia. Test na pierwiastkach jednostkowych dawał mieszane wyniki w zależności od tego, czy użyto danych dotyczących poziomu, czy pierwszej różnicy. W rzeczywistości, wyniki testu jednostkowego na korzeniach wskazują na niestacjonarność na poziomie indeksu, podczas gdy te same punkty wskazują na stacjonarność pierwszej różnicy. Później przeprowadzona autokorelacja oznacza jednak brak słabej sprawności formy w przypadku BELEX15 oraz obecność słabej sprawności formy w przypadku BELEXLINE. Jeśli wszystkie testy przeprowadzone w tym badaniu miałyby być analizowane razem dla całego rynku serbskiego, możemy stwierdzić, że rynek serbski nie może być uznany za w pełni efektywny, ponieważ postulaty zakładane przez efektywność słabych form nie są w pełni spełnione.

Wynik ten był do pewnego stopnia oczekiwanym wnioskiem, biorąc pod uwagę charakterystykę rynku kapitałowego w Serbii. Mówiąc dokładniej, bardzo płytki i słabo rozwinięty rynek wpływa na niewystarczającą liczbę uczestników, głównie inwestorów instytucjonalnych. W związku z tym rynek kapitałowy nie jest wystarczająco przejrzysty, co pozwala niektórym inwestorom na wykorzystanie nieprawidłowości, które występują na rynku kapitałowym w Serbii.

Wyniki empiryczne przedstawione w niniejszym opracowaniu wskazują na brak słabej efektywności rynku i w związku z tym dodatkowe reformy regulacyjne są niezbędne w celu wyeliminowania nieefektywności rynku.

ANALIZA OSIĄGNIĘTYCH WYNIKÓW DLA WYBRANYCH GIEŁD RYNKOWYCH

Serbski rynek kapitałowy charakteryzuje się brakiem płynności, słabą zmiennością, niewielką liczbą produktów oferowanych inwestorom oraz niewielką liczbą inwestorów instytucjonalnych. W związku z tym logiczne jest założenie, że serbski rynek kapitałowy nie podąża przypadkowym krokiem i nie ma na nim słabej formy efektywności rynkowej. Wyniki uzyskane w wyniku analizy i testowania indeksu BELEX15, jako przedstawicieli serbskiego rynku kapitałowego, potwierdzają to założenie, a tym samym wskazują na konieczność przyjęcia głównej hipotezy zerowej, że serbski rynek kapitałowy nie ma słabej formy efektywności rynkowej oraz odrzucenie głównej alternatywnej hipotezy, że to właśnie na serbskim rynku kapitałowym istnieje słaba forma efektywności rynkowej. Wnioski dotyczące nieefektywności serbskiego rynku kapitałowego zostały potwierdzone licznymi testami statystycznymi przeprowadzonymi w niniejszym opracowaniu i wskazują na brak słabej formy efektywności rynku.
Przegląd osiągniętych wyników podczas testowania i analizy wskaźnika BELEX15, który implikuje efektywność lub nieefektywność rynkową, został przedstawiony w poniższej tabeli podsumowującej:

Tabela 81 - Przegląd osiągniętych wyników dla wskaźnika BELEX15

Badania	rodzaj badań	codziennie	tygodnik	Miesięcznik
Test na normalność	Współczynnik skośności	nieskuteczny	nieskuteczny	nieskuteczny
	Współczynnik kurtosis	nieskuteczny	nieskuteczny	nieskuteczny
	Test Jarque-Bera	nieskuteczny	nieskuteczny	nieskuteczny
Test działania	**Test działania**	nieskuteczny	nieskuteczny	skuteczny
Jednostkowy test korzeniowy	**Test rozszerzony Dickeya Fullera**			
	- na poziomie indeksu z przechwytywaniem	skuteczny	skuteczny	skuteczny
	-na pierwszej różnicy z przechwyceniem	nieskuteczny	nieskuteczny	nieskuteczny
	Test Phillipsa-Perrona			
	- na poziomie indeksu z przechwytywaniem	skuteczny	skuteczny	skuteczny
	-na pierwszej różnicy z przechwyceniem	nieskuteczny	nieskuteczny	nieskuteczny
	Kwiatkowski-Phillips-Schmidt-Shin (KPSS)			
	- na poziomie indeksu z przechwytywaniem	skuteczny	skuteczny	skuteczny
	-na pierwszej różnicy z przechwyceniem	nieskuteczny	nieskuteczny	nieskuteczny
Test autokorelacji	- na poziomie indeksu z przechwytywaniem	nieskuteczny	skuteczny	skuteczny
	-na pierwszej różnicy z przechwyceniem	nieskuteczny	skuteczny	skuteczny
Analiza techniczna	EMA - wykładnicza średnia ruchoma	nieskuteczny	skuteczny	nieskuteczny
	RSI-Relative Strength Index	nieskuteczny	nieskuteczny	skuteczny
	Williams %R	nieskuteczny	nieskuteczny	skuteczny
	Opaski Bollinger Bands		nieskuteczny	skuteczny

Z tabeli 81 wynika, że serbski rynek kapitałowy nie jest efektywny, jednak przedstawione powyżej wyniki pokazują również, że efektywność zwiększa się przy wykorzystaniu danych o dłuższym horyzoncie czasowym. W związku z tym rynek jest mniej efektywny, gdy wykorzystuje się dane dzienne w stosunku do efektywności tego samego wykorzystania danych tygodniowych i/lub miesięcznych.

8.1 Testy normalności

Przeprowadzone w tym badaniu testy normalności wskazują, że rynek serbski charakteryzował się dodatnią asymetrią, rozkładem leptokurtowym i dużą zmiennością plonów indeksowych mierzonych testem Jarque-Bera.

8.1.1 Współczynnik skośności

Podczas analizy współczynnika pochylenia postawiono następującą hipotezę:

Hipoteza zerowa, **X0**: Seria jest normalnie rozprowadzana
Hipoteza alternatywna, **X1**: Seria nie jest normalnie rozprowadzana

Współczynnik pochylenia jest dodatni, co wskazuje na dodatnią asymetrię lub obecność dużego nachylenia w prawo. Wynik ten jest taki sam dla wszystkich serii danych, tzn. dodatnia asymetria jest obecna w analizie danych dziennych, tygodniowych i miesięcznych. Chociaż w przypadku danych tygodniowych i miesięcznych ta względna asymetria jest mniejsza w porównaniu z danymi dziennymi, wyniki tych danych nadal wskazują na brak rozkładu normalnego w systemie BELEX15. Podsumowując, wyniki wskazują, że należy odrzucić hipotezę zerową, zgodnie z którą szeregi danych są normalnie rozmieszczone, i przyjąć alternatywną hipotezę, zgodnie z którą szeregi danych nie są normalnie rozmieszczone we wszystkich okresach czasu wykorzystywanych w analizie. Uzyskane wyniki sugerują lekceważenie modelu losowego chodu i tym samym wskazują na brak efektywności rynku serbskiego w słabej formie. BELEX15 jest najwyższy w porównaniu do wszystkich innych badanych rynków. W konsekwencji, obecność największej dodatniej asymetrii oznacza najniższy stopień efektywności występujący na serbskim rynku kapitałowym w porównaniu z innymi rynkami.

8.1.2 Współczynnik kurtosis

Analizując współczynnik kurtosis postawiono następującą hipotezę:

Hipoteza zerowa, **X0**: Seria jest normalnie rozprowadzana
Hipoteza alternatywna, **X1**: Seria nie jest normalnie rozprowadzana

Wyniki analizy wskazują, że współczynnik kurtozy jest większy niż 3, co wskazuje na wydłużenie rozkładu normalnego lub leptokurtowego obecnego na serbskim rynku kapitałowym. Wyniki wskazują również na brak rozkładu normalnego niezależnie od przedziału czasowego danych wykorzystywanych w analizie *(ceny dzienne, tygodniowe lub miesięczne)*. Podsumowując, wyniki wskazują, że należy odrzucić hipotezę zerową, zgodnie z którą szeregi danych są rozkładane normalnie, i przyjąć alternatywną hipotezę, zgodnie z którą szeregi danych nie są rozkładane normalnie dla wszystkich okresów czasu wykorzystanych w analizie. Uzyskane wyniki sugerują, że spacer losowy nie podąża za serbskim rynkiem kapitałowym i w związku z tym możemy stwierdzić, że nie ma słabej formy efektywności rynkowej na serbskim rynku kapitałowym. BELEX15 jest najwyższy w stosunku do wszystkich pozostałych rynków. W związku z tym największy rozkład leptokurtowy oznacza najniższą efektywność obecnego serbskiego rynku kapitałowego w stosunku do innych rynków.

8.1.3 Test Jarque-Bera

Podczas analizy testu Jarque-Bera postawiono następującą hipotezę:

Hipoteza zerowa, X0: Seria jest normalnie rozprowadzana

Hipoteza alternatywna, X1: Seria nie jest normalnie rozprowadzana

Wyniki analizy BELEX15 wskazują na to, że test Jarque-Bera ma bardzo wysoką wartość. Wynik ten oznacza niestabilną zmienność plonów, a tym samym wskazuje na brak rozkładu normalnego w teście BELEX15. W związku z tym konieczne jest odrzucenie hipotezy zerowej, zgodnie z którą szeregi danych rozkładają się normalnie i przyjęcie alternatywnej hipotezy, zgodnie z którą szeregi danych nie rozkładają się normalnie przez wszystkie okresy czasu wykorzystywane w analizie. Ważne jest, aby podkreślić, że statystyki testu JB znacznie się zmniejszają, w zależności od długości analizowanego horyzontu czasowego, co wskazuje, że zmienność rentowności jest zmniejszona w przypadku stosowania cen z dłuższymi przedziałami czasowymi. Jednakże, statystyki JB są nadal najwyższe w BELEX15 dla wszystkich badanych przedziałów czasowych w porównaniu do innych analizowanych rynków. W związku z *tym możemy stwierdzić, że BELEX15 nie ma słabej formy efektywności rynku i że serbski rynek kapitałowy jest najmniej efektywny w porównaniu do wszystkich innych badanych rynków.*
Wyniki testów normalności są zgodne z badaniami przeprowadzonymi przez Milojevića i Terzića, które wykazały, że serbski rynek kapitałowy charakteryzuje się dużą asymetrią i płaskimi ogonami (Milojević i Terzić, 2014[164]). W związku z tym wszystkie testy normalności przeprowadzone w ramach tego badania wskazują na brak rozkładu normalnego i wskazują na brak słabej formy efektywności rynku w indeksie BELEX15.

8.2 Test działania

Badanie przebiegów jest zawsze stosowane w celu zapewnienia, że z procesu losowego zostanie wygenerowana seria danych. Badanie jest definiowane jako seria stale dodatnich lub ujemnych wartości. Jeżeli liczba Z jest większa niż -1,96 lub liczba +1,96 jest mniejsza, to cena indeksu będzie zgodna z teorią losowego spaceru.
W analizie testów na przebiegi postawiono następującą hipotezę:

Hipoteza zerowa, X0: Seria jest losowo rozmieszczona

Hipoteza alternatywna, X1: Seria nie była przypadkowo rozmieszczona

[164] Milojević, M. и Terzić, I. (2014). Modelowanie ryzyka rynkowego na granicznych rynkach kapitałowych - dowody z Serbii. CBU International Conference Proceedings, 2, 126-133. doi:http://dx.doi.org/10.12955/cbup.v2.455

Wyniki przeprowadzonych w tym badaniu badań wskazują na to, że ceny indeksów nie zachowują się losowo, ale również wskazują, że losowość rośnie wraz z wykorzystaniem serii danych o dłuższym horyzoncie czasowym. Ściślej rzecz biorąc, poprzez zastosowanie testów przebiegów wykorzystujących dzienną i tygodniową wydajność ln, wyniki wskazują, że BELEX15 posiada wartości Z-statystyki, które nie mieszczą się w przedziale ± 1,96, co oznacza, że konieczne jest przełamanie hipotezy zerowej, że szeregi danych są rozmieszczone losowo i przyjęcie alternatywnej hipotezy, że szeregi danych nie są rozmieszczone losowo. Z drugiej strony miesięczne wyniki dla systemu BELEX15 wskazują na konieczność przyjęcia hipotezy zerowej, że szereg danych został ułożony losowo, biorąc pod uwagę, że jego statystyki Z mieszczą się w przedziale ± 1,96. Należy jednak podkreślić, że choć wyniki testów dla BELEX15 wskazują, że nie odrzucimy hipotezy zerowej, to wartość p wskaźnika jest bardzo zbliżona do alfa 0,05 i nadal wskaźnik ten wykazuje wartości wskazujące na najniższą efektywność w stosunku do wszystkich innych wskaźników tematycznych.
Testy wydajności miesięcznej stanowią istotną różnicę w wynikach w porównaniu z testami wydajności dziennej ln. Wskazuje to na fakt, że im dłuższy jest horyzont czasowy stosowany w tego typu testach, tym dane stają się bardziej losowo rozłożone, a co za tym idzie, wskaźniki są bardziej wydajne. Jednakże wartości uzyskane podczas badań przebiegów oznaczają, że w BELEX15 brakuje elementów niezbędnych do zaakceptowania słabej formy efektywności rynkowej. Należy również zauważyć, że BELEX15 ma zdecydowanie najwyższą wartość Z w wartościach bezwzględnych, co oznacza, że wskaźnik ten jest najmniej efektywny w stosunku do wszystkich innych badanych rynków.

8.3 Testy jednostkowe dla korzeni

Jednostkowy test korzeniowy służy do określenia stationaryzacji lub niestacjonarności. Niestacjonarność serii danych wydaje się wskazywać, że serie te idą w ślad za losowym krokiem, a w konsekwencji hipoteza o efektywności rynku może być uznana za słuszną w przypadku niestacjonarności.

8.3.1 Test rozszerzony Dickie-Fuller'a z danymi na poziomie indeksu z przechwyceniem

Podczas analizy testu rozszerzonego Dickey-Fuller dla danych na poziomie indeksu z przechwyceniem postawiono następującą hipotezę:

Hipoteza zerowa, **X0**: Seria ma pierwiastek jednostkowy / niestacjonarność jest obecna
Hipoteza alternatywna, **X1**: Seria nie posiada jednostki głównej / stacjonarność jest obecna

Wynik rozszerzonego testu Dickey-Fullera na poziomie indeksu z przechwytywaniem pokazuje, że dla testu BELEX15 statystyki są wyższe niż

wartości krytyczne na poziomie 1%, 5% i 10%, co oznacza losowy spacer. W konsekwencji, wyniki wskazują, że konieczne jest przyjęcie hipotezy zerowej, że seria ma korzeń jednostkowy i odrzucenie alternatywnej hipotezy o obecności stacjonarności. W konsekwencji oznacza to, że dane są niestacjonarne, a rynek kapitałowy w Serbii wykazuje cechy słabej formy efektywności rynkowej.
Należy zauważyć, że późniejsza autokorelacja oznacza, że konieczne jest odrzucenie wyników tego testu jako dokładnych, biorąc pod uwagę istnienie korelacji szeregowej.

8.3.2 Rozszerzony test Dickie-Fuller z danymi z pierwszą różnicą
Podczas analizy rozszerzonych danych testowych Dickey-Fuller z pierwszą różnicą, zdefiniowano następującą hipotezę:

Hipoteza zerowa, X0: Seria ma pierwiastek jednostkowy / niestacjonarność jest obecna
Hipoteza alternatywna, X1: Seria nie posiada jednostki głównej / stacjonarność jest obecna

Wyniki rozszerzonych danych testowych Dickey-Fuller z 1. różnicą z przechwyceniem podczas testowania pierwiastka jednostki przy danych z 1. różnicą z przechwyceniem pokazują, że obliczona statystyka testu jest mniejsza niż wartości krytyczne na poziomie 1%, 5% i 10%. W konsekwencji, wyniki wskazują na fakt, że konieczne jest odrzucenie hipotezy zerowej obecności pierwiastka jednostkowego i przyjęcie alternatywnej hipotezy, że seria danych nie ma pierwiastka jednostkowego.
Wyniki te sugerują, że szereg danych ma charakter stacjonarny, co wskazuje, że słaba forma efektywności rynku nie występuje na serbskim rynku kapitałowym z danymi z pierwszą różnicą z przechwyceniem.
Należy podkreślić, że autokorelacja oznacza, że konieczne jest zaakceptowanie wyników tego testu jako dokładnych.

8.3.3 Test Phillipsa-Perrona na poziomie indeksu z danymi z przechwyceniem
Podczas analizy testu Filips-Peron z danymi na poziomie indeksu z przechwyceniem postawiono następującą hipotezę:

Hipoteza zerowa, X0: Seria ma pierwiastek jednostkowy / niestacjonarność jest obecna
Hipoteza alternatywna, X1: Seria nie posiada jednostki głównej / stacjonarność jest obecna

Wyniki testu Philips-Peron na poziomie danych na poziomie indeksu z przechwytywaniem pokazują, że dla testu BELEX15 statystyki są wyższe niż wartości krytyczne na poziomie 1%, 5% i 10%, co oznacza losowy spacer. W związku z tym wyniki wskazują, że konieczne jest zaakceptowanie hipotezy

zerowej, że seria ma pierwiastek jednostkowy i odrzucenie alternatywnej hipotezy, że seria nie ma/ma pierwiastek jednostkowy.
W konsekwencji oznacza to, że dane są niestacjonarne, a rynek kapitałowy w Serbii wykazuje cechy słabej formy efektywności rynkowej.

8.3.4 Test Philippe'a-Perrona z danymi na poziomie indeksu z pierwszą różnicą z przechwyceniem

Podczas analizy testu Filips-Peron z danymi na poziomie indeksu z przechwyceniem postawiono następującą hipotezę:

Hipoteza zerowa, **X0**: Seria ma pierwiastek jednostkowy / niestacjonarność jest obecna
Hipoteza alternatywna, **X1**: Seria nie posiada jednostki głównej / stacjonarność jest obecna

Wyniki testu Philips-Peron w teście jednostkowym dla pierwiastków z danymi na poziomie indeksu z pierwszą różnicą pokazują, że obliczona statystyka testu jest mniejsza niż wartości krytyczne na poziomie 1%, 5% i 10%. W związku z tym, wyniki wskazują na konieczność odrzucenia hipotezy zerowej obecności pierwiastka jednostkowego i przyjęcia alternatywnej hipotezy, że seria danych nie ma pierwiastka jednostkowego.
Wyniki te sugerują, że szereg danych ma charakter stacjonarny, co wskazuje, że słaba forma efektywności rynku nie występuje na serbskim rynku kapitałowym z danymi z pierwszą różnicą.

8.3.5 Test Kwiatkowski-Phillips-Schmidt-Shin z danymi na poziomie indeksu z przechwyceniem

Podczas analizy danych testowych Kwiatkowski-Phillips-Schmidt-Shin (KPSS) na poziomie BELEX15 z przechwyceniem postawiono następującą hipotezę:

Hipoteza zerowa, **X0**: Seria nie ma/ma korzenie jednostki/stacjonarność jest obecna
Hipoteza alternatywna, **X1**: Serie mają pierwiastek jednostkowy / niestacjonarność jest obecna

Wyniki testu KPSS na poziomie indeksu z przechwytywaniem pokazują, że dla testu BELEX15 statystyki są wyższe niż wartości krytyczne na poziomie 1%, 5% i 10%, co oznacza losowy spacer. W związku z tym konieczne jest odrzucenie hipotezy zerowej, że w seriach danych nie ma pierwiastka jednostkowego, a my przyjmujemy alternatywną hipotezę, że w seriach danych istnieje pierwiastek jednostkowy. Wyniki wskazują na niestacjonarność, co oznacza, że serbski rynek kapitałowy jest efektywny w słabej formie.

8.3.6 Test Kwiatkowski-Phillips-Schmidt-Shin z danymi na poziomie indeksu z pierwszą różnicą z przechwyceniem

Podczas analizy testu Kwiatkowskiego-Philips-Schmidt-Schin z danymi na poziomie indeksu z pierwszą różnicą z przechwyceniem postawiono następującą hipotezę:

Hipoteza zerowa, **X0**: Seria nie ma jednostki głównej / stacjonarność jest obecna
Hipoteza alternatywna, **X1**: Seria ma jednostkę korzenia / niestacjonarność jest obecna

Wyniki testu KPSS na danych na poziomie indeksu z pierwszą różnicą z przechwyceniem wskazują, że dla testu BELEX15 statystyki są niższe od wartości krytycznych na poziomie 1%, 5% i 10%, co oznacza, że dane nie zachowują się zgodnie z losowym chodem. W związku z tym konieczne jest przyjęcie hipotezy zerowej, że w serii danych nie ma pierwiastka jednostkowego i odrzucenie alternatywnej hipotezy, że seria danych ma pierwiastek jednostkowy. Wyniki wskazują na stacjonarność, to znaczy, że serbski rynek kapitałowy nie jest efektywny w swojej słabej formie.

8.4 Autokorelacja

W celu ustalenia istnienia niestacjonarności przeprowadzono analizę istnienia korelacji między resztami. Wykazano występowanie autokorelacji na danych dziennych, tygodniowych i miesięcznych z wykorzystaniem cen zamknięcia, wykorzystując autokorelację, autokorelację częściową oraz test Lung-Box Q z odpowiadającymi im wartościami P. Wyniki przedstawione są poprzez korelacje do 30 linii i stanowią graficzną prezentację statystyk korelacji.

8.4.1 Korrelogram danych na poziomie indeksu

Podczas analizy skorelowanych na poziomie wskaźników postawiono następującą hipotezę:

Hipoteza zerowa, **X0**: Brak korelacji szeregowej.
Hipoteza alternatywna, **X1**: Korelacja szeregowa jest obecna

Korelogram narysowany dla dziennych cen zamknięcia pokazuje, że statystycznie istotny współczynnik autokorelacji na poziomie 5% istotności jest pokazany już w ósmym rzędzie. W konsekwencji wynik wskazuje na istnienie korelacji szeregowej i w związku z tym nie możemy przyjąć hipotezy zerowej, ale musimy przyjąć alternatywną hipotezę, że korelacja szeregowa jest obecna. Również istnienie korelacji szeregowej wskazuje na to, że wynik rozszerzonego testu Dicky'ego Fullera nie może być zaakceptowany jako poprawny.
Test autokorelacji przeprowadzony na danych tygodniowych na poziomie indeksu wskazuje, że w systemie BELEX15 nie występuje korelacja szeregowa. W związku z tym należy przyjąć zerową hipotezę o braku korelacji szeregowej i odrzucić alternatywną hipotezę o istnieniu korelacji szeregowej. Wyniki

wskazują również na fakt, że wynik rozszerzonego testu Dickey'a Fullera jest akceptowany jako poprawny, biorąc pod uwagę, że statystycznie istotny współczynnik autokorelacji na poziomie 5% istotności nie jest pokazany w pierwszych 30 wierszach.

8.4.2 Korrelogram danych z pierwszą różnicą

Podczas analizy korelacji z danymi z 1. różnicą zdefiniowano następującą hipotezę:

Hipoteza zerowa, X0: Brak korelacji szeregowej.

Hipoteza alternatywna, X1: Korelacja szeregowa jest obecna

Korrelogram dla danych dziennych z pierwszą różnicą wskazuje na istnienie statystycznie istotnego współczynnika autokorelacji na poziomie 5% poziomu istotności, ale w siódmym rzędzie. W konsekwencji seria danych implikuje korelację szeregową i dlatego dla danych dziennych z pierwszą różnicą konieczne jest odrzucenie zerowej hipotezy o braku korelacji szeregowej, ale musimy przyjąć alternatywną hipotezę o istnieniu korelacji szeregowej. Wyniki te sugerują, że przy wykorzystaniu danych dziennych rynek kapitałowy w Serbii napotyka na słabą formę efektywności rynkowej.
Z drugiej strony, testy autokorelacji wykorzystujące test Lung-Box Q na danych tygodniowych i miesięcznych z pierwszą różnicą wskazują, że w pierwszych 30 liniach nie zaobserwowano istotnych statystycznie współczynników autokorelacji na poziomie 5% istotności dla BELEX15. Dlatego też konieczne jest przyjęcie zerowej hipotezy o braku korelacji szeregowej i odrzucenie alternatywnej hipotezy o obecności korelacji szeregowej. Wyniki te sugerują, że rynek kapitałowy w Serbii napotyka na słabą formę efektywności rynkowej przy wykorzystaniu danych tygodniowych i miesięcznych.

8.5 Analiza techniczna

Analiza techniczna to sposób analizowania danych w oparciu o ceny historyczne, wolumen i ruch. Zwolennicy tego samego podejścia uważają, że w oparciu o parametry analizy technicznej są w stanie prześcignąć rynek i osiągnąć ponadprzeciętne zyski, co jest sprzeczne z teorią efektywnego rynku.

8.5.1 Wykładnicza średnia krocząca (EMA)

Analiza średniej ruchomej w ujęciu tygodniowym sugeruje, że wskaźniki BELEX15 w porównaniu ze średnią ruchomą są sprzeczne z zasadami, które implikują analizę techniczną i wskazują na efektywność serbskiego rynku kapitałowego. Z drugiej strony, dzienne i miesięczne indeksy cen monitorują postulaty analizy technicznej i tym samym umożliwiają inwestorom przewidywanie przyszłych trendów cen indeksów, co wskazuje na odchylenie od modelu losowego chodzenia, a tym samym sugeruje, że serbski rynek kapitałowy nie odpowiada słabej formie efektywności rynku.

8.5.2 Wskaźnik względnej wytrzymałości (RSI)

Analiza wskaźnika względnej wytrzymałości wskazuje na fakt, że wydajność wzrasta wraz z wykorzystaniem serii danych, które mają dłuższy okres czasu. Dokładniej mówiąc, analiza względnego indeksu siły na poziomie dziennym i tygodniowym wskazuje na fakt, że indeks BELEX15 porusza się zgodnie z zasadami określającymi względny indeks siły, które pozwalają inwestorom przewidywać przyszłe trendy w cenach indeksu. Ta forma zachowania cenowego implikuje nieefektywność serbskiego rynku kapitałowego, wskazując na odchylenie od modelu random walk.
Z drugiej strony, miesięczne indeksy cen nie są zgodne z postulatami tego wskaźnika technicznego, a tym samym umożliwiają inwestorom przewidywanie przyszłych trendów cen indeksów, wskazując, że ceny indeksów poruszają się zgodnie z modelem losowego chodzenia, a tym samym sugerując, że serbski kapitał rynkowy jest zgodny ze słabą formą efektywności rynkowej.
W związku z tym wskaźnik względnej siły wskazuje na nieefektywność stosowania dziennych i tygodniowych cen zamknięcia, natomiast przy zastosowaniu miesięcznych cen zamknięcia ten wskaźnik techniczny wskazuje na istnienie słabej formy efektywności rynku.

8.5.3 Williams% R

Analiza Williams% R wskazuje również na fakt, że efektywność wzrasta wraz z wykorzystaniem serii danych, które mają dłuższy okres czasu, jak to miało miejsce w przypadku wskaźnika względnej siły. Dokładniej mówiąc, % R na poziomie dziennym i tygodniowym wskazuje na fakt, że indeks BELEX15 porusza się zgodnie z zasadami, których wymaga ten techniczny wskaźnik, a zatem inwestorzy są w stanie przewidzieć przyszłe trendy w cenach indeksu. Ta forma zachowań cenowych implikuje nieefektywność serbskiego rynku kapitałowego, wskazując na odchylenie od modelu random walk.
Z drugiej strony, miesięczne indeksy cen nie są zgodne z oczekiwanymi zasadami Williams% R, a tym samym umożliwiają inwestorom przewidywanie przyszłych ruchów indeksu cen, co wskazuje na to, że ceny BELEX15 poruszają się zgodnie z modelem losowego marszu, a tym samym oznaczają, że serbski rynek kapitałowy ma słabą formę efektywności rynkowej.
W związku z tym wskaźnik Williams'a % R wskazuje na nieefektywność w stosowaniu dziennych i tygodniowych cen zamknięcia, podczas gdy przy zastosowaniu miesięcznych cen zamknięcia ten wskaźnik techniczny wskazuje na istnienie słabej formy efektywności rynku.

8.5.4 Zespoły Bollingera

Bollinger's Bands wskazują na fakt, że tygodniowe ceny BELEX15 w większości przypadków zachowują się zgodnie z postulatami tego wskaźnika technicznego, co oznacza brak słabej formy efektywności rynku w cenach tygodniowych.
Z drugiej strony, w przypadku stosowania ceny miesięcznej, oczywiste jest istnienie przepisów technicznych, które wymagały tego wskaźnika technicznego.

Zgodnie z powyższym możemy stwierdzić, że z dłuższym okresem czasu efektywność rynku wzrasta. Ściślej rzecz biorąc, wykorzystanie cen miesięcznych w stosunku do cen tygodniowych w trakcie analizy wskazuje na zmniejszone możliwości osiągnięcia ponadprzeciętnych plonów.

8.6 Opublikowane wyniki

Wyniki badań i analiz zostały opublikowane w dokumencie zawierającym wzajemną weryfikację i wskazują na pewne naukowe interesy społeczności, co dowodzi, że dzięki szczegółowej analizie serbskiego rynku kapitałowego brak słabej formy efektywności rynkowej w Serbii został udokumentowany i zaakceptowany. Dokument zatytułowany "Testing a weak form of market efficiency on the capital market in Serbia"[165]ma na celu zilustrowanie niewystarczającej efektywności serbskiego rynku kapitałowego poprzez analizę i testowanie dwóch kluczowych indeksów na Belgradzkiej Giełdzie Papierów Wartościowych, BELEX15 i BELEXLINE.

Wskazuje się w nim również na potrzebę zmiany polityki regulacyjnej i postępu technologicznego w Serbii w celu zwiększenia efektywności rynku.

W dokumencie zatwierdzono ważność wyników przedmiotowych prac, co wynika z faktu, że rynek kapitałowy w Serbii nie jest skutecznie w złym stanie.

---

[165] Kršikapa-Rašajski, J, i Rankov, S. (2016). Testowanie słabej efektywności rynku kapitałowego na rynkach kapitałowych w Serbii, Megatrend Revija 1/2016

OCENA OSIĄGNIĘTYCH WYNIKÓW

Badanie to zostało przeprowadzone jako potwierdzenie ogólnej hipotezy o nieefektywności serbskiego rynku kapitałowego. Zostało to udokumentowane na podstawie analizy warstwowych rynków finansowych i ich struktur. Dokładniej rzecz ujmując, rynki te zostały wybrane celowo i z wielką starannością, aby objąć jak najszerszy zakres rozwoju rynku poprzez wybór rynków kapitałowych o różnym stopniu rozwoju.

Plan badań monograficznych został wykonany na podstawie czterech hipotez cząstkowych/specjalistycznych. Hipoteza ta ma na celu utrwalenie i lepsze potwierdzenie głównej **hipotezy X1,** że rynek kapitałowy w Serbii nie jest efektywny.

9.1 Pierwsza hipoteza częściowa

Pierwsza hipoteza częściowa/specjalna brzmi: Zastosowanie słabej jakości testów efektywności rynkowej w różnych przedziałach czasowych wskazuje, że poziom efektywności wzrasta wraz z wykorzystaniem danych o dłuższym przedziale czasowym/horyzontem.

9.1.1. 9.1.1. Badania normalności

Badania normalności wskazują, że dane dla BELEX15 nie są normalnie rozkładane w żadnym z analizowanych okresów. Dokładniej mówiąc, dzienne, tygodniowe i miesięczne ceny zamknięcia wskazują na istnienie znacznego stopnia asymetrii i zmienności. Wyliczony współczynnik skewnessu w wykorzystaniu danych dziennych, tygodniowych i miesięcznych wskazuje na brak korelacji pomiędzy asymetrią a długością zastosowanego okresu, co wskazuje, że nie możemy bezpiecznie przyjąć hipotezy jako prawdziwej. Interesujące jest, że przy wykorzystaniu danych o dłuższym okresie czasu wzrasta współczynnik kurtosis, co wskazuje na odrzucenie tej hipotezy. Wyniki testu JB wskazują na znaczne obniżenie statystyk JB przy dłuższym okresie korzystania z danych o cenach, co potwierdza słuszność hipotezy i sugeruje, że musi ona zostać przyjęta jako poprawna.

Biorąc pod uwagę, że różnice we współczynniku pochylenia i współczynniku kurtozy są minimalne w zależności od tego, czy stosujemy ceny dzienne, tygodniowe czy miesięczne, a statystyka testu JB jest znacznie zmniejszona przy dłuższym okresie czasu, możemy stwierdzić, że nie ma wystarczającej liczby elementów, aby bezpiecznie przyjąć hipotezę podmiotową związaną z testami normalności.

9.1.2. 9.1.2. Badania eksploatacyjne

Wyniki testów na przebiegi odrzucają teorię, że ceny indeksu zachowują się zgodnie z losowym chodnikiem przy zastosowaniu dziennych i tygodniowych cen zamknięcia, biorąc pod uwagę, że obliczone wartości Z-statystyczne nie mieszczą się w przedziale ± 1,96.

Z drugiej strony, obliczona statystyka Z zawiera się w przedziale ± 1,96 przy zastosowaniu cen miesięcznych. Dokładniej rzecz ujmując, statystyka liczona w Z jest pomniejszana w przypadku korzystania z danych o dłuższym okresie czasu, a więc jest liczona w Z statystyka -7,3642, -2,8376 i -1,8931 przy zastosowaniu odpowiednio dziennych, tygodniowych i miesięcznych cen zamknięcia.

Rzeczywiste wyniki badań przesiewowych prowadzą do wniosku, że konieczne jest przyjęcie pierwszej hipotezy częściowej/specjalnej jako dokładnej, biorąc pod uwagę wzrost wydajności.

9.1.3. 9.1.3. Badania jednostkowe na korzeniach

Wyniki wszystkich testów pierwiastków jednostkowych na poziomie indeksu z przecięciem/przecięciem tego badania wskazują na to, że serbski rynek kapitałowy jest efektywny.

Z drugiej strony, wyniki wszystkich testów pierwiastków jednostkowych na pierwszej różnicy z przechwytywaniem/przecięciem przeprowadzonych w tym badaniu sugerują, że serbski rynek kapitałowy jest nieefektywny.

Bardziej szczegółowa analiza uzyskanych wyników, tj. stopień efektywności, w zależności od wykorzystanych danych, została przedstawiona w kolejnych punktach.

9.1.3.1. Test Dickey-Fuller'a z danymi na poziomie indeksu z przechwyceniem

Przy testowaniu pierwiastka jednostkowego w teście Dickey-Fuller'a na poziomie przechwytywania, wyniki pokazują, że serbski rynek kapitałowy jest efektywny w swojej słabej formie. Różnice pomiędzy testowanymi statystykami a wartościami krytycznymi na poziomie 1%, 5% i 10% są zmniejszane w zależności od tego, czy w analizie i testach stosowane są dzienne, tygodniowe czy miesięczne ceny zamknięcia.

Uzyskane wyniki prowadzą nas zatem do wniosku, że należy odrzucić pierwszą hipotezę cząstkową jako dokładną, biorąc pod uwagę fakt, że stopień skuteczności zmniejsza się przy wykorzystaniu danych z dłuższym odstępem czasu.

9.1.3.2. 9.1.3.2. Test Dickey'a Fullera z danymi z pierwszą różnicą z przechwyceniem

Wyniki testu Dickey-Fullera w wykorzystaniu danych z pierwszą różnicą z przechwyceniem wskazują, że serbski rynek kapitałowy nie jest efektywny w swojej słabej formie. Bardziej szczegółowa analiza uzyskanych wyników wskazuje na to, że uzyskana statystyka testowa zmniejsza, to znaczy, że różnice między testowanymi statystykami a wartościami krytycznymi na poziomie 1%, 5% i 10% są zwiększane wartościowo, w zależności od tego czy są to dzienne, tygodniowe czy miesięczne ceny zamknięcia. Uzyskane wyniki prowadzą nas zatem do wniosku, że należy przyjąć pierwszą hipotezę cząstkową/specjalną jako dokładną, biorąc pod uwagę, że efektywność jest zwiększona przy wykorzystaniu danych o dłuższym przedziale czasowym.

9.1.3.3. 9.1.3.3. Test Phillipsa-Perrona z danymi na poziomie indeksu z przechwyceniem

Podczas testowania pierwiastka jednostkowego poprzez dane testowe Philips-Peron na poziomie indeksu z przechwyceniem, wyniki pokazują, że serbski rynek kapitałowy jest efektywny w swojej słabej formie. Różnice między testowanymi danymi statystycznymi a wartościami krytycznymi na poziomie 1%, 5% i 10% są zmniejszane w zależności od tego, czy w analizie i testach wykorzystywane są dzienne, tygodniowe czy miesięczne ceny zamknięcia.

Uzyskane wyniki prowadzą nas zatem do wniosku, że należy odrzucić pierwszą hipotezę cząstkową jako dokładną, biorąc pod uwagę fakt, że stopień skuteczności zmniejsza się przy wykorzystaniu danych z dłuższym odstępem czasu.

9.1.3.4. 9.1.3.4. Test Philips-Perron z danymi na poziomie indeksu z pierwszą różnicą z przechwyceniem

Wyniki testu Philips-Perron w wykorzystaniu danych na poziomie indeksu z pierwszą różnicą z przechwyceniem wskazują, że serbski rynek kapitałowy nie jest efektywny w swojej słabej formie. Bardziej szczegółowa analiza uzyskanych wyników wskazuje na to, że uzyskana statystyka testowa zmniejsza, to znaczy, że różnice między testowanymi statystykami a wartościami krytycznymi na poziomie 1%, 5% i 10% są zwiększane wartościowo, w zależności od tego, czy są to dzienne, tygodniowe czy miesięczne ceny zamknięcia.

Uzyskane wyniki prowadzą nas zatem do wniosku, że należy przyjąć pierwszą hipotezę częściową/specjalną jako dokładną, biorąc pod uwagę fakt, że wydajność jest zwiększona przy wykorzystaniu danych o dłuższym odstępie czasu.

9.1.3.5. Test Kwiatkowski-Phillips-Schmidt-Shin z danymi na poziomie indeksu z przechwyceniem

Podczas testowania pierwiastka jednostkowego za pomocą testu Kwiatkowski-Phillips-Schmidt-Shin z danymi na poziomie indeksu z przechwyceniem, wyniki pokazują, że serbski rynek kapitałowy jest efektywny w swojej słabej formie. Różnice pomiędzy testowanymi statystykami a wartościami krytycznymi na poziomie 1%, 5% i 10% zmniejszają się w zależności od tego, czy w analizie i testach wykorzystywane są dzienne, tygodniowe czy miesięczne ceny zamknięcia.

Uzyskane wyniki prowadzą nas zatem do wniosku, że należy odrzucić pierwszą konkretną hipotezę jako dokładną, biorąc pod uwagę fakt, że stopień skuteczności zmniejsza się przy wykorzystaniu danych z dłuższym odstępem czasu.

9.1.3.6. Test Kwiatkowski-Phillips-Schmidt-Shin z danymi na poziomie indeksu z pierwszą różnicą z przechwyceniem

Wyniki testu Kwiatkowski-Phillips-Schmidt-Schin w wykorzystaniu danych na poziomie indeksu z pierwszą różnicą z przechwyceniem oznaczają, że serbski rynek kapitałowy nie jest efektywny w swojej słabej formie. Bardziej szczegółowa analiza uzyskanych wyników wskazuje na to, że uzyskana statystyka testowa zmniejsza, czyli różnice między testowanymi statystykami a wartościami

krytycznymi na poziomie 1%, 5% i 10% zmniejszają się wartościowo w zależności od tego, czy są to dzienne, tygodniowe czy miesięczne ceny zamknięcia.
Uzyskane wyniki prowadzą nas zatem do wniosku, że należy odrzucić pierwszą hipotezę cząstkową jako dokładną, biorąc pod uwagę, że poziom efektywności maleje przy wykorzystaniu danych z dłuższym odstępem czasu.
Jeśli weźmiemy pod uwagę przeprowadzone testy autokorelacji, to stwierdzimy, że konieczne jest odrzucenie dokładności testów jednostkowych na poziomie indeksu z przechwyceniem/przecięciem, wtedy możemy stwierdzić, że pierwsza hipoteza częściowa/specjalna jest ważna dla testów na poziomie korzeni jednostkowych. Dokładniej rzecz biorąc, wyniki sugerują, że konieczne jest zaakceptowanie pierwszej hipotezy częściowej, że zastosowanie testów słabej efektywności rynkowej z różnymi przedziałami czasowymi wskazuje, że efektywność jest zwiększona przy wykorzystaniu danych z dłuższym przedziałem czasowym.

9.1.4. 9.1.4. Test autokorelacji

Biorąc pod uwagę, że statystycznie istotny współczynnik autokorelacji na poziomie 5% poziomu istotności jest wykazywany w późniejszej kolejności w danych miesięcznych w stosunku do danych tygodniowych i dziennych, wyniki przeprowadzonych badań autokorelacji wskazują na fakt, że istnienie korelacji szeregowej maleje przy wykorzystaniu danych o dłuższym horyzoncie czasowym. W związku z tym można stwierdzić, że konieczne jest przyjęcie pierwszej częściowej/specjalnej hipotezy, że stopień efektywności wzrasta przy wykorzystaniu danych o dłuższym horyzoncie czasowym.

9.1.5. 9.1.5. Analiza techniczna

Podsumowując/ogólnie, parametry techniczne wskazują na to, że efektywność rynku kapitałowego zależy od rodzaju wykorzystywanych danych. Dokładniej, wyniki implikowane przez względną siłę Williams% R i Bollinger Bands w wykorzystaniu danych dziennych i tygodniowych wskazują, że inwestorzy są w stanie osiągnąć ponadprzeciętne zyski, jeśli działali zgodnie z zasadami odpowiednich wskaźników technicznych. Z drugiej strony, w przypadku stosowania cen miesięcznych, rynek kapitałowy wskazuje na istnienie słabej formy efektywności rynkowej, biorąc pod uwagę, że ceny indeksów nie są zgodne z zasadami tych wskaźników technicznych. W związku z tym można stwierdzić, że w przypadku korzystania z danych o dłuższym przedziale czasowym, efektywność rynku wzrasta. W związku z tym wyniki analizy technicznej wskazują, że konieczne jest przyjęcie pierwszej częściowej/specjalnej hipotezy, że przy wykorzystaniu danych z dłuższym odstępem czasowym efektywność wzrasta.

Szczegółowa analiza wyników uzyskanych z analiz i testów przeprowadzonych w ramach tych badań wskazuje, że konieczne jest przyjęcie pierwszej częściowej/specjalnej hipotezy, że stopień skuteczności wzrasta wraz z wykorzystaniem danych z dłuższym odstępem czasu.

9.2. Druga hipoteza cząstkowa/specjalna

Kolejna częściowa/specjalna hipoteza brzmi: *Nieefektywność rynku kapitałowego jest mniejsza, jeśli stopień rozwoju rynku jest niższy.*
Spośród wszystkich analizowanych rynków, badania te i analizy wielokrotnie wskazywały, że rynek kapitałowy w Serbii został rozwinięty w stosunku do innych badanych rynków. Z analiz i badań przeprowadzonych w ramach testów normalności wynika, że współczynnik pochylenia, współczynnik kurtozy i statystyki testu JB w BELEX15 są znacznie wyższe niż wszystkie inne analizowane wskaźniki. Wyniki te oznaczają, że serbski rynek kapitałowy wykazuje największe odchylenie od rozkładu normalnego, a zatem jest najmniej efektywny. Wyniki przeprowadzonych testów wskazują, że obliczona wartość Z jest najwyższa dla wskaźnika BELEX15, co oznacza, że dzienne kolejne zbiory dla wskaźnika BELEX15 są generowane co najmniej losowo, to znaczy, że po serbskim rynku kapitałowym następuje przynajmniej losowy model chodu. W konsekwencji, osiągnięte wyniki oznaczają, że serbski rynek kapitałowy jest najmniej rozwiniętym rynkiem.
Biorąc pod uwagę, że serbski rynek kapitałowy jest uważany za najsłabiej rozwinięty w stosunku do wszystkich innych rynków analizowanych w niniejszym badaniu, wyniki testów normalności i testów eksploatacyjnych wskazują, że konieczne jest przyjęcie innej częściowej/specjalnej hipotezy, że nieefektywność rynku kapitałowego jest wyższa, jeśli stopień rozwoju rynku jest niższy.
Z drugiej strony, wyniki testów jednostkowych na korzeniach nie potwierdzają tej hipotezy. Dokładniej rzecz biorąc, wyniki testu pierwiastków jednostkowych na poziomie danych na poziomie indeksu z przechwyceniem oraz wyniki testu pierwiastków jednostkowych z danymi na poziomie indeksu z pierwszą różnicą z przechwyceniem, wykazane poprzez różnicę pomiędzy statystykami testu dla BELEX15 a wartościami krytycznymi o znaczeniu 1%, 5% i 10% wskazują, że serbski rynek kapitałowy był nie najmniej efektywny. W związku z tym wyniki przedmiotowego testu sugerują, że należy odrzucić inną szczególną hipotezę, że nieefektywność rynku kapitałowego jest większa, jeśli stopień rozwoju rynku jest niższy. Również wykazane w korelogramie wyniki istnienia korelacji szeregowej wskazują na konieczność odrzucenia konkretnej hipotezy, biorąc pod uwagę, że statystycznie istotny współczynnik autokorelacji na poziomie 5% istotności w indeksie BELEX15 nie został wykazany najwcześniej w porównaniu z innymi testowanymi rynkami.
Podsumowując, wszystkie wyniki przedstawione w niniejszej Monografii jako całości wskazują, że konieczne jest przyjęcie innej częściowej hipotezy, że

nieefektywność rynku kapitałowego jest większa, jeśli stopień rozwoju rynku jest niższy.

9.3. Trzecia hipoteza częściowa/specjalna

Trzecia hipoteza częściowa/specjalna brzmi: *Zastosowanie różnych testów efektywności rynkowej wskazuje na różną ważność efektywności rynkowej.*
W niniejszym opracowaniu i badaniu potwierdzono występowanie słabej formy efektywności rynkowej dla wybranych wskaźników, co jest poparte różnymi testami statystycznymi. Testy przeprowadzone w celu określenia efektywności serbskiego rynku kapitałowego to testy normalności (współczynnik pochylenia, współczynnik kurtozy i test JB), testy uruchamiania, testy unit root (ADF, PP i KPSS) oraz testy autokorelacji. Uzyskane wyniki zależą od zastosowanego testu dla danej serii danych. W związku z tym, przy wykorzystaniu danych dziennych, tylko testy jednostkowe typu root na poziomie indeksu z przechwyceniem wskazywały na efektywność serbskiego rynku kapitałowego, natomiast wszystkie inne testy odrzucały istnienie słabej formy efektywności rynku. W przypadku korzystania z danych tygodniowych, test autokorelacji wraz z testami pierwotnych wartości jednostkowych na poziomie indeksu z wartością przechwytującą wskazywały na efektywność serbskiego rynku kapitałowego. Na koniec, w przypadku korzystania z danych miesięcznych, wszystkie wykonane testy z wyjątkiem testów normalności i testów pierwiastków jednostkowych na danych na poziomie indeksu z pierwszą różnicą z przechwyceniem wskazywały na efektywność rynkową serbskiego rynku kapitałowego.
Dlatego też wyniki uzyskane w tym badaniu sugerują, że konieczne jest przyjęcie trzeciej specjalnej hipotezy, że zastosowanie różnych testów efektywności rynkowej wskazuje na różną zasadność efektywności rynkowej.

9.4. Hipoteza ogólna

W oparciu o zdefiniowane problemy i cele, ogólna hipoteza tego badania jest następująca:

Nie ma słabej formy efektywności rynku na serbskim rynku kapitałowym

Dzięki szczegółowej analizie i testom przeprowadzonym w ramach tych badań potwierdzona zostaje ogólna hipoteza przedstawiona w niniejszym opracowaniu. Wysoki stopień asymetrii i zmienności stóp kapitalizacji, kolejne zmiany cen, zależność danych i istnienie korelacji szeregowej wskazują, że serbski rynek kapitałowy nie stosuje modelu random walk.
Przeprowadzone badania i wdrożenie ich wyników w znacznym stopniu potwierdziły podstawową hipotezę przedstawioną w niniejszej Monografii i w

związku z tym możemy stwierdzić, że należy przyjąć, iż wyniki te sugerują, że nie ma słabej formy efektywności rynku na serbskim rynku kapitałowym.

PRZYSZŁE BADANIA

Badania przeprowadzone w ramach tego badania otworzyły przestrzeń dla kilku nowych badań nad znaczeniem efektywności rynku kapitałowego. Badanie to wskazało na możliwość przeprowadzenia nowych badań poprzez innego rodzaju podejście i koncepcję, zarówno od strony naukowej, jak i praktycznej.

Przede wszystkim, z naukowego punktu widzenia, przyszłe prace mogą bardziej szczegółowo zbadać przyczyny nieefektywności serbskiego rynku kapitałowego. Przejrzystość, odpowiedzialność uczestników rynku oraz ład korporacyjny to tylko niektóre z czynników wpływających na efektywność rynków kapitałowych, a przyszłe badania mogą wskazać na korelację między stopniem nieefektywności rynku a każdym z powyższych czynników.

Badania te mogą również szczegółowo wyjaśnić konsekwencje nieefektywności serbskiego rynku kapitałowego. Mówiąc dokładniej, przyszłe badania mogą próbować odpowiedzieć na pytanie, że wszystkie segmenty gospodarki są dotknięte faktem, że rynek kapitałowy w Serbii nie jest skutecznie w złym stanie. W ten sposób można wykazać związek przedmiotu nieefektywności ze wskaźnikami makroekonomicznymi, takimi jak inflacja, stopy procentowe i kurs walutowy, a także ze wskaźnikami mikroekonomicznymi, takimi jak koszty, produkcja i zachowania monopolistyczne.

Chociaż w niniejszej Monografii wykorzystano kilka testów statystycznych, aby wskazać na brak słabej formy efektywności rynku, nadal istnieje wiele testów określających efektywność rynku kapitałowego *(test KS Kołmogorowa-Smirnowa, test Kuipera, test Cramera-von Misesa, test Shapiro-Wilka)*. W związku z tym przyszłe prace mogą rozszerzyć te badania poprzez wykorzystanie innych testów efektywności rynku i w ten sposób potwierdzić lub obalić wyniki uzyskane w tym badaniu. Ponadto, z naukowego punktu widzenia, tego typu badania pomogłyby środowisku akademickiemu spojrzeć na wszystkie parametry efektywności rynkowej w pełniejszy sposób.

Jako przykład, niektóre z testów, które mogą być wykorzystane w przyszłych badaniach to testy Variance, test Durbin-Wattsona, wykładnik Hursta, itp. Ponadto, niektóre z przyszłych badań mogą wykazać, czy wyniki odpowiednich statystycznych testów wydajności byłyby takie same, gdyby jako podstawę wykorzystano wydajność, a nie ceny zamknięcia.

Po drugie, z praktycznego punktu widzenia możliwe jest zbadanie, jakie środki należy podjąć, aby uczynić serbski rynek kapitałowy bardziej efektywnym. Serbski rynek kapitałowy charakteryzuje się niskimi obrotami, a tym samym dużą zmiennością zmian cen, co zostało potwierdzone w niniejszym opracowaniu.

Ponadto na serbskim rynku kapitałowym brakuje instrumentów finansowych, które umożliwiłyby istniejącym inwestorom dywersyfikację i przyciągnięcie nowych inwestorów. Kluczowy fakt, że na rynku serbskim nadal praktycznie nie istnieją instrumenty finansowe, takie jak obligacje korporacyjne i pochodne instrumenty finansowe, wskazuje na fakt, że oprócz rządowych papierów wartościowych i akcji spółek notowanych na giełdzie nie ma prawie żadnej alternatywy, w której inwestorzy mogliby ulokować swoje środki finansowe. Monografia ta potwierdziła hipotezę, że efektywność rynku kapitałowego wzrasta wraz z jego rozwojem. W związku z tym przedmioty badań mogą stanowić podstawę i kierunek niektórych przyszłych badań, które mogą wskazać środki niezbędne do podjęcia przez organy regulacyjne na rynku kapitałowym w Serbii w celu zwiększenia efektywności.

Istota efektywności rynku związana jest z zasadą pracy nad nimi. Efektywność stosowania różnych technologii skutkuje lepszą korespondencją z samym rynkiem poprzez szybszy dostęp do informacji, łatwiejszy podgląd danych oraz większą szybkość przetwarzania niektórych transakcji. Przyszłe badania mogą dokonać analizy porównawczej zastosowania technologii na rynku serbskim z innymi rynkami, a tym samym wykazać, czy zastosowanie technologii wpływa na stopień efektywności.

WNIOSKI

Monografia miała na celu krytyczną ocenę, czy serbski rynek kapitałowy spełnia warunki niezbędne dla słabej formy efektywności rynku. W niniejszym opracowaniu przedstawiono różnego rodzaju testy, które posłużyły do zbadania obecności słabej formy efektywności rynku na serbskim rynku kapitałowym oraz do porównania związanej z tym efektywności z efektywnością rynku na Węgrzech, w Polsce, Chorwacji i Stanach Zjednoczonych.

W badaniach tych wykorzystano cztery różne testy statystyczne, w tym test normalności, test przebiegów, test pierwiastków jednostkowych oraz statystykę Lung-Box Q do szczegółowej analizy i testowania. Wyniki testów przedstawionych w niniejszym

Monografia implikuje konieczność przyjęcia ogólnej hipotezy, że serbski rynek kapitałowy nie jest słaby od strony efektywności rynku. Wyniki te są zgodne z wynikami przeprowadzonymi i osiągniętymi przez Kršikapę - Rašajskiego i Rankova, a[166] *także z badaniami przeprowadzonymi przez V.Proroka i Dejana Radovicia (Prorok i Radović, 2014*[167]*), w których testowane były główne wskaźniki Belgradzkiej SE od momentu powstania do 31 grudnia 2013 r.*

Wyniki badań normalności wskazują, że BELEX15 charakteryzuje się najbardziej niestabilną wydajnością/zwrotem, dużą dodatnią asymetrią oraz najwyższym rozkładem leptokurcji w porównaniu z innymi testowanymi wskaźnikami. W związku z tym wyniki te wskazują, że BELEX15 nie podąża w sposób losowy, a co za tym idzie, nie jest efektywny w postaci słabej.

Przeprowadzone w tym badaniu testy wskazują również na fakt, że BELEX15 posiada najwyższą obliczoną statystykę Z, a zatem zawiera minimalny stopień przypadkowości w seriach danych, czyli najmniej efektywny w porównaniu z innymi testowanymi rynkami.

Testy jednostkowe na korzeniach wskazują na różne wyniki. Mianowicie, wyniki wszystkich testów pierwiastków jednostkowych na poziomie indeksu BELEX15 z przechwyceniem wskazują, że seria danych jest niestacjonarna, to znaczy, że zawiera pierwiastek jednostkowy. Z drugiej strony, testując pierwiastek jednostkowy pierwszej różnicy z przechwyceniem, wyniki wskazują, że serie danych dla wskaźnika BELEX15 są niestacjonarne, to znaczy, że indeks nie jest efektywny w słabej formie.

Jednak przeprowadzona później analiza korelacji szeregowej za pomocą statystyk Lung-Box Q wskazuje, że wyniki testów na pierwiastkach jednostkowych na poziomie indeksu z przechwyceniem, z wykorzystaniem danych dziennych, nie mogą być uznane za dokładne, biorąc pod uwagę, że statystycznie istotny

[166]Kršikapa-Rašajski, J, i Rankov, S. (2016). Testowanie słabej efektywności rynku kapitałowego na rynkach kapitałowych w Serbii, Megatrend Revija 1/2016

[167] Prorok, V. и Radović, D. (2014). Słabo sformułowana hipoteza testująca wydajność serbskiego rynku kapitałowego. Socio-economical - The Scientific Journal for theory and Practice of Socio-economic Development. 3(5), 51-64. DOI: dx.doi.org/10.12803/SJSECO.358614.

współczynnik autokorelacji na poziomie 5% istotności jest już pokazany w 11 rzędzie.
Biorąc pod uwagę ilość testów statystycznych przeprowadzonych w niniejszym Monografie, logiczne było oczekiwanie, że wyniki przeprowadzonych testów nie zapewnią identycznej oceny efektywności rynku. Analizując logikę zastosowanych testów do pomiaru efektywności rynku, wystąpiły różnice, jednak dowód zostałby przyjęty, gdyby większość testów potwierdziła konkretną hipotezę. W związku z tym, wraz z wynikami, przedmiotowe badanie wskazuje na potwierdzenie, konieczność przyjęcia proponowanej hipotezy. Ściślej rzecz biorąc, środki jakościowe i ilościowe podjęte w niniejszym badaniu oznaczają, że oprócz przyjęcia hipotezy ogólnej o braku słabej formy efektywności rynku na serbskim rynku kapitałowym, konieczne jest przyjęcie również innych proponowanych hipotez cząstkowych/specjalistycznych.
Jak stwierdzono w opracowaniu, badanie to ma na celu porównanie wyników efektywności serbskiego rynku kapitałowego z wynikami uzyskanymi dla innych przedstawionych rynków, które zostały starannie dobrane w celu uzyskania wglądu w szeroki zakres zmian rynkowych.
W związku z tym analiza innych rynków wskazuje na fakt, że serbski rynek kapitałowy jest na ogół najmniej efektywny w porównaniu z rynkami kapitałowymi w Chorwacji, na Węgrzech, w Polsce i w Stanach Zjednoczonych. Wynik ten jest zgodny z badaniami przeprowadzonymi przez Ivanova, Lomova i Bogdanova, które dowodzą, że Serbia wykazuje duże odchylenie od modelu losowego chodu i istnieją dowody, że Serbia ma największą nieefektywność rynkową w stosunku do wybranych rynków Europy Wschodniej (Ivanov, Lomev i Bogdanova, 2012[168]).
Biorąc pod uwagę spostrzeżenia poczynione w niniejszej monografii, konieczne jest, aby organy regulacyjne w Serbii przeprowadziły pewien zestaw reform. Ściślej rzecz biorąc, w celu zwiększenia przejrzystości konieczne jest, aby lider rynku kapitałowego połączył zasady przejrzystości, kodeks etyczny i zrobił wszystko, aby zapobiec wykorzystywaniu informacji poufnych, ograniczyć asymetrię informacyjną i dużą liczbę innych nadużyć, które obecnie mają wpływ na efektywność rynku. Ograniczyłoby to zdolność uczestników rynku do wykorzystania istniejących obecnie nieprawidłowości i umożliwiłoby lepszą alokację środków dla obecnych i przyszłych inwestorów.
Wyniki empiryczne przedstawione w niniejszej monografii wskazują również na fakt, że serbski rynek kapitałowy nie osiągnął jeszcze zadowalającego poziomu rozwoju i w związku z tym konieczne są dalsze reformy regulacyjne w celu wyeliminowania nieefektywności, które obecnie istnieją na rynku. Dzięki wyeliminowaniu tych nieefektywności wzrosłaby liczba inwestorów

[168] Iwanow, I., Lomiew, B. и Bogdanowa, B. (2012). Investigation of the market efficiency of emerging stock markets in the East-European region. International Journal of Applied Operational Research. 2(2), 13-24.

instytucjonalnych, co miałoby pozytywny wpływ na dobrobyt gospodarczy. (Bodeuts i Hans Franses, 2014 r.[169]).

Konsekwencje braku efektywności rynku są liczne. Niezmiernie ważne jest jednak, aby rynek kapitałowy stał się bardziej przejrzysty, regulacja bardziej adekwatna i dalsze inwestycje w technologiczny segment rynku kapitałowego. Należy zauważyć, że oprócz odpowiednich regulacji, konieczne jest zaprojektowanie i wdrożenie instrumentów wdrażania i kontroli danych regulacji. *Rozwój i zastosowanie rozwiązań technologicznych umożliwia lepszą korespondencję pomiędzy uczestnikami rynku, przyspiesza zrozumienie sytuacji na rynku finansowym oraz zwiększa szybkość dostępu do informacji, co prowadzi do zmniejszenia zdolności do osiągania ponadprzeciętnych zwrotów (anormalnych) z powodu nieefektywności rynku. Skutki te doprowadziłyby do odzyskania zaufania inwestorów, a tym samym do zwiększenia efektywności rynku.*

[169] Bodeutsch, D. и Hans Franses, P. (2014). Giełda Surinamu: Zwroty, zmienność, korelacje, i słaba wydajność formy. Emerging Markets Finance and Trade. Vol. 51, Iss. 1. DOI: 10.1080/1540496X.2015.1011523

LITERATURAE

1] Abeysekera P. S. (2001) Efficient Markets Hypothesis and the Emerging Capital Market in Sri Lanka: Evidence from the Colombo Stock Exchange - A Note Journal of Business Finance & Accounting , 28(1-2), 249-261.

2] Abraham, A., Seyyed, F. и Alsakran, S. (2002) Testing the Random Walk Behavior and Efficiency of the Gulf Stock Markets, Financial Review, 37(3), 469-480.

Ananzeh I. E. N. (2014) Testing the Weak Form of Efficient Market Hypothesis: Empiryczne dowody z Jordanii, International Business and Management,. 9(2), 119-123.

[4] Arcand, J .; Berkes E., i Panizza U. (2012). Too much finance?, IMF Working Paper 12/161 (Waszyngton: Międzynarodowy Fundusz Walutowy)

[5] Aronson, D. (2006). Analiza techniczna oparta na dowodach . Hoboken, New Jersey: John Wiley i Sons, 355-357, 342. ISBN 978-0-470-00874-4.

[6] Asteriou, D и Hall, S (2011). Stosowana ekonometria. Palgrave MacMillan. 344

[7] Bachelier, J. (1900). Theory of Speculation - Preveo May, D. (2011) Downloaded from: http://www.radio.goldseek.com/bachelier-thesis-theory-of-speculation-en.pdf.

[8] Piłka, R. (2009). The Global Financial Crisis and the Efficient Market Hypothesis: What Have We Learned?, Journal of Applied Corporate Finance, 21(4), 8-16

[9] Banz R. W. (1981), "The Relationship Between Return and Market Value of Common Stock" Journal of Financial Economics, 9(1), 3-18.

[10] Barbic, T. (2010). Review of the development of the hypothesis of an efficient market. Trendy gospodarcze i polityka gospodarcza. Br. 124. 29-61

11] Basu, S. (1977), "Investment Performance of Common Stock in Relation to their Price Earnings Ratios; A Test for the Efficient Market Hypothesis", Journal of Finance, 32, 663-682.

12] Basu S. (1983), "The Relation between Earnings Yield, Market Value and Returns for N.Y.S.E Common Stock": Futher Evidence", Journal of Financial Economics, 12, 129-156.

[13] Bekaert, G. и Harvey, C. (1997). Rynki kapitałowe: Silnik wzrostu gospodarczego. The Brown Journal of World Affairs, 33-53.

[14] Bekaert, G. и Robert H. (1992). "Characterizing Predictable Components in Excess Returns on Equity and Foreign Exchange Markets", The Journal of Finance, 47(2), 467-509.

[15] Belgradzka Giełda Papierów Wartościowych (2015). Uzyskano z: www.belex.rs

[16] Bernstein, J. (2010). Paul Samuelson and the Obscure Origins of the Financial Crisis. The New York Review of Books. Преузезо са: http://www.nybooks.com/daily/2010/01/11/paul-samuelson-and-the-obscure-origins-of-the-fina/

[17] Bernstein, P. (1992). Capital Ideas: The Improbable Origins of Modern Wall Street, Nowy Jork, NY: Wolna prasa.

[18] Bodeutsch, D. и Hans Franses, P. (2014). Giełda Surinamu: Zwroty, zmienność, korelacje, i słaba wydajność formy. Emerging Markets Finance and Trade. Vol. 51, Iss. 1. DOI: 10.1080/1540496X.2015.1011523

[19] Budapest Stock Exchange / Budapest Stock Exhange. Odebrane z www.bse.hu.

Buffet, W. (1984). The Superinvestors of Graham and Doddsville. Hemes. Columbia Business School Magazine

[21] Cambell, J.; Lo, A. и MacKinley, C. (1997). The Econometrics of Financial Markets. Princeton University Press.

Chan, K., Gup B. и Pan M. (1997). "International Stock Market Efficiency and Integration. A Study of Eighteen Nations", Journal of Business Finance & Accounting, 24(6), 803-813.

[23] Ching Kok, S. и Munir, Q. (2015). Malezyjski sektor finansowy - słaba efektywność: Niejednorodność, załamania strukturalne i zależność przekrojowa. Journal of Economics, Finance and Adminicтpative Science. 20(39), 105–117. DOI:10.1016/j.jefas.2015.10.002

Claessens S., Dasgupta S. и Glen J. (1995). "Return Behaviour in Emerging Stock Market", The World Bank Economic Review, 9(1), 131-151. *doi: 10.1093/wber/9.1.131*

[25] Constatinides G. M. (1982), "Optimal Stock Trading with Perfect Taxes" Journal of Financial Economics, 10, 289-321.

[26] Krowy, A. (1933). Can Stock Market Forecasters Forecasters". Econometrica, 1(3). 309-324

[27] Cowles, A. (1944). Prognozy giełdowe. Econometrica, 12(3/4), 206-214

[28] Cowles, A. и Jones, H. (1937). "Some A Posteriori Probabilities in Stock Market Action", Econometrica, 5(3), 280-294.

[29] Cuthbertson, K. и Nitzsche, D. (2004). Quantitative Financial Economics: Akcje, obligacje i wymiana walutowa, Chichester: Wiley & Sons.

[30] DeBondt, W. F., и Thaler, R. (1985). Czy giełda przesadza? The Journal of Finance, XL(3), 793-805.

[31] Dickinson J. и Muragu K. (2006). Market Efficiency in Developing Countries: A Case Study of the Nairobi Stock Exchange. Journal of Business Finance & Accounting. 21(1), 133–150

[32] Djorić, J., Jevremović, VD, Mališić i Nikolić-Djorić, E. (2007). Dystrybucja Atlasu. Belgrad. Wydział Inżynierii Lądowej i Wodnej

[33] Dobromir D. i Radisic M. (2010). Finanse międzynarodowe. Ćwiczenia 4. MACD / Sholastic Oscillator. Odebrane z: http://www.iim. FMn.uns.ac.rs/pom/załączniki/article/93/Mednarodne%20Finansije%20Vezbe%204.pdf

[34] Drake, P.J. (1977). "Securities Markets in Less Developed Countries", The Journal of Development Studies, 13 (2), 74-91.

[35] Drake, P, J. (1985). Some Reflections on Problems Affecting Securities Markets in Less DevelopedvCountries. Savings and Development, Quarterly Review, Broj. 1, 5

[36] Fama, E. (1970) "Efficient Capital Markets": A Review of Theory and Empirical Work", Journal of Finance, 25(2), 383-417.

[37] Fama, E. (1991). "Wydajne rynki kapitałowe. II", Journal of Finance, 46(5), стр:1575-1617.

[38] Fama, E. (1998). "Market efficiency, long-term returns, and behavioural finance", Journal of Financial Economics, 49, 283-306.

[39] Fama, E. и French, K. (1988). "Permanent and Temporary Components of Stock Prices", The Journal of Political Economy, 96(2), 246-273.

[40] Fortune, P. (1991), "Stock Market Efficiency": Autopsja?", New England Economic Review, 17-40.

[41] Fox, J. (2013). Czego nauczyła nas Wielka Debata Fama-Shillera. Harvard Business Review. Преузето са: https://hbr.org/2013/10/what-the-great-fama-shiller-debate-has-taught-us/

[42] Francuski, K. (1980), "Stock Returns and Weekend Effect", Journal of Financial Economics, 8, 55-69.

[43] Gibbons M. R. и Hess P. J. (1981), "Day of the Week Effect and Asset Returns", Journal of Buisiness, 54, 579-596.

[44] Gilmore, C. и McManus G. (2003). "Random-Walk and Efficiency Tests of Central European Equity Markets", Managerial Finance, 29(4), 42-61.

[45] Gimba, V. (2012) Testing the Weak-form Efficiency Market Hypothesis:Evidence from Nigerian Stock Market. CBN Journal of Applied Statistics 3(1), 117-136

[46] Gradojević, N., Đaković, V. и Anđelić, G. (2010). Random walk theory and exchange rate dynamics in transition economies. Panoeconomicus, 57(3). 303-320. DOI:10.2298/PAN1003303G

Grossman, S. J. и Stiglitzy, J. E. (1980). O możliwości informacyjnie efektywnych rynków. The American Economic Review, 70(3). 393-408

[48] Gupta, R. и Basu, P. (2011). Słaba efektywność formy na indyjskich giełdach papierów wartościowych. International Business and Economics Research Journal (IBER), 6(3). doi:http://dx.doi.org/10.19030/iber.v6i3.3353

[49] Hajek, J. (2007). Czech Capital Market Weak-Form Efficieny, Selected Issues. Prague Economic Papers. 4. DOI: 10.18267/j.pep.310

[50] Hamilton, J. (1994) Time Series Analysis, Princeton University Press. 127

Harvey, A.C. (1990). The Econometric Analysis of Time Series. 2 izdanje. Cambridge, MA: MIT Press

[52] Ivanov, I., Lomev, B. и Bogdanova, B. (2012). Investigation of the market efficiency of emerging stock markets in the East-European region. International Journal of Applied Operational Research. 2(2), 13-24.

[53] Jakšić, M. i Purić, J. (2014). Analiza porównawcza giełdy w Belgradzie, Zagrzebiu i Warszawie. Bankowość 6, 86-110.

[54] Jarque, C. M. и Bera, A. K. (1987). Test na normalność obserwacji i pozostałości regresji. International Statistical Review,55, 163-172.

[55] Jegadeesh, N. и Titman, S. (1993). Wraca do Buying Winners and Selling Losers: Implikacje dla efektywności rynku akcji, Journal of Finance, 48(1), 65-91.

[56] Jones C. P. Douglas K. P. i Wilson J. W (1987), "Can Tax Loss Selling Explain the January Effect? A Note", Journal of Finance, 42, 453-461.

[57] Kahneman D. и Tversky A. (1973). O psychologii przewidywania. Przegląd plsychologiczny. 80, 237-251.

[58] Keim, D. (1983), "Anomalie związane z wielkością i sezonowością rynku akcji: Some Futher Empirical Evidence", Journal of Financial Economics, 11, 13-32.

[59] Kendall, M. G. (1953), The analysis of economic time-series-Part I: Prices, Journal of the Royal Statistical Society. Seria A (Ogólna) 116 (1), 11-25

[60] Kirkpatrick C. и Dahlquist J. (2010). Analiza techniczna: The Complete Resource for Financial Market Technicians. 2 edicija. FM Press

[61] Kuchnia, R. L. (1986). Finance firne the Developing Countries. John Wiley & Sons, Chichester, New York

[62] Komisja Papierów Wartościowych i Giełd (2015 r.). Uzyskane z http://www.sec.gov.

[63] Konak, F и Seker, Y. (2014). The Efficiency of Developed Markets: Empiryczne dowody z FMSE 100. Journal of Advanced Management Science. 2(1). 29-32

[64] Kršikapa-Rašajski, J. и Rankov, S. (2016). Testowanie słabej efektywności rynku form na rynkach kapitałowych w Serbii, Megatrend Revija 1

[65] Kwiatkowski, D., Phillips, P. C. B., Schmidt, P. и Shin, Y. (1992). "Testowanie zerowej hipotezy o stacjonarności wobec alternatywy korzenia jednostkowego". Journal of Econometrics 54 (1-3), 159-178.

Lakonishok J. и Levi M. (1982), "Weekendowy wpływ na zwroty akcji": A Note", Journal of Finance, XXXVII, 883-889.

[67] Lakonishok, J., Shleifer A., и Vishny R. (1994). Contrarian Investment, Extrapolation, and Risk, Journal of Finance, 49(5), 1541-78.

[68] Lakshimi V. и Roy B. (2013) Price Earning Ratio Effect: Test Hipotezy Wydajnej Hipotezy Rynkowej Pół-Cтрong na indyjskiej giełdzie. XI Konferencja Rynków Kapitałowych, 21-22 grudnia 2012, Indian Institute of Capital Markets (UTIICM).

[69] Lane, P. и Milesi - Ferretti G. , 2012, "External adjustment and the global crisis" Journal of International Economics, 88 (2), 252-265.

[70] Langevoort, D. (1992) . Theories, assumptions and securities regulation: market efficiency revisited. University of Pennsylvania Law Review. 140(851), стр 851-920

[71] Lim, R. (2012). History of Efficient Market Hypothesis. International Journal of Management Sciences and Business Research, 1(11). ISSN: 2226-8235

[72] Lung, G. M. и Box, G. E. P. (1978), "On a Measure of Lack of Fit in Time Series Models", Biometrika, 65(2): 297-303.

Lo, A. и MacKinlay, C. (1988). Ceny giełdowe nie podążają za przypadkowymi spacerami: Dowody z prostego testu specyfikacji, Przegląd badań finansowych, 1(1), 41-66.

Lo, A. и MacKinlay, C. (1999). A Non-Random Walk Down Wall Street, Princeton, NJ: Princeton University Press.

[75] Lovric M. (2008), Basics of Statistics, Faculty of Economics, Kragujevac, 331-332

[76] Lustic I. L. и Leinbach P. A. (1983), "The Small Firm Effect", Financial Analyst Journal, 46-49.

[77] MacKinnon, J (2010). Wartości krytyczne dla testów integracyjnych. Queen's Economics Department Working Paper бр. 1227.

Malkiel, B. (1973), "A Random Walk Down Wall Street", Nowy Jork, NY: W. W. Norton & Company.

[79] Malkiel, B. (2003). Hipoteza efektywnego rynku i jej krytycy. CEPS, dokument roboczy nr 91. Princton Univesity

[80] Malkiel, B. (2005). Reflections on the Efficient Market Hypothesis: 30 Years Later. The Financial Review. 40, 1-9

[81] Malkiel, B. (2014). "What Does the Efficient Market Hypothesis Have to Say About Asset Bubbles". Преузезо са: www. forbes. com/sites/quora/2014/06/13/what-does-the-efficient-market-hypothesis-have to-say-about-asset-bubbles".

[82] Mateus, T. (2004). The risk and predictability of equity returns of the EU accession countries, Emerging Markets Review, 5(2), 241-266. doi:10.1016/j.ememar.2004.03.003

[83] Metcalf, G. и Malkiel B. (1994). The Wall Street Journal contests: the experts, the darts, and the efficient market hypothesis, Applied Financial Economics, 4(5), 371-374.

Milesi-Ferretti, G. и Tille C., 2011, "The great retrenchment: international capital flows during the global financial crisis," Economic Policy, 26, 285-342.

[85] Milojević, M. и Terzić, I. (2014). Modelowanie ryzyka rynkowego na granicznych rynkach kapitałowych - dowody z Serbii. CBU International Conference Proceedings, 2, 126-133. doi:http://dx.doi.org/10.12955/cbup.v2.455.

[86] Mishra, P. K. (2011). "Weak Form Market Efficiency": Evidence from Emerging and Developed World", The Journal of Commerce, 3(2), 26-34.

[87] Murphy, J. (1999). Technical Analysis of the Financial Markets , New York Institute of Finance, 1-5,24-31

[88] Muth, J. (1961). Racjonalne oczekiwania i teoria ruchów cen. Econometrica. 29 (3) 315-335

Nisar, S и Hanif, M (2012). Testowanie efektywności rynku: Empiryczne dowody z rozwiniętych rynków Europy i Ameryki Północnej. http://dx. doi. org/10.2139/ssrn.1983962

Nisar, S. и Hanif, M. (2012). Testowanie efektywności rynku: Empiryczne dowody z rozwiniętych rynków Azji i Pacyfiku. http://dx.doi.org/10.2139/ssrn.1983960

[91] Nocera, J. (2009). "Poking Holes in a Theory on Markets", New York Times. Преузето са: http://www. nytimes. com/2009/06/06/business/06nocera. html? scp=1& sq=efficient%20market& st=cse

[92] Dane rynkowe NYSE (2016). Preuezeto na stronie http://www.nyxdata.com/Data-Products/NYSE-Alerts.

[93] Okičić, J. (2014). Empiryczna analiza zwrotów akcji i zmienności: Przypadek rynków akcji z Europy Środkowej i Wschodniej. South East European Journal of Economics and Business - Special Issue ICES Conference, 9 (1) , 7-15. DOI: 10.2478/jeb-2014-0005

[94] Pearson, K. (1895). Wkład w matematyczną teorię ewolucji, II: Zróżnicowanie skośne w materiale jednorodnym. Philosophical Transactions of the Royal Society of London, 186, 343-414.

[95] Pearson, K. (1905). "The Problem of the Random Walk," Nature, 72(1), 294.

Phillips, P. C. B. и Perron, P. (1988). "Test na zakorzenienie jednostki w regresji szeregów czasowych". Biometrika 75 (2): 335-346. doi:10.1093/biomet/75.2.335.

[97] Prechter, R и Parker, W. (2007). "The Financial/Economic Dichotomy in Social Behavioral Dynamics. The Socionomic Perspective," Journal of Behavioral Finance, 8 (2), 84-108.

[98] Prorok, V. и Radović, D. (2014). Słabo sformułowana hipoteza testująca wydajność serbskiego rynku kapitałowego. Socioeconomica - The Scientific Journal for theory and Practice of Socio-economic Development. 3(5), 51-64. DOI: dx.doi.org/10.12803/SJSECO.358614.

[99] Rakić, B. и Radjenović, T. (2013). Importance of Capital Market Efficiency for Economic Growth: the Case of Serbia. Actual Problems of Economics. 140 (2). 318-330.

[100] Rankov, S. (2015). Prezentacja z wykładów na temat studiów magisterskich i doktoranckich FPS, 2015 r., temat: Zarządzanie ryzykiem finansowym

[101] Kršikapa-Rašajski, J, i Rankov, S. (2016). Testowanie słabej efektywności rynku form na rynkach kapitałowych w Serbii, Megatrend Revija 1/2016

[102] Reinganum M. R. (1981), "Misspecification of Capital Asset Pricing: Empirical Anomalies Based on Earnings Yields and Market Values", Journal of Financial Economics, 9, 19-44.

[103] Reinganum M. R. (1983), "The Anomalus Stock Market Behaviour of Small Firms in January", Journal of Financial Economics, 12, 89-104.

[104] Roberts, H. (1967). Statistical Versus Clinical Prediction of the Stock Market, CRSP, University of Chicago, neobjavljeni rad.

[105] Roll, R. (1994). Co każdy CFO powinien wiedzieć o postępie naukowym w ekonomii: What is Known and What Remains to be Resolved, Financial Management, 23(2), 69-75.

Indeksy S & P Down Jonesa. Odebrane z www.djindices.com.

[107] Samuels, J. M. (1981). Nieefektywne rynki kapitałowe i ich implikacje,. Risk Capital Costs and Project Financing Decision (Martinus Nijhoff, Boston/The Hague/London. 1981), 129-148,

[108] Schwert, W. (2003). Anomalie i efektywność rynkowa . Handbook of the Economics of Finance, 939-974, Boston, MA: Elsevier/North-Holland.

[109] Sewell, M. (2011). Historia efektywnej hipotezy rynkowej. Research Note RN/11/04, University College London, London.

Singhal, S. и Ashra, S. (2015). An Empirical Analysis of Price Discovery in Indian Commodity Markets. Springer Proceedings in Business and Economics 41-62. DOI: 10.1007/978-81-322-1979-8_4

[111] Slovic, Raonic i Pejovic (2012). Zarządzanie podażą i popytem na rynkach finansowych poprzez wskaźniki techniczne i oscylatory. Poglądy prawno-ekonomiczne. Strony: 1-32

[112] Stiglitz, J. (1981). The Allocation Role of the Stock Market: Pareto Optimality and Competition, The Journal of Finance, 36(2). 235-251.

[113] Suri, D. (2015). Indian Stock Market. Czy to jest Random Walk? International Journal of Economic and Business Management. Vol.3(2). 6-12. DOI: 10.14662/IJEBM2015.002

[114] World Federation of Stock Exchanges (2015). Uzyskane z http://www.world-exchanges.org/home/

[115] Thomson Reuters (2016). Pobrano z: http://thomsonreuters.com/en.html

[116] Giełda Papierów Wartościowych w Warszawie / Warshaw Stock Exchange (2015). Uzyskane z http://www.gpw.pl.

[117] Venkatesan, K. (2010), Testing Random Walk Hypothesis of Indian Stock Market Returns: Evidence from The National Stock Exchange (Nse)", ICBI 2010 - University of Kelaniya, Sri Lanka, 2-11.

[118] Wai, T. и Patrick H. (1973). Stock and Bond Issues and Capital Markets in Less Developed Countries, IMF Staff Papers, 20(2), 253-305.

[119] Wald, A., и Wolfowitz, J. (1940). Na badaniu, czy dwie próbki pochodzą z tej samej populacji. Ann. Matematyka. Statystka. , 11, 147-162

[120] Wallis, A. и Roberts, H. (1956). Statystyki: A New Approach. Dziennik Amerykańskiego Stowarzyszenia Statystycznego. 51(27), 664-666

[121] Wilder J.W. (1978). New Concepts in Technical Trading Systems, ISBN 0-89459-027-8

[122] Praca, H. (1934). A Random Difference Series for Use in the Analysis of Time Series, Journal of the American Statistical Association, 29(185), 11-24.

[123] Worthington, A. и Higgs H. (2005). Weak-Form Market Efficiency in Asian Emerging and Developed Equity Markets: Comparative Tests of Random Walk Behaviour, Working Paper Series, br. 5/03,

[124] Zagrzebska Giełda Papierów Wartościowych / Zagrzebska Giełda Papierów Wartościowych (2016). Dostępny na stronie www.zse.hr.

[125] Živković, B. и Minović, J. (2010). Niepłynność przygranicznego rynku finansowego: Przypadek Serbii. Panoeconomicus, 57(3), 349-367 doi:10.2298/PAN1003349Z

ABBREVIATIONS

CRM - zarządzanie relacjami z klientami
EMH - hipoteza efektywnego rynku
ERM - zarządzanie ryzykiem w sektorze energetycznym
ERP - planowanie zasobów przedsiębiorstwa
FCPA - ustawa o zagranicznych praktykach korupcyjnych
FSE - Giełda Papierów Wartościowych we Frankfurcie
FMSE100 - Financial Times Stock Exchange 100
KYC - Poznaj swojego klienta
LSE - Londyńska Giełda Papierów Wartościowych
NYSE - New York Stock Exchange
SCM - Zarządzanie łańcuchem dostaw
ZSE - Zagrzebska Giełda Papierów Wartościowych
AML - przeciwdziałanie praniu brudnych pieniędzy
Test ADF - rozszerzony test Dicky-Fuller'a
DNB - dochód narodowy brutto

- PKB - Produkt krajowy brutto

Test DF - test Dickey'a-Fullera
Handel elektroniczny - e-commerce
EMA - wykładnicza średnia krocząca
RSI - wskaźnik względnej wytrzymałości
Test JB - test Jarque-Bera
Test KPSS - test Kwiatkowski-Phillips-Schmidt-Shin
Central Bank of Serbia - Narodowy Bank Serbii
Wykres OHLC - Wykres otwarty, wysoki, niski, zamknięty
P/E - Cena do zysku
Test PP - test Phillipsa Perrona
FM - rynki finansowe
Papiery wartościowe - Papiery wartościowe
CB - Bank Centralny

- CDPW - Centralny Depozyt Papierów Wartościowych

DODATKI

Dodatek 1

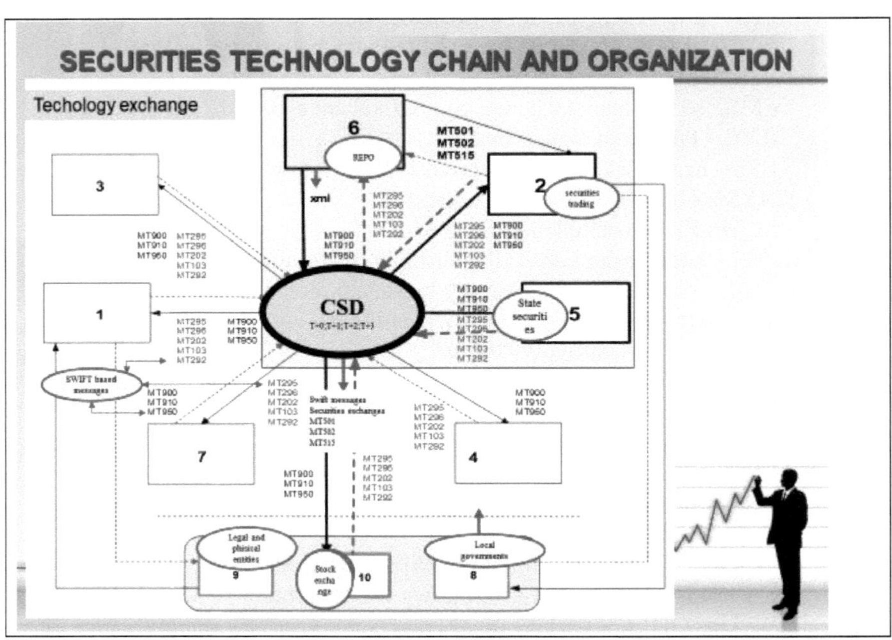

Dodatek 2

Wykres 17 - Zespoły Bollingera.. 69

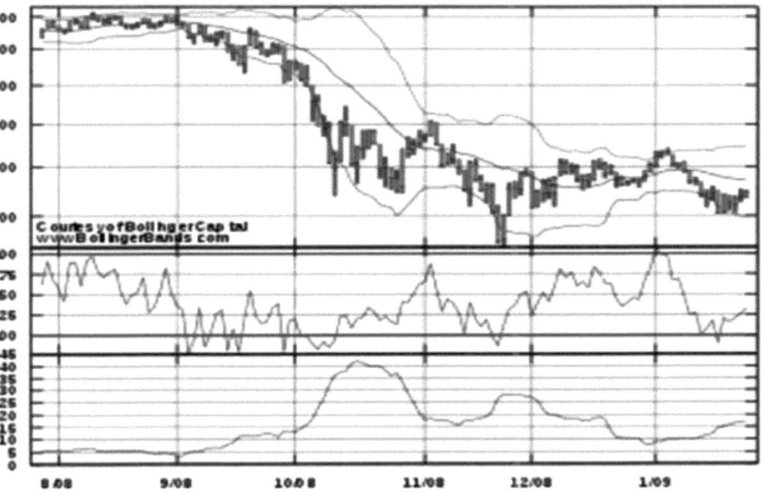

Dodatek 3

Wykres 19 - Wskaźnik cen historycznych..77

Dodatek 4

Tabela 26- Prezentacja statystyk.. Jarque-Bera 100............................

index	prices	mean	median	max	min	st.dev.	skewness	kurtosis	Jarque-Bera	probability	observations
BELEX15	daily	957,13	660,96	3304,64	354,39	666,19	1,808086	5,279732	1933,985	0	2540
	weekly	956,78	659,67	3283,62	367,6	665,33	1,806531	5,284118	400,4483	0	526
	monthly	960,28	666,69	3261,77	384,5	670,78	1,813396	5,323085	93,52344	0	121
CROBEX	daily	2379,61	1926,29	5392,94	1262,58	967,42	1,627171	4,433006	1326,593	0	2518
	weekly	2376,86	1922,25	5362,86	1288,49	967,69	1.633.476	4.464.051	28,4273	0	527
	monthly	2385,09	1945,6	5279,14	1308,89	977,11	1,619844	4,423139	63,1262	0	121
BUX	daily	20291,69	20623,35	30118,12	9461,29	3546,92	-0,240241	3,435721	44,06991	0	2514
	weekly	20282,25	20592,25	29840,94	9870,31	3552,35	-0,22506	3,438086	8,64672	0,01322[illegible]5	526
	monthly	20379,52	20332,83	29408,95	10033,6	3533,33	-0,175573	3,345597	1,22509	0,5419[illegible]9	121
WIG20	daily	2561,23	2445,23	3917,87	1327,64	479,03	0,652522	3,586395	215,2763	0	2524
	weekly	2559,77	2445,83	3897,75	1327,64	478,89	0,652246	3,630268	46,00174	0	526
	monthly	2574,41	2457,52	3844,32	1461,22	483,86	0,673634	3,527495	10,55412	0,0051[illegible]7	121
DJIA	daily	12832,18	12472,92	18312,39	6547,05	2670,44	0,315086	2,408114	78,65528	0	2526
	weekly	12828,89	12479,94	18312,39	6726,02	2661,58	0,319948	2,413963	16,50116	0,0002[illegible]1	526
	monthly	12806,83	12480,69	18096,9	6875,84	2647,86	0,336944	2,436711	3,88925	0,1430[illegible]1	121

Dodatek 5

Tabela 27 - Badania wydajności dziennej ln...101

daily

Index name	No.of runs	observations below mean	Observations above mean	observed no. of runs	expected no. of runs	st.dev. of runs	Z-value	Pvalue(2 sided)	decision
BELEX15	1085	1268	1271	2539	1270,5	25,1892	-7,3642	0,000	reject X0
CROBEX	1177	1173	1339	2512	1251,52	24,9455	-2,9871	0,003	reject X0
BUX	1247	1238	1275	2513	1257,23	25,0545	-0,4082	0,683	not reject X0
WIG20	1330	1237	1286	2523	1262,02	25,1003	2,7082	0,007	reject X0
DJIA	1321	1198	1327	2525	1260,2	25,0541	2,4266	0,015	reject X0

X0-null hypothesis

Tabela 28 - Badania wydajności tygodniowej ln... 102

weekly

Index name	No.of runs	observations below mean	Observations above mean	observed no. of runs	expected no. of runs	st.dev. of runs	Z-value	Pvalue(2 sided)	decision
BELEX15	230	245	280	525	262,3333	11,3945	-2,8376	0,0045	reject X0
CROBEX	232	262	263	525	263,499	11,4455	-2,7521	0,0059	reject X0
BUX	266	251	274	525	262,9962	11,4235	0.2630	1,2074	not reject X0
WIG20	271	255	270	525	263,2857	11,4361	0,6746	1,5000	not reject X0
DJIA	260	231	294	525	259,72	11,2804	0,0248	1,0198	not reject X0

X0-null hypothesis

Tabela 29 - Badania wydajności miesięcznej ln...102

monthly

Index name	No.of runs	observations below mean	Observations above mean	observed no. of runs	expected no. of runs	st.dev. of runs	Z-value	Pvalue(2 sided)	decision
BELEX15	50	53	67	120	60,1833	5,3793	-1,8931	0,0583	not reject X0
CROBEX	59	60	60	120	61,0000	5,4542	-0,3667	0,7138	not reject X0
BUX	55	63	57	120	60,8500	5,4404	-1,0753	0,2822	not reject X0
WIG20	61	59	61	120	60,9833	5,4526	0,0031	1,0024	not reject X0
DJIA	57	51	69	120	59,6500	5,3304	-0,4971	0,6191	not reject X0

X0-null hypothesis

Dodatek 6

Tabela 30 - Rozszerzony test Dickey'a Fullera z danymi dziennymi............................. 104

Testing weak form efficiency			BELEX15	CROBEX	BUX	WIG20	DJIA
Augmented Dickey-Fuller test daily data	index level	test statistics	-0,7946	-1,0763	-2,3108	-1,8573	-0,6421
		1% level	-3,4327	-3,4328	-3,4328	-3,4328	-3,4328
		5% level	-28625	-2,8625	-2,8625	-2,8625	-2,8625
		10% level	-2,5673	-2,5673	-2,5673	-2,5673	-2,5673
		probability	0,82	0,7272	0,1686	0,3529	0,8588
	1st difference	test statistics	-29,1836	-18,8903	-47,956	-46,3608	-54,6261
		1% level	-3,4327	-3,4328	-3,4328	-3,4328	-3,4328
		5% level	-2,8625	-2,8625	-2,8625	-2,8625	-2,8625
		10% level	-2,5673	-2,5673	-2,5673	-2,5673	-2,5673
		probability	0	0	0,0001	0,0001	0,0001

Tabela 31 - Rozszerzony test Dickey'a Fullera z danymi tygodniowymi 104

Testing weak form efficiency			BELEX15	CROBEX	BUX	WIG20	DJIA
Augmented Dickey-Fuller test weekly data	index level	test statistics	-1,5111	-1,4026	-2,2918	-1,9865	-0,6317
		1% level	-3,4427	-3,4426	-3,4426	-3,4426	-3,4426
		5% level	-2,8669	-2,8668	-2,8668	-2,8668	-2,8668
		10% level	-2,5697	-2,5697	-2,5696	-2,5697	-2,5696
		probability	0,5274	0,5818	0,1750	0,2929	0,8606
	1st difference	test statistics	-7,431	-10,0735	-23,005	-34,7699	-24,6657
		1% level	-3,4427	-3,4426	-3,4426	-3,4426	-3,4426
		5% level	-2,8669	-2,8668	-2,8668	-2,8668	-2,8668
		10% level	-2,5697	-2,5697	-2,5697	-2,5697	-2,5697
		probability	0,0000	0,0000	0,0000	0,0000	0,0000

Tabela 32 - Rozszerzony test Dickey'a Fullera z danymi miesięcznymi 105

Testing weak form efficiency			BELEX15	CROBEX	BUX	WIG20	DJIA
Augmented Dickey-Fuller test monthly data	index level	test statistics	-1,8046	-1,1072	-2,308	-1,5686	-0.8103
		1% level	-3,487	-3,4856	-3,4861	-3,4856	-3.4856
		5% level	-2,8863	-2,8857	-2,8859	-2,8857	-2.8857
		10% level	-2,58	-2,5797	-2,5798	-2,5797	-2.5797
		probability	0,3767	0,7115	0,1712	0,4955	-0.8123
	1st difference	test statistics	-4,3166	-5,6754	-9,6141	-11,2444	-11.7339
		1% level	-3,487	-3,4866	-3,4861	-3,4861	-3.4861
		5% level	-2,8863	-2,8861	-2,8859	-2,8859	-2.8859
		10% level	-2,58	-2,5799	-2,5798	-2,5798	-2.5798
		probability	0,0007	0,0000	0,0000	0,0000	0.0000

Dodatek 7

Tabela 33 - Test Phillipsa-Perrona dla serii danych dziennych.................................. 106

Testing weak form efficiency			BELEX15	CROBEX	BUX	WIG20	DJIA
Phillips-Perron test daily data	index level	test statistics	-0,9462	-1,1314	-2,3277	-1,8174	-0,5157
		1% level	-3,4327	-3,4328	-3,4328	-3,4327	-3,4327
		5% level	-28625	-2,8625	-2,8625	-2,8625	-2,8625
		10% level	-2,5673	-2,5673	-2,5673	-2,5673	-2,5673
		probability	0,7738	0,7054	0,1633	0,3723	0,8857
	1st difference	test statistics	-33,688	-458678	-47,9111	-49,38	-55,1502
		1% level	-3,4327	-3,4328	-3,4328	-3,4327	-3,4327
		5% level	-2,8625	-2,8625	-2,8625	-2,8625	-2,8625
		10% level	-2,5673	-2,5673	-2,5673	-2,5673	-2,5673
		probability	0,0000	0,0001	0,0001	0,0001	0,0001

Tabela 34 - Test Phillipsa-Perrona dla tygodniowej serii danych................................ ..107

Testing weak form efficiency			BELEX15	CROBEX	BUX	WIG20	DJIA
Phillips-Perron test weekly data	index level	test statistics	-1,2797	-1,1818	-2,4135	-2,2793	-0,5113
		1% level	-3,4426	-3,4426	-3,4426	-3,4426	-3,4426
		5% level	-2,8668	-2,8668	-2,8668	-2,8668	-2,8668
		10% level	-2,5696	-2,5696	-2,5696	-2,5696	-2,5696
		probability	0,6404	0,6838	0,1385	0,1791	0,8861
	1st difference	test statistics	-24,7074	-20,1511	-23,0048	-36,0237	-24,6701
		1% level	-3,4426	-3,4426	-3,4426	-3,4426	-3,4426
		5% level	-2,8668	-2,8668	-2,8668	-2,8668	-2,8668
		10% level	-2,5697	-2,5696	-2,5697	-2,5697	-2,5697
		probability	0,0000	0,0000	0,0000	0,0000	0,0000

Tabela 35 - Test Phillipsa-Perrona dla serii danych miesięcznych......................... 107

Testing weak form efficiency			BELEX15	CROBEX	BUX	WIG20	DJIA
Phillips-Perron test monthly data	index level	test statistics	-1,6094	-1,5256	-2,4693	-1,8401	-0,8908
		1% level	-3,4856	-3,4856	-3,4856	-3,4856	-3,4856
		5% level	-2,8857	-2,8857	-2,8857	-2,8857	-2,8857
		10% level	-2,5797	-2,5797	-2,5797	-2,5797	-2,5797
		probability	0,4747	0,5714	0,1189	0,3596	0,7883
	1st difference	test statistics	-6,9218	-10,7765	-9,6623	-11,298	-11,7095
		1% level	-3,4861	-3,4861	-3,4861	-3,4861	-3,4861
		5% level	-2,8859	-2,8859	-2,8859	-2,8859	-2,8859
		10% level	-2,5798	-2,5798	-2,5798	-2,5798	-2,5798
		probability	0,0000	0,0000	0,0000	0,0000	0,0000

Dodatek 8

Tabela 36 - Test Kwiatkowskiego-Phillipsa-Schmidta-Shina na dane dzienne seies.................. 108

Testing weak form efficiency			BELEX15	CROBEX	BUX	WIG20	DJIA
Kwiatkowski-Phillips-Schmidt-Shin test daily data	index level	test statistics	2,9042	2,8091	1,1573	1,7672	3,7662
		1% level	0,7390	0,7390	0,7390	0,7390	0,7390
		5% level	0,4630	0,4630	0,4630	0,4630	0,4630
		10% level	0,3470	0,3470	0,3470	0,3470	0,3470
	1st difference	test statistics	0,2147	0,1856	0,0674	0,0722	0,1528
		1% level	0,7390	0,7390	0,7390	0,7390	0,7390
		5% level	0,4630	0,4630	0,4630	0,4630	0,4630
		10% level	0,3470	0,3470	0,3470	0,3470	0,3470

Tabela 37 - Test Kwiatkowski-Phillips-Schmidt-Shin na dane tygodniowe................ 109

Testing weak form efficiency			BELEX15	CROBEX	BUX	WIG20	DJIA
Kwiatkowski-Phillips-Schmidt-Shin test weekly data	index level	test statistics	1,3971	1,3695	0,6011	0,8695	1,8248
		1% level	0,7390	0,7390	0,7390	0,7390	0,7390
		5% level	0,4630	0,4630	0,4630	0,4630	0,4630
		10% level	0,3470	0,3470	0,3470	0,3470	0,3470
	1st difference	test statistics	0,1249	0,1753	0,073	0,0506	0,1519
		1% level	0,7390	0,7390	0,7390	0,7390	0,7390
		5% level	0,4630	0,4630	0,4630	0,4630	0,4630
		10% level	0,3470	0,3470	0,3470	0,3470	0,3470

Tabela 38 - Test Kwiatkowski-Phillips-Schmidt-Shin na dane dzienne..................... 109

Testing weak form efficiency			BELEX15	CROBEX	BUX	WIG20	DJIA
Kwiatkowski-Phillips-Schmidt-Shin test monthly data	index level	test statistics	0,6298	0,6126	0,3522	0,4379	0,8022
		1% level	0,7390	0,7390	0,7390	0,7390	0,7390
		5% level	0,4630	0,4630	0,4630	0,4630	0,4630
		10% level	0,3470	0,3470	0,3470	0,3470	0,3470
	1st difference	test statistics	0,0819	0,1117	0,0543	0,0792	0,1148
		1% level	0,7390	0,7390	0,7390	0,7390	0,7390
		5% level	0,4630	0,4630	0,4630	0,4630	0,4630
		10% level	0,3470	0,3470	0,3470	0,3470	0,3470

Dodatek 9

Tabela 39 - Korrelogram dla danych dziennych na poziomie indeksu BELEX15 ...110

Sample: 10/04/2005 10/30/2015
Included observations: 2536

BELEX15

Autocorrelation	Partial Correlation		AC	PAC	Q-Stat	Prob
		1	0.001	0.001	0.0015	0.969
		2	-0.002	-0.002	0.0150	0.993
		3	0.001	0.001	0.0176	0.999
		4	0.018	0.018	0.8747	0.928
		5	-0.010	-0.010	1.1227	0.952
		6	0.021	0.021	2.2760	0.893
		7	0.009	0.009	2.4704	0.929
		8	0.074	0.074	16.512	0.036
		9	0.091	0.091	37.380	0.000
		10	0.056	0.057	45.492	0.000
		11	0.042	0.045	49.992	0.000
		12	-0.027	-0.029	51.887	0.000
		13	-0.018	-0.020	52.715	0.000
		14	0.092	0.090	74.277	0.000
		15	0.069	0.067	86.488	0.000
		16	-0.006	-0.010	86.568	0.000
		17	0.029	0.015	88.767	0.000
		18	0.026	0.007	90.508	0.000
		19	0.058	0.046	99.183	0.000
		20	0.048	0.045	105.08	0.000
		21	0.061	0.065	114.74	0.000
		22	0.019	0.014	115.64	0.000
		23	0.047	0.027	121.29	0.000
		24	0.012	-0.006	121.66	0.000
		25	-0.022	-0.041	122.90	0.000
		26	-0.038	-0.046	126.69	0.000
		27	0.018	0.010	127.56	0.000
		28	0.064	0.041	138.07	0.000
		29	-0.006	-0.040	138.16	0.000
		30	-0.049	-0.077	144.22	0.000

Tabela 44 - Korrelogram danych dziennych z pierwszą różnicą dla indeksu BELEX15…….115

Sample: 10/04/2005 10/30/2015
Included observations: 2536

BELEX15

Autocorrelation	Partial Correlation		AC	PAC	Q-Stat	Prob
		1	0.001	0.001	0.0015	0.969
		2	-0.002	-0.002	0.0150	0.993
		3	0.001	0.001	0.0176	0.999
		4	0.018	0.018	0.8747	0.928
		5	-0.010	-0.010	1.1227	0.952
		6	0.021	0.021	2.2760	0.893
		7	0.009	0.009	2.4704	0.929
		8	0.074	0.074	16.512	0.036
		9	0.091	0.091	37.380	0.000
		10	0.056	0.057	45.492	0.000
		11	0.042	0.045	49.992	0.000
		12	-0.027	-0.029	51.887	0.000
		13	-0.018	-0.020	52.715	0.000
		14	0.092	0.090	74.277	0.000
		15	0.069	0.067	86.488	0.000
		16	-0.006	-0.010	86.568	0.000
		17	0.029	0.015	88.767	0.000
		18	0.026	0.007	90.508	0.000
		19	0.058	0.046	99.183	0.000
		20	0.048	0.045	105.08	0.000
		21	0.061	0.065	114.74	0.000
		22	0.019	0.014	115.64	0.000
		23	0.047	0.027	121.29	0.000
		24	0.012	-0.006	121.66	0.000
		25	-0.022	-0.041	122.90	0.000
		26	-0.038	-0.046	126.69	0.000
		27	0.018	0.010	127.56	0.000
		28	0.064	0.041	138.07	0.000
		29	-0.006	-0.040	138.16	0.000
		30	-0.049	-0.077	144.22	0.000

Tabela 49 - Korrelogram dla serii danych tygoćniowych BELEX15 indeks................. 118

Sample: 10/04/2005 10/27/2015
Included observations: 521

Belex15

	AC	PAC	Q-Stat	Prob
1	-0.003	-0.003	0.0056	0.941
2	0.015	0.015	0.1241	0.940
3	0.007	0.007	0.1513	0.985
4	0.026	0.026	0.5043	0.973
5	0.007	0.007	0.5322	0.991
6	-0.124	-0.125	8.6911	0.192
7	0.051	0.050	10.056	0.185
8	-0.054	-0.052	11.602	0.170
9	-0.057	-0.058	13.347	0.148
10	-0.028	-0.021	13.776	0.183
11	0.027	0.029	14.166	0.224
12	0.128	0.119	23.000	0.028
13	0.033	0.051	23.589	0.035
14	0.046	0.030	24.707	0.038
15	-0.016	-0.029	24.842	0.052
16	0.052	0.040	26.274	0.050
17	0.061	0.063	28.278	0.042
18	-0.044	-0.028	29.316	0.045
19	0.111	0.111	36.015	0.011
20	0.032	0.054	36.588	0.013
21	-0.052	-0.049	38.045	0.013
22	0.007	0.035	38.072	0.018
23	0.036	0.041	38.798	0.021
24	-0.025	-0.060	39.138	0.026
25	0.064	0.099	41.365	0.021
26	0.022	0.021	41.643	0.027
27	0.034	0.024	42.297	0.031
28	0.017	0.035	42.464	0.039
29	-0.013	-0.022	42.556	0.050
30	0.038	0.012	43.357	0.054

Tabela 54 - Korrelogram dla serii danych tygodniowych z pierwszą różnicą dla BELEX15……………………………………………………………………… … ..121

Sample: 10/04/2005 10/27/2015
Included observations: 521

BELEX15

Autocorrelation	Partial Correlation		AC	PAC	Q-Stat	Prob
		1	-0.003	-0.003	0.0033	0.954
		2	0.016	0.016	0.1350	0.935
		3	0.009	0.010	0.1817	0.980
		4	0.028	0.028	0.5975	0.963
		5	0.005	0.005	0.6121	0.987
		6	-0.125	-0.127	8.9413	0.177
		7	0.049	0.048	10.200	0.178
		8	-0.056	-0.053	11.854	0.158
		9	-0.060	-0.060	13.757	0.131
		10	-0.031	-0.023	14.266	0.161
		11	0.024	0.026	14.583	0.202
		12	0.125	0.117	22.999	0.028
		13	0.031	0.048	23.505	0.036
		14	0.043	0.027	24.505	0.040
		15	-0.018	-0.033	24.673	0.055
		16	0.050	0.037	26.011	0.054
		17	0.059	0.060	27.862	0.047
		18	-0.046	-0.031	29.015	0.048
		19	0.109	0.109	35.438	0.012
		20	0.030	0.051	35.934	0.016
		21	-0.054	-0.052	37.522	0.015
		22	0.005	0.032	37.535	0.021
		23	0.034	0.038	38.178	0.024
		24	-0.028	-0.062	38.598	0.030
		25	0.061	0.096	40.616	0.025
		26	0.020	0.018	40.834	0.032
		27	0.031	0.021	41.367	0.038
		28	0.014	0.032	41.475	0.049
		29	-0.015	-0.025	41.607	0.061
		30	0.035	0.010	42.288	0.068

Tabela 59 - Korrelogram przedstawiony na danych miesięcznych indeksu BELEX15………… 125

Sample: 10/04/2005 10/02/2015
Included observations: 117

BELEX15

Autocorrelation	Partial Correlation		AC	PAC	Q-Stat	Prob
		1	-0.029	-0.029	0.0998	0.752
		2	-0.052	-0.053	0.4251	0.809
		3	-0.006	-0.010	0.4301	0.934
		4	0.034	0.031	0.5715	0.966
		5	0.129	0.131	2.6519	0.753
		6	0.169	0.185	6.2532	0.395
		7	-0.162	-0.140	9.5778	0.214
		8	-0.030	-0.027	9.6909	0.287
		9	0.061	0.039	10.173	0.337
		10	-0.014	-0.046	10.198	0.423
		11	0.015	-0.018	10.227	0.510
		12	-0.067	-0.062	10.818	0.545
		13	-0.006	0.049	10.822	0.626
		14	0.004	-0.024	10.824	0.700
		15	-0.004	-0.023	10.826	0.765
		16	0.109	0.150	12.454	0.712
		17	-0.029	-0.016	12.575	0.764
		18	-0.192	-0.193	17.765	0.471
		19	-0.143	-0.200	20.669	0.355
		20	-0.005	-0.033	20.673	0.417
		21	0.037	0.014	20.876	0.467
		22	-0.004	-0.045	20.879	0.528
		23	-0.028	0.097	20.999	0.581
		24	-0.095	0.032	22.342	0.559
		25	0.040	0.034	22.579	0.602
		26	0.015	-0.045	22.613	0.655
		27	-0.045	-0.057	22.927	0.689
		28	0.034	0.069	23.111	0.727
		29	0.014	-0.030	23.142	0.770
		30	0.023	0.006	23.226	0.806

Tabela 64 - Korrelogram danych miesięcznych z pierwszą różnicą na poziomie indeksu dla BELEX15..128

Sample: 10/04/2005 10/02/2015
Included observations: 109

BELEX15

	AC	PAC	Q-Stat	Prob
1	0.010	0.010	0.0120	0.913
2	-0.114	-0.115	1.4944	0.474
3	0.069	0.073	2.0438	0.563
4	-0.018	-0.034	2.0800	0.721
5	-0.080	-0.064	2.8237	0.727
6	0.034	0.027	2.9623	0.814
7	-0.003	-0.017	2.9631	0.888
8	-0.124	-0.110	4.7911	0.780
9	0.058	0.055	5.1942	0.817
10	0.025	-0.006	5.2718	0.872
11	-0.140	-0.115	7.6869	0.741
12	-0.075	-0.084	8.3842	0.754
13	0.012	-0.028	8.4010	0.817
14	0.036	0.047	8.5623	0.858
15	-0.132	-0.146	10.815	0.766
16	0.039	0.022	11.013	0.809
17	0.108	0.086	12.534	0.767
18	-0.085	-0.077	13.484	0.762
19	-0.043	-0.064	13.738	0.799
20	0.173	0.146	17.786	0.602
21	-0.173	-0.183	21.920	0.404
22	-0.056	-0.020	22.356	0.439
23	0.165	0.072	26.201	0.291
24	-0.029	-0.016	26.317	0.337
25	-0.136	-0.102	28.981	0.265
26	0.166	0.105	33.020	0.162
27	-0.047	-0.085	33.347	0.186
28	-0.168	-0.096	37.581	0.107
29	0.069	0.006	38.291	0.116
30	-0.079	-0.137	39.240	0.120

Dodatek 10

Wykres 55. Wartości indeksów na giełdzie w Belgradzie.................................... 148

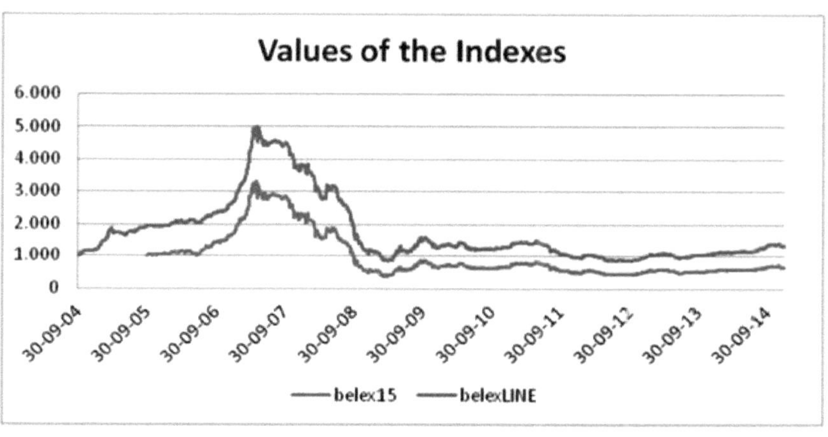

Dodatek 11

Tabela 81 - Przegląd osiągniętych wyników dla BELEX15 indeks 155

Badania	rodzaj badań	codziennie	tygodnik	Miesięcznik
Test na normalność	Współczynnik skośności	nieskuteczny	nieskuteczny	nieskuteczny
	Współczynnik kurtosis	nieskuteczny	nieskuteczny	nieskuteczny
	Test Jarque-Bera	nieskuteczny	nieskuteczny	nieskuteczny
Test działania	**Test działania**	nieskuteczny	nieskuteczny	skuteczny
Jednostkowy test korzeniowy	**Test rozszerzony Dickeya Fullera**			
	- na poziomie indeksu z przechwytywaniem	skuteczny	skuteczny	skuteczny
	-na pierwszej różnicy z przechwyceniem	nieskuteczny	nieskuteczny	nieskuteczny
	Test Phillipsa-Perrona			
	- na poziomie indeksu z przechwytywaniem	skuteczny	skuteczny	skuteczny
	-na pierwszej różnicy z przechwyceniem	nieskuteczny	nieskuteczny	nieskuteczny
	Kwiatkowski-Phillips-Schmidt-Shin (KPSS)			
	- na poziomie indeksu z przechwytywaniem	skuteczny	skuteczny	skuteczny
	-na pierwszej różnicy z przechwyceniem	nieskuteczny	nieskuteczny	nieskuteczny
Test autokorelacji	- na poziomie indeksu z przechwytywaniem	nieskuteczny	skuteczny	skuteczny
	-na pierwszej różnicy z przechwyceniem	nieskuteczny	skuteczny	skuteczny
Analiza techniczna	EMA - wykładnicza średnia ruchoma	nieskuteczny	skuteczny	nieskuteczny
	RSI-Relative Strength Index	nieskuteczny	nieskuteczny	skuteczny
	Williams %R	nieskuteczny	nieskuteczny	skuteczny
	Opaski Bollinger Bands		nieskuteczny	skuteczny

NAZWISKA I TYTUŁY NAUKOWE AUTORÓW

PODSUMOWANIE ODPOWIEDNICH UMIEJĘTNOŚCI I DOŚWIADCZENIA

Jovana Kršikapa - dr Rašajski
Email: jovanak@hotmail.com

EDUKACJA

John Naisbitt University, Graduate School of Business, Belgrad, Serbia Październik 2016 r.
Doktorat z nauk ekonomicznych
Doktorze: "Zastosowanie elektronicznych modeli biznesowych w analizie i testowaniu efektywności rynków finansowych".
DePaul University Graduate School of Business, Chicago, IL wrzesień 2003 r. - marzec 2005 r.
Master of Science in Finance, GPA 3.94/4.0
Odpowiednie klasy: Inwestycje, Corporate Finance (wycena projektów), Emerging Financial Markets, Private Equity Finance, International
Polityka finansowa, sprawy z zakresu zarządzania finansowego, zarządzanie firmą w gospodarce światowej, ekonomia, marketing, rachunkowość kosztowa i finansowa, zarządzanie operacyjne i strategiczne
Georgia State University, Chicago, IL wrzesień 1998 - maj 2002
Bachelor of Business Administration, Major Finance, GPA 4.0/4.0
Nagroda Valedictorian na Uniwersytecie Stanowym Georgia w klasie 2002 r.
Stypendium Akademickie i Sportowe przez pięć lat

EKSPERCJA

Raiffeisen Bank a.d. Belgrad, Serbia luty 2017 r. - Obecny
Dyrektor Bankowości Prywatnej
- Odpowiedzialny za ustanowienie bankowości prywatnej / zarządzania majątkiem prywatnym w Serbii
- Określanie strategicznego rozwoju segmentu bankowości prywatnej
- Odpowiedzialny za prognozowanie i budżetowanie przyszłych przychodów i wydatków

- Odpowiedzialny za wybór produktów i usług oferowanych dla bankowości prywatnej.
- Odpowiedzialny za inicjowanie i realizację wszystkich działań marketingowych
- Odpowiedzialny za zarządzanie bankierami prywatnymi, określanie ich celów, monitorowanie ich działalności.
- Odpowiedzialny za zarządzanie, aby wszystkie skargi klientów były rozwiązywane w sposób terminowy i efektywny.
- Odpowiedzialny za terminowe i dokładne raportowanie do Zarządu
- Ścisła współpraca z innymi departamentami banku (dział kart płatniczych, ryzyka, skarbu państwa itp.) w celu opracowania najlepszych możliwych produktów i usług dla klientów bankowości prywatnej.
- Odpowiedzialny za ścisłą współpracę z Raiffeisen Bank International i dzielenie się know-how w ramach Grupy.
- Odpowiedzialny za całościowe funkcjonowanie i wyniki segmentu bankowości prywatnej.

Raiffeisen INVEST a.d. Beograd, Investment Fund Management Company, Belgrad, Serbia marzec 2011 r. - luty 2017 r.

Zarządzający portfelem

- Ustrukturyzowany i zarządzany zbiór inwestycji mający na celu maksymalizację zysków przy jednoczesnej minimalizacji ryzyka
- Pomoc w ustalaniu polityki inwestycyjnej i strategii inwestycyjnych
- Przeprowadził różne analizy perspektywicznych rynków i papierów wartościowych, które potencjalnie mogłyby zostać włączone do portfela
- Próbowano znaleźć alternatywne inwestycje - ETF, Fundusz Fundusze, itp.
- Ściśle współpracował z dyrektorem zarządzającym w celu tworzenia nowych produktów i uczestniczenia w działaniach na rzecz rozwoju biznesu
- Przeprowadzona alokacja aktywów i realizacja polityki inwestycyjnej
- Odpowiedzialny za część administracyjną zarządzania portfelem
- Współpracował z zewnętrznymi domami maklerskimi i departamentami walutowymi różnych banków w celu znalezienia optymalnych strategii inwestycyjnych
- Odpowiedzialny za handel
- Wypowiadać się na temat rynków i inwestycji podczas imprez firmowych, spotykać się z potencjalnymi klientami w celu przedstawienia propozycji i omówienia procesu inwestycyjnego Raiffeisen.

Dyrektor Generalny *listopad 2007 r. - marzec 2011 r.*

- Organizował i prowadził działalność gospodarczą Spółki
- Odpowiedzialny za legalność pracy firmy
- Badał i rozwijał zarówno infrastrukturę wewnętrzną, jak i zewnętrzną
- Zbadał, opracował i przemyślał proces wdrażania nowych produktów
- Analizował, identyfikował i poszerzał grono nowych inwestorów w ramach przejęć. Utrzymywanie dobrych relacji roboczych z głównymi inwestorami i potencjalnymi inwestorami
- Pełnił funkcję przewodniczącego Komitetu Inwestycyjnego

- Wzmocnienie i rozwój organizacji poprzez regularną, otwartą wymianę informacji z centralą

Zarządzał rozwojem Spółki i tworzył program rozwoju planu strategicznego

- Utworzony i zmieniony Regulamin Działalności Spółki oraz Regulamin Taryfowy Spółki
- Reprezentowany na różnych imprezach formalnych i nieformalnych
- Wykształcone szerokie masy na temat funduszy inwestycyjnych
- Uczestniczył w road-showach we współpracy z Raiffeisen Banka
- Skoordynowane z bankiem Raiffeisen jako naszym pośrednikiem w różnych aspektach
- Podjął decyzję o konieczności zatrudnienia nowego personelu, o zatrudnieniu i przydzieleniu pracowników na stanowiska pracy oraz o rozwiązaniu stosunku pracy
- Ukierunkowane i zdecydowane awanse, zwolnienia, zwolnienia i inne potrzebne działania
- Odpowiedzialny za terminowe i dokładne raportowanie do Zarządu i Komisji Papierów Wartościowych i Giełd.
- Organizował kształcenie pracowników Raiffeisen Bank co najmniej raz w roku dla każdego oddziału
- Przygotowywany co roku budżet do zatwierdzenia przez Radę Dyrektorów
- Kontrola prawidłowości sprawozdań finansowych i informacji prezentowanych w tych samych sprawozdaniach.

Raiffeisen Future/Invest, Belgrad, Serbia maj 2007 r. - listopad 2007 r.

Zarządzający portfelem

- Odpowiedzialny za tworzenie analiz rynków i papierów wartościowych będących przedmiotem inwestycji
- Zgodnie ze strategią Funduszu, jak również z kompleksową analizą, zdecydowano o tym, jakie papiery wartościowe zostaną zainwestowane.
- Przeprowadzona optymalizacja portfela i zarządzanie portfelem
- Odpowiedzialny za część administracyjną zarządzania portfelem
- Współpracował z zewnętrznymi domami maklerskimi i był odpowiedzialny za dostarczanie terminowych i dokładnych zleceń kupna i sprzedaży.

Raiffeisen Bank, Belgrad, Serbia luty 2006 r. - maj 2007 r.

Lider zespołu Asset Manager

- Stworzony biznesplan dla Raiffeisen INVEST
- Reprezentowanie Towarzystwa Funduszy Inwestycyjnych wobec klientów zewnętrznych i wewnętrznych w różnych sytuacjach
- Analizować branżę w celu odkrycia najlepszych strategii potrzebnych do tworzenia nowych produktów
- Prognozowanie i budżetowanie przyszłych przychodów i kosztów oraz raportowanie wyników w przeszłości do Rady Nadzorczej
- Stworzenie niezbędnej dokumentacji wymaganej do utworzenia spółki zarządzającej funduszami inwestycyjnymi w Serbii

- Pomoc w opracowaniu i pracy nad wdrożeniem procedur wewnętrznych
- Prace nad organizacją i usystematyzowaniem miejsca pracy dla Towarzystwa Zarządzającego Funduszami Inwestycyjnymi

Grupa Trizon, Belgrad, Serbia lipiec 2005 - styczeń 2006

Starszy doradca finansowy

- Przeprowadziła analizę fundamentalną i techniczną, jak również dogłębne badania różnych walut, akcji i instrumentów pochodnych
- Tworzenie optymalnych strategii inwestycyjnych z wykorzystaniem instrumentów finansowych
- Koordynacja z analitykami, kierownictwem i zespołem sprzedaży w celu zapewnienia stosowania metodologii
- Zapewnił odpowiednie i ukierunkowane szkolenia dla analityków i zespołu sprzedaży w zakresie różnych inwestycji finansowych i pozycji zarządzania ryzykiem.
- Odpowiedzialny za specjalne projekty, które dotyczyły alternatywnych strategii inwestycyjnych

Morningstar Inc., Chicago, Illinois, USA Październik 2004 - czerwiec 2005

Kierownik projektu

- Zarządzany i mentorowany zespół analityków
- Odpowiedzialny za wycenę wartości aktywów netto i zwrotów funduszy inwestycyjnych w przypadku, gdy nie dorównują one spółkom zarządzającym".
- Obliczenia
- Odpowiedzialny za projekty specjalne i analizy zlecone przez kierownictwo wyższego szczebla ze wszystkich jednostek biznesowych i obszarów funkcjonalnych.
- Przeglądane raporty statystyczne w celu zidentyfikowania podejrzanych informacji w bazach danych Morningstar
- Opracował nowe narzędzia, które pomagają w analizie różnych inwestycji
- Odkryte, przeanalizowane i zebrane wymagania produktowe w oparciu o wkład kierownictwa, opinie klientów i indywidualne badania.
- Koordynacja z klientami wewnętrznymi i zewnętrznymi w celu określenia rentowności i terminów realizacji różnych projektów
- Stałe poszukiwanie możliwości usprawnienia i udoskonalenia procesów finansowych i narzędzi analitycznych
- Analityk Instytucjonalnych Funduszy Celnych lipiec *2002 - październik 2004*
- Zarządzane projekty instytucjonalne: Aktywowanie, utrzymywanie i dostarczanie niestandardowych funduszy dla różnych klientów instytucjonalnych
- Stworzył bardziej szczegółowe metryki biznesowe; przeanalizował i podsumował te metryki

- Wyszukiwanie i analiza danych o inwestycjach poprzez eksplorację danych oraz analizę trendów i algorytmów.
- Wyciąganie informacji z różnych dokumentów SEC w celu zapewnienia terminowej aktualizacji naszych systemów
- Zarządzane kontakty pomiędzy Morningstar a różnymi towarzystwami funduszy inwestycyjnych
- Odpowiedzialny za dokładność, aktualność i poprawność danych dotyczących funduszy
- Przeszkoleni, udzielili wskazówek i nadzorowali stażystów, którzy byli odpowiedzialni za projekty 15C

Morgan Stanley, Atlanta, Gruzja, USA maj 2001 - wrzesień 2001

Staż

- Zbadanie kapitałów własnych według podanych kryteriów w celu znalezienia niedowartościowanych inwestycji
- Opracowanie, udoskonalenie i prowadzenie bazy danych historycznych wyników finansowych
- Badane pod kątem wszelkich różnic pomiędzy różnymi stosowanymi systemami
- Pomoc w przygotowaniu się do seminariów poprzez pisanie i redagowanie perspektyw dla przyszłych klientów

Merrill Lynch, Atlanta, Gruzja, USA maj 2000 r. - wrzesień 2000 r.

Staż

- Stale przeglądane procesy i procedury w celu zapewnienia wydajności i wykorzystania aktualnych technologii
- Stworzona wnikliwa analiza wyników i trendów biznesowych
- Przeprowadził badania akcji i funduszy inwestycyjnych, współpracując z różnymi brokerami
- Pomagał w tworzeniu portfela inwestycyjnego i wykonywał zadania administracyjne

DODATKOWE INFORMACJE

- Został wybrany do Programu Rozwoju Zarządzania Raiffeisen - regionalnego programu, który wysyła najbardziej aspirujących pracowników z jednego kraju do siedziby głównej w Wiedniu w celu dalszego rozwoju zarządzania.
- Był wiceprezesem Stowarzyszenia Zarządzania Funduszami Inwestycyjnymi w Serbii
- Certyfikowany Zarządzający Portfelem
- Opublikowany artykuł w czasopiśmie biznesowym.
- Biegła znajomość programów Microsoft Excel, Word, PowerPoint, Principia i Internetu.

- Języki: Biegła znajomość języka serbskiego (ojczystego), biegła znajomość języka angielskiego w mowie i piśmie, poziom początkujący w języku rosyjskim
- Wiceprezes Studenckiego Stowarzyszenia Finansowego; Kapitan drużyny - Georgia State Women's Tennis; członek Beta Gamma Sigma
- Społeczeństwo - towarzystwo honorowe biznesu; Członek Złotego Kluczowego Towarzystwa Honorowego Narodowego; Lista Prezydentów osiem razy

Siniša Rankov, PhD
rankovs@megatrend.edu.rs

EDUKACJA

ukończył studia na Wydziale Ekonomii Uniwersytetu w Nowym Sadzie (**tytuł**: *Symulacja Monte Carlo stosowana w zarządzaniu systemem produkcji*;

Uzyskał tytuł **magistra nauk technicznych na Wydziale** Nauk Technicznych Uniwersytetu Novi Sad w zakresie zarządzania systemami biznesowymi i produkcyjnymi (Informatyka: **tytuł:** *"Opracowanie modelu matematycznego do zarządzania seryjnymi stochastycznymi systemami transportowymi"*).

Praca doktorska została przedstawiona na Uniwersytecie Megatrend: tytuł: *"Zarządzanie ryzykiem finansowym w dużych systemach płatniczych (RTGS-Real Time Gross Settlement System)" (uniwersytet prywatny).*

KARIERA UNIWERSYTECKA

Został wybrany na asystenta w Szkole Inżynierii Mechanicznej Uniwersytetu Nowosądeckiego, temat: Badania operacyjne, 1974.-1978.
Został wybrany profesorem w Dyplomowej Szkole Ekonomicznej, 1978.-1980. Temat Badania eksploatacyjne
W niepełnym wymiarze czasu pracy był profesorem na Prywatnym Uniwersytecie "Singidunum", prowadził wykłady z zakresu Elektronicznego Biznesu w Bankowości, Płatności międzynarodowych (2006-2008).
....
....
Został wybrany w 2008 r. na stanowisko adiunkta na Wydziale Nauk Ekonomicznych Uniwersytetu Megatrend.
W 2011 roku został wybrany na stanowisko profesora nadzwyczajnego na Wydziale Nauk Ekonomicznych Uniwersytetu Megatrend.
W 2013 roku. Został wybrany jako pełnoetatowy profesor na Wydziale Informatyki Uniwersytetu Megatrend.
W 2011 roku. -2014. Został wybrany i powołany na dziekana Wydziału Informatyki

EKSPERCJA

Karierę uniwersytecką rozpoczął zaraz po ukończeniu studiów, od marca 1972 r. był zatrudniony na Wydziale Nauk Technicznych Uniwersytetu Nowosądeckiego i zajmował stanowisko dydaktyczne w Instytucie Budowy Maszyn oraz w Szkole Budowy Maszyn na Wydziale Nauk Technicznych (*gdzie prowadził zajęcia z zakresu badań operacyjnych, gospodarki maszynowej i organizacji pracy*).
Pracował i uczestniczył w projektach badawczych i naukowych finansowanych przez Towarzystwo Naukowe Regionu Wojwodina, rodzaj dedykowanego finansowania zespołów badawczych na Uniwersytecie, związanych głównie z firmami zajmującymi się obróbką metali i procesami optymalizacji systemów produkcyjnych, które zostały wdrożone w rzeczywistym środowisku systemów produkcyjnych obsługujących produkcję maszyn elektrycznych, maszyn do obróbki metali i różnych firm z tych samych branż.
Najwięcej prac projektowych wykonano w Instytucie Mechanicznym, w obszarze Zarządzania Systemami Produkcyjnymi i Biznesowymi, w obszarze Informatyka - rozwój aplikacji programowych, które zostały przetestowane i wdrożone w rzeczywistym środowisku systemów produkcyjnych.
Od 20 czerwca 2008 r. pracuje na Uniwersytecie Megatrend, na Wydziale Nauk Ekonomicznych. Prowadzi zajęcia z zakresu Biznesu Elektronicznego, *Biznesu elektronicznego w finansach i bankowości, Zarządzania Wiedzą (program główny), Zarządzania Ryzykiem Finansowym, Programowania Internetowego. Na studiach doktoranckich wykładał Zarządzanie w Nauce i Technologii.*
Był dziekanem Wydziału Informatyki Uniwersytetu Megatrend przez okres 3 lat (2011.-2014).
Był w Anglii, z przerwami, na naukę języka angielskiego (Language Tuition Center London, Regent School of English London) oraz pracował w fabrykach i firmach *(Smedleys corporation Ltd., Spalding, UK) w* okresie 12 miesięcy gromadząc doświadczenie zawodowe i umiejętności komunikacyjne. Przez okres dwóch miesięcy przebywał we Francji, w Paryżu, aby uczyć się języka francuskiego i administracji.
Był w USA dla specjalizacji informatycznej i był zatrudniony w Banku (United Belgrade's bank, utworzony z 20 komercyjnych banków Yougoslav połączonych dla międzynarodowej działalności bankowej i rezerw kredytowych dla firm YU), tzw. agencji nowojorskiej - spółce zależnej, posiadającej status prawny podmiotów zagranicznych w USA.
Był menedżerem EDP (Departamentu Elektronicznego Przetwarzania Danych) w banku wspierającym zintegrowane przedsiębiorstwa bankowe i operacje w zakresie technologii bankowych.
Jako Dyrektor ds. Informatyki uczestniczył w projektowaniu i wdrażaniu systemu informatycznego banku, prowadził rozwój departamentu informatycznego, zarządzał bieżącą działalnością bankową w okresie dwóch (2) lat (1984-1986) oraz zajmował się korektą projektów i rozwojem całych systemów bankowych i informatycznych.
W trakcie swojej kariery uniwersyteckiej pełnił różne funkcje w zespołach naukowo-badawczych, był członkiem lub przewodniczącym różnych komitetów

i organów technicznych, liderem projektów realizowanych w obszarze technologii bankowych, bankowości operacyjnej w zakresie płatności elektronicznych, wiadomości i wymiany danych, zarządzania systemem płatności oraz wdrażania i utrzymania technologii SWIFT, projektów rozwoju oprogramowania zgodnie z międzynarodowymi płatnościami elektronicznymi oraz zarządzania operacjami bankowymi.

Był liderem projektów edukacyjnych prowadzonych dla banków komercyjnych i banku centralnego, gdzie prowadził wykłady z zakresu płatności elektronicznych, technologii SWIFT, oprogramowania wspomagającego bankowość, organizowane przez United Banking Association i Izbę Handlową.

Na podstawie decyzji Rządu Państwa był członkiem zespołu ekspertów ds. rozwoju technologicznego, który został powołany w celu opracowania projektu i wdrożenia nowego modelu płatności (model rozliczeń i rozrachunków oraz model rozrachunku brutto w czasie rzeczywistym).

W obszarze rozwoju i zarządzania projektami pracował nad ponad 30 projektami związanymi głównie z bankowością, finansami i gospodarką, informatyką, zarządzaniem systemami biznesowymi i produkcyjnymi, rozwojem technologii bankowych oraz wdrażaniem technologii SWIFT, płatnościami elektronicznymi i wymianą wiadomości.

Opublikował w wiodących serbskich i recenzowanych międzynarodowych czasopismach naukowych ponad 70 referatów obejmujących różne dziedziny i tematy naukowe, opublikował dwa podręczniki i 7 Monografię omawiające dziedziny: Strategiczne i zarządzanie systemami płatniczymi, Płatności elektroniczne w bankowości i finansach, CRM, Umiejętności zarządzania oraz Zarządzanie w bankowości i IT. Wygłaszał wykłady na licznych międzynarodowych konferencjach tematycznych, głównie z dziedziny płatności elektronicznych, rozwoju systemów informacji zarządczej, zarządzania ryzykiem finansowym, technologii SWIFT oraz zarządzania systemami płatniczymi *(RTGS i system płatności niskich wartości).*

Profesor Siniša Rankov, doktorant, był kierownikiem wykonawczym i operacyjnym w banku centralnym i bankach komercyjnych oraz przewodniczącym wielu komitetów technicznych i bankowych.

Był przewodniczącym krajowym członkiem komitetu banków centralnych i komercyjnych SWIFT i grupą użytkowników (11 lat: 1994-2004), a także członkiem i szefem różnych grup zadaniowych ds. płatności, rozwoju oprogramowania i papierów wartościowych prowadzonych przez centralę SWIFT w Belgii, a także członkiem grupy ESA-European SWIFT Alliance ds. płatności międzynarodowych i papierów wartościowych (3 lata):2001-2004) , członek komitetu nadzorczego ds. zarządzania międzynarodowymi usługami technologicznymi ItSMF-International technology services w Serbii, uczestniczył w ocenie prac naukowych sponsorowanych przez Andrejevic endowment, przewodniczący komisji ds. uznawania zagranicznych dyplomów, które zostały wydane na wydziale studiów biznesowych uniwersytetu Megatrend.

Profesor Rankov miał duże i znaczące doświadczenie praktyczne w zakresie technologii, rozwoju i wdrażania aplikacji informatycznych, zarządzania i doświadczeń operacyjnych w odniesieniu do technologii bankowej (18 lat w bankach komercyjnych): JIK - jugosłowiański bank eksportowy i kredytowy, bank w Belgradzie, New York Agency Bank w USA), duże i znaczące doświadczenie w rozwoju i wdrażaniu technologii informatycznych, zarządzaniu procesami w banku centralnym (Narodowy Bank Jugosławii i Narodowy Bank Serbii) w okresie 10 lat, a więc 28 lat praktycznej pracy we wspomnianej dziedzinie działalności bankowej i technologii, w kraju i za granicą oraz 16 lat pracy na państwowych i prywatnych uniwersytetach.

Spis treści

Printed by Books on Demand GmbH, Norderstedt / Germany